高等学校系列教材

建筑机器人技术基本原理

程国忠 周绪红 刘界鹏 曾 焱 李 帅 编著

中国建筑工业出版社

图书在版编目（CIP）数据

建筑机器人技术基本原理/程国忠等编著.—北京：
中国建筑工业出版社，2024.5
高等学校系列教材
ISBN 978-7-112-29795-5

Ⅰ.①建…　Ⅱ.①程…　Ⅲ.①建筑机器人－高等学校
育－教材　Ⅳ.①TP242.3

中国国家版本馆 CIP 数据核字（2024）第 084175 号

本书课件

　　本书包括绪论和五个主体部分，第一部分为建筑机器人机械篇，包括驱动机构、
传动机构、执行机构和机器人本体；第二部分为建筑机器人电气篇，包括电子元器
件、电路基础、模拟电路、数字电路和数-模转换；第三部分为建筑机器人感知篇，
包括传感器、多传感器信息融合、同时定位与建图；第四部分为建筑机器人控制篇，
包括控制基础、电机控制、机器人本体控制、集群机器人控制；第五部分为建筑机
器人实践篇，包括自移动式打地板钉机器人、自主焊接机器人、无人机巡检机器人。
　　本书可供高等学校智能建造专业的本科生、研究生和相关工程技术人员学习
参考。
　　为方便教师授课，本教材作者自制免费课件，索取方式为：1. 邮箱 jckj@cabp.com.cn；
2. 电话 (010) 58337285；3. 扫描右侧二维码下载。

责任编辑：李天虹
责任校对：姜小莲

高等学校系列教材

建筑机器人技术基本原理

程国忠　周绪红　刘界鹏　曾　焱　李　帅　编著

*

中国建筑工业出版社出版、发行（北京海淀三里河路 9 号）

各地新华书店、建筑书店经销

北京龙达新润科技有限公司制版

天津裕同印刷有限公司印刷

*

开本：787 毫米×1092 毫米　1/16　印张：13　字数：320 千字
2024 年 5 月第一版　　2024 年 5 月第一次印刷
定价：**99.00** 元（赠教师课件）
ISBN 978-7-112-29795-5
（42699）

前　言

建筑业是我国经济的支柱产业之一，对国民经济发展和人民生活水平的提高具有重要的推动作用，对城市化和城市群的发展也起到了重要的支撑作用。当前，我国建筑业呈现粗放式发展，面临科技水平低和劳动力短缺等问题，亟须转型升级。目前，机器人技术正与互联网、5G、大数据、人工智能等新一代信息技术加速融合，催生出大量的新技术、新产品和新生产方式，成为新一轮科技革命和产业变革的重要驱动力。对于建筑业而言，建筑机器人无疑是其高质量发展和转型升级的重要推手。建筑机器人作为一个具有极大发展潜力的新兴技术，有望实现"更安全、更高效、更绿色、更智能"的工程建造，实现整个建筑业的跨越式发展。为此，《"十四五"建筑业发展规划》《"十四五"机器人产业发展规划》《"机器人＋"应用行动实施方案》等均明确指出，加快建筑机器人的研发和应用，推动机器人在生产、施工和运维等环节的创新应用，以期推动我国建筑业向高质量发展转型。

为了应对建筑业的转型升级，国内百余所院校争相开设智能建造专业，相应的培养体系正处于探索阶段。建筑机器人是智能建造的重要组成部分，尚缺乏一套实用的培养方案。机器人技术是集机械、电气、感知和控制等多学科交叉融合的高新技术，天然的跨学科背景导致机器人专业人才稀缺、培养难度大。此外，随着人工智能技术逐渐走向成熟，机器人技术与人工智能技术正在快速融合，进一步加剧复合型人才的培养难度。目前，单一课程体系教学很难满足社会对机器人专业人才的要求，亟须加快新工科的建设和完善机器人专业人才的培养方案。近几年，课题组开展了一系列建筑机器人的研发与工程实践，积极探索新工科教育，实施了项目驱动的教学模式，取得了阶段性的成果。作为标志性的成果之一，本书包括机械、电气、感知、控制和实践等章节，主要具有以下特点：（1）各章节内容不仅详细地介绍基础理论，而且紧跟机器人技术前沿，体现了教材的全面性和前沿性；（2）各章节内容深入浅出，图文并茂，有利于读者快速了解建筑机器人的技术要点。本书可供智能建造专业的高年级本科生、研究生和工程技术人员参考。

本书的研究工作得到了国家自然科学基金重点项目（52130801）的资助。本书撰写过程中，我们的研究生王禄锋、陈其镕、党润兆承担了大量的图片绘制和校稿工作；没有他们的辛勤付出，本书不可能如此迅速地成稿。同时，本书的撰写还参考了国内外学者的大量论文和著作，在此一并表示衷心感谢。

由于笔者的知识水平和研究能力有限，书中内容难免有疏漏和不足之处，敬请读者批评指正。

周绪红　程国忠
2023 年 12 月

目　录

第一章　绪论 ··· 1

1.1　建筑机器人概述 ·· 1

1.2　建筑机器人产业链分析 ·· 4

1.3　国外建筑机器人发展现状 ·· 6

1.4　国内建筑机器人发展现状 ·· 23

1.5　建筑机器人技术发展趋势 ·· 35

1.6　本书的主要内容 ·· 38

第二章　建筑机器人机械篇 ·· 40

2.1　驱动机构 ··· 40

2.2　传动机构 ··· 46

2.3　执行机构 ··· 77

2.4　机器人本体 ··· 79

2.5　技术前沿动态 ·· 91

第三章　建筑机器人电气篇 ·· 92

3.1　电子元器件 ··· 92

3.2　电路基础 ·· 103

3.3　模拟电路 ·· 107

3.4　数字电路 ·· 116

3.5　数-模转换 ·· 123

3.6　技术前沿动态 ··· 126

第四章　建筑机器人感知篇 ·· 127

4.1　传感器 ··· 127

4.2　多传感器信息融合 ··· 137

4.3　同时定位与建图 ·· 142

4.4　技术前沿动态 ··· 156

第五章　建筑机器人控制篇 ·· 157

5.1　控制基础 ·· 157

5.2　电机控制 ·· 168

5.3　机器人本体控制 ·· 172

5.4　集群机器人控制 ·· 186

5.5 技术前沿动态 ·· 189

第六章 建筑机器人实践篇 ·· 190

6.1 自移动式打地板钉机器人 ································ 190

6.2 自主焊接机器人 ·· 194

6.3 无人机巡检机器人 ·· 197

参考文献 ··· 200

第一章　绪论

1.1　建筑机器人概述

1.1.1　行业背景

建筑业是指国民经济中从事工程建设行业的勘察、设计、生产、施工、维修等的活动，其具体的建造对象包括房屋、桥梁、隧道、公路、铁路、塔架、市政设施等。建筑业是我国经济的支柱产业之一，对国民经济发展和人民生活水平的提高具有重要的推动作用，对城市化和城市群的发展也起到了重要的支撑作用。如图 1.1-1 所示，2013 年以来，建筑业总产值持续增长；2022 年，建筑业总产值达到 31.2 万亿元，同比增长 6.45％。可见，建筑业保持平稳增长，国民经济支柱产业地位持续稳固。

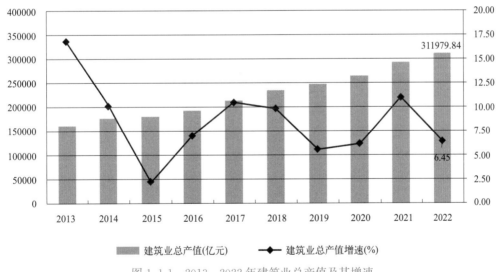

图 1.1-1　2013—2022 年建筑业总产值及其增速

目前，我国建筑业面临亟须解决的问题，具体表现为：（1）呈现粗放式发展，造成材料浪费严重、工程质量低和碳排大等问题；（2）现场施工方式比较落后，导致建造过程中产生了大量的废水、建筑垃圾、扬尘和噪声，为城市发展和生活带来了严重的问题；（3）数字化、自动化和智能化程度低，设计、生产和施工等环节需要大量建筑领域从业人员的协作配合，导致人力成本高和工程建设周期长；（4）施工现场作业呈现出"危、繁、脏、重"等特点（图 1.1-2），导致青壮年劳动力的供给日益紧缺，在我国人口老龄化日渐严重的背景下，建筑业劳动力短缺的问题日渐突出。

(a) "危"-高空焊接

(b) "繁"-钢筋绑扎

(c) "脏"-混凝土浇筑

(d) "重"-墙板搬运

图 1.1-2　建筑业的施工特点

机器人被喻为"制造业皇冠顶端的明珠",其研发、制造、应用是衡量一个国家科技创新和高端制造水平的重要标准。当前,机器人技术正与互联网、5G、大数据、人工智能等新一代信息技术加速融合,催生出大量的新技术、新产品和新生产方式,成为新一轮科技革命和产业变革的重要驱动力。对于建筑业而言,建筑机器人无疑是其高质量发展和转型升级的重要推手。相较于传统人工,建筑机器人优势众多:(1)建筑机器人能够实现非结构化环境下的识别、思考和决策,稳健地执行高精度、高效率的施工动作,可推动建筑业生产模式从粗放式、劳动密集型转变为精细化、机器人密集型;(2)建筑机器人可以肩负起"危、繁、脏、重"的施工作业,有效地改善建筑从业人员的工作环境,从而吸引更多的青年技术人员,有效地解决建筑业劳动力短缺问题;(3)建筑机器人与数字化设计具有天然的数据接口,可实现设计与施工的一体化。可见,建筑机器人作为一项具有极大发展潜力的新兴技术,有望实现"更安全、更高效、更绿色、更智能"的工程建造,实现建筑业的跨越式发展。为此,《"十四五"建筑业发展规划》、《"十四五"机器人产业发展规划》、《"机器人+"应用行动实施方案》等均明确指出,加快建筑机器人的研发和应用,推动机器人在生产、施工和运维等环节的创新应用,以期推动我国建筑业向高质量发展转型。未来几年,机器人在建筑领域的应用将以更快的速度、更高的效率和更大的利润迅速扩张。

1.1.2　定义、来源和分类

（1）定义

"机器人（Robot）"一词最早由捷克斯洛伐克作家卡雷尔·恰佩克在 1920 年的戏剧《Rossum's Universal Robots》中首次引入。"Robot"是根据"Robota"和"Robotnik"创造而来,"Robota"和"Robotnik"在捷克语中分别表示"苦工"和"工人"。由于机器人是一门不断发展的学科,国际上对于机器人尚没有一个统一的定义。我国标准《机器人与机器人装备 词汇》GB/T 12643—2013（ISO 8373：2012 IDT）给出的定义是：机器人具有两个或者两个以上可编程的轴，以及一定程度的自主能力，可在其环境内运动以执行预期的任务的执行机构。我国标准《特种机器人 术语》GB/T 36239—2018 根据应用领域将机器人分为工业机器人、服务机器人和特种机器人三类。建筑机器人属于特种机器人，被定义为：在建筑行业，用于工程施工、装饰、修缮、检测等环节的机器人。相较工业机器人而言，建筑机器人需要适应非结构化、动态、复杂的施工环境，具备较大的承载能力和作业空间，拥有实时智能避障、在线路径规划等能力。目前，业内普遍认可的建筑机器人定义是"建筑机器人是指自动或半自动执行建筑工作的机器装置，其可通过运行预先编制的程序或人工智能技术制定的原则纲领进行运动，替代或协助建筑人员完成焊接、砌墙、搬运、安装、喷漆等建筑施工工序，能有效提高施工效率和施工质量、保障工作人员安全及降低工程建筑成本"。

（2）来源

建筑机器人的来源主要有三条途径：（1）既有机器人技术在建筑业中的应用，例如工业机械臂技术可直接用于数字化建筑工厂中的预制构部件生产［图 1.1-3(a)］，自主移动底盘技术可直接用于施工现场的物料搬运［图 1.1-3(b)］，无人机搭载倾斜摄影技术可直接用于施工现场的土石方统计［图 1.1-3(c)］。（2）传统施工机械的智能化改造，例如对塔式起重机、挖掘机等传统施工机械装载智能传感器和控制器，施工机械可自主感知施工场景、自主决策和精准执行施工指令（图 1.1-4）。（3）建筑业专用机器人的研发（图 1.1-5），例如瑞典设计学院的 Omer Haciomeroglu 团队研发出一款破拆类机器人（ERO），ERO 机器人利用高压水枪侵蚀钢筋混凝土，实现砂石和水泥与钢筋的分离，达到建筑拆除和资源回收双重目的。此外，钢筋绑扎是建筑工程独有的工序，因此钢筋绑扎机器人也属于建筑业专用机器人。

(a) 工业机械臂技术　　　　(b) 自主移动底盘技术　　　　(c) 无人机搭载倾斜摄影技术

图 1.1-3　既有机器人技术在建筑业中的应用

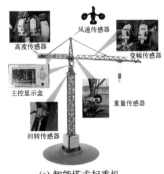
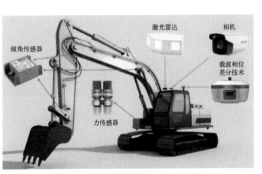

(a) 智能塔式起重机　　　　　　　　　　　(b) 智能挖掘机

图 1.1-4　传统施工机械的智能化改造

(a) ERO机器人　　　　　　　　　　　　　　(b) 钢筋绑扎机器人

图 1.1-5　建筑业专用机器人的研发

（3）分类

从建筑生命周期角度，建筑机器人可划分为设计类、建造类、运维类和破拆类。设计类建筑机器人的功能是勘测建设场址的地理信息，以供设计阶段使用。例如，测量机器人可以快速地获取建设场址的地形，服务于新建住宅规划；直推式土壤取样钻机能够连续快速地取出特定深度的柱状土样品，获取地质参数，服务于建筑基础设计。建造类建筑机器人涵盖数字化工厂和现场施工两大场景，数字化工厂主要负责预制构部件的批量化、柔性化生产，涵盖固定式钢筋绑扎机器人、龙门架式焊接机器人、混凝土养护机器人等；面向现场施工的建造类机器人种类繁多，包括 BIM 放样机器人、移动式钢筋绑扎机器人、地面整平机器人、高精度地坪研磨机器人、装修机器人、3D 打印机器人、砌砖机器人、墙板安装机器人等。运维类建筑机器人完成建筑工程的检查、清理、保养和维修等任务，包括幕墙清洁机器人、桥梁斜拉索检测机器人等。破拆是建筑垃圾循环利用的首要环节，目前破拆类建筑机器人种类比较少，典型代表为 ERO 机器人。

从机器人实现功能角度，建筑机器人可划分为砖墙砌筑机器人、钢板切割机器人、钢筋笼点焊机器人、ALC 墙板安装机器人等。目前，大多数院校和企业处于研发单一功能建筑机器人的阶段。单一功能的建筑机器人涵盖面较窄，具有明显的工法特征，与其上下游建筑机器人之间尚未实现信息共享和集群协作。

从机器人使用空间角度，建筑机器人可划分为水下建筑机器人、地下建筑机器人、地面建筑机器人、空中建筑机器人和空间建筑机器人等。从机器人运动方式角度，建筑机器人可分为轮式建筑机器人、履带式建筑机器人、足腿式建筑机器人、飞行式建筑机器人、固定式建筑机器人、穿戴式建筑机器人、复合式建筑机器人等。

1.2　建筑机器人产业链分析

建筑机器人产业链包括上游、中游和下游（图 1.2-1）。上游为减速器、控制器、伺服系统、传感器、建筑专用执行器等核心零部件生产；中游为移动底盘、机械臂、无人机等本体生产；下游为面向建筑业的机器人系统集成和行业应用。

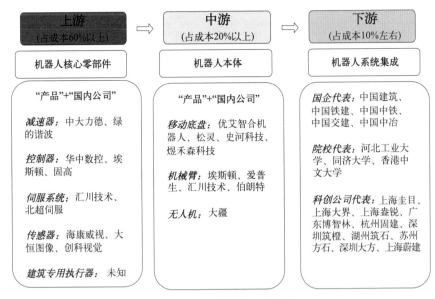

图 1.2-1 建筑机器人产业链

1.2.1 产业链上游

核心零部件占机器人生产成本的 60％ 以上，核心零部件的生产具有高技术壁垒、高利润的特点。减速器是原动机和工作机之间的独立闭式传动装置，用来降低转速和增大转矩，以满足工作需要。谐波减速器和 RV 减速器是减速器的两款主流产品，现较多地依赖进口。虽然国内减速器研发工作起步较晚，但目前已有超 100 家企业正积极研制各类减速器，国内减速器重点企业包括中大力德、绿的谐波等。控制器是根据指令或传感信息控制机器人完成一定的动作或作业任务的装置。目前控制器的国产率高，控制器的硬件已基本实现平替国外产品，但控制器算法和二次开发平台的易用性还有待加强。国内控制器重点企业包括华中数控、埃斯顿和固高。伺服系统是用来精确地跟随或复现某个过程的反馈控制系统。目前国产伺服系统的市场占有率为 15％，未来政策需求达到 50％ 以上。国内伺服系统重点企业包括汇川技术、北超伺服等。传感器是一种检测装置，能感受到被测量的信息，并能将感受到的信息，按一定规律变换成为电信号或其他所需形式的信息输出，以满足信息的传输、处理、存储、显示、记录和控制等要求。当前传感器市场由全球行业龙头企业主导，国内市场规模小。但随着智能化需求增加，国内也涌现了海康威视、大恒图像、创科视觉等传感器重点企业。建筑专用执行器是一种接收控制信息并对建筑对象施加作用的装置，包括打钉器、钻孔器、焊接器等。建筑专用执行器的重要来源是基于原有工具基础上进行智能化改造，需要融合传感器、人工智能技术和传统建筑工艺等。目前，建筑专用执行器市场较为空缺。

1.2.2 产业链中游

本体占机器人生产成本的 20％ 以上，本体生产需要较强的软硬件结合能力。本体制造厂商的任务是设计本体结构，组装减速器、伺服系统、控制器等核心零部件，搭建开发环境和部署控制算法，以形成通用的移动底盘、机械臂和无人机。机器人本体不能直接投入使用，还需要与传感器、建筑专用执行器、BIM、工艺工法等进行有机结合。目前，国内通用移动底盘供应商主要包括优艾智合机器人、松灵、史河科技、煜禾森科技等；国内机械臂市场主要由 ABB、库卡、安川和发那科四大外国品牌占有，值得关注的是，以埃斯顿、爱普生、汇川技术、伯朗特等为代表的国产机械臂制造厂商市场占有率正不断上涨；通用无人机市场主要由大疆公司占有。

1.2.3 产业链下游

机器人系统集成的技术壁垒较低，当前 90％的中国机器人企业属于机器人系统集成商，呈现出"数量多、规模小、产值不高"的现状，且集中于汽车、电子制造、化工、食品饮料等行业。对于建筑机器人系统集成商而言，其任务是提出符合建筑业施工和生产需求的解决方案，将机器人本体和传感器、建筑专用执行器、BIM、工艺工法等进行有机结合，开发建筑机器人配套软件。机器人系统集成商不仅需要具备产品设计能力，还需要具备较强的建筑工艺工法理解能力。截至目前，国内涌现出较多的建筑机器人公司，包括以上海益锐、上海大界、杭州固建等为代表的系统集成商和以上海圭目、广东博智林、深圳筑橙、湖州筑石、苏州方石、深圳大方、上海蔚建为代表的本体制造与系统集成一体化厂商。此外，中国建筑、中国铁建、中国中铁、中国交建、中国中冶等建筑业巨头不仅纷纷投入建筑机器人研制和集成中，而且积极推动着建筑机器人的行业应用。

1.3 国外建筑机器人发展现状

建筑机器人的研发兴起于 20 世纪 80 年代，主流的研发思路包括：（1）遵循传统建造工艺，开发适宜的建筑机器人完成工程建造所需的重复性和危险性工作，实现机器人代替或赋能工人的目标；（2）重塑建造工艺，充分发挥机器人独特的建造能力，实现机器人建造能力和施工工艺的有机融合。公开资料表明，建筑机器人研发目前主要集中于中国、日本、美国、韩国和欧洲，且市面上已有的建筑机器人大部分属于建造类。

1.3.1 日本

建筑机器人的研发起源于日本，1982 年日本清水公司研制名为"SSR-1"耐火材料喷涂机器人被成功用于施工现场，被认为是世界上首台用于建筑施工的机器人。截至目前，日本已研制出几百款建筑机器人样机，但各建筑公司投入的研发经费依然不少于营业收入的百分之五。

清水建设、鹿岛建设和竹中工务店是日本建筑业的三巨头，对推动日本建筑机器人发展起到显著作用。近 40 年来，清水建设致力于自动化施工研究（图 1.3-1），扮演日本建筑业领头羊角色，研制了包含水平移动式起重机"Exter"、焊接机器人"Robo-Welder"、天花板与地板施工机器人"Robo-Buddy"、水平搬运机器人"Robo-Carrier"在内的全天候建造系统"清水智慧工地"。2021 年 1 月 27 日，清水建设研制出一款木地板打螺钉机器人，命名为"Robo Slab-Fastener"。Robo Slab-Fastener 机器人由打螺钉机、自动行走单元、控制盘、触屏式操作盘等构成，每分钟能完成 30 个螺钉的打入。Robo Slab-Fastener 机器人在东京都千代田区一工地的地板施工中得到应用，有效提高了现场的施工效率。2021 年 3 月 29 日，清水建设宣布在东京都港区建设中的项目推广建造系统"清水智慧工地"，建造系统包含的自主建筑机器人将与人协作推进建筑施工。首先，项目引入的是自主型焊接机器人 Robo-Welder，该款机器人焊接过 100mm 板厚的钢柱，清水建设将逐步引入 14 台焊接机器人，计划整个项目 15％的焊接实现机器换人。此外，清水建设还计划引入自动搬运机器人 Robo-Carrier 和四足巡检机器人。2023 年 3 月 4 日，清水公司推出一款自主导向叉车，命名为"Robo-Carrier Fork"。Robo-Carrier、Robo-Carrier Fork 和垂直输送电梯系统"Autonomous-ELV"构成建材搬运的完整方案：（1）Robo-Carrier Fork 将建材从卡车运送到堆场；（2）地面层 Robo-Carrier 将建材从堆场运送到垂直输送电梯；（3）垂直输送电梯将建材从地面层运送到楼面层；（4）楼面层 Robo-Carrier 将建材从垂直输送电梯运送到目标堆放点。2023 年 3 月 22 日，清水建设推出一款合研的钢筋检测系统，命名为"SHARAKU"。SHARAKU 机体上的 3 个摄像头从不同的位置同时拍摄待检测范围内钢筋，SHARAKU 内嵌的图像分析技术高精度计算出钢筋的直径、根数以及钢筋间距。经过现场验证反馈及系统优化，SHARAKU 的检测时间从试制机阶段的约 7s 缩短至约 5s，钢筋的检出率达到 99.99％。在 3D 打印方面，清水建设使用专门材料打印出的混凝土模板与后浇混凝土一体成型，生产出造型复杂的构部件。

鹿岛建设于 2018 制定了"鹿岛智能建造蓝图"，旨在提高建筑生产效率。2018 年 7 月 17 日，鹿岛建设推出一款升级版的混凝土抹光机器人［图 1.3-2（a）］，命名为"NEW Coating"。NEW Coating 机器人行走方式采用履带式，每小时能完成 700m^2 面积的混凝土抹光工作。Preferred Networks（PFN）是日本最大的人工智能企业，拥有自动驾驶、机器人自主移动等核心技术。2021 年 3 月，鹿岛建设和 PFN 宣布研发出适用于建筑工程现场的自主移动机器人系统，命名为"iNoh"。iNoh 系统具有三大特点：（1）多传感器融合的 SLAM 技术，实现非 GNSS 环境下的精准定位；（2）基于深度学习的建筑环境智能感知；（3）自主研发的机器人操作系统。目前，iNoh 系统已应用于清扫机器人［图 1.3-2（b）］，将来进一步部署到巡检机器人和搬运机器人中。2022 年 12 月 12 日，鹿岛建设与 Tmsuk 公司共同研发出一款吊顶天花施工机器人［图 1.3-2（c）］。吊顶天花施工机器人之间可以通信，互相指示正确的位置信息，并能够完成吊顶丝杆、T 形杆、吊顶扣板的搬运和施工。此外，吊顶天花施工机器人的执行机构和行走机构采用分离式设计，便于运输。

竹中工务店于 2017 年 11 月宣布，联合东碧工业公司、冈谷钢机公司研制出一款潜伏式建材搬运机器人［图 1.3-3（a）］，命名为"Crawler To"。工人通过智能手机操控 Crawler To 机器人潜入搭载建材的小车底部，从而实现举升搬运。2021 年，竹中工务店与金本、日建共同研发出可以提高玻璃幕墙安装效率和安全性的安装设备［图 1.3-3（b）］，命名为"Curtain Walker EV"。Curtain Walker EV 由主体和悬挂在主体上的吸盘夹具组成。玻璃构件吊装到安装位置后，Curtain Walker EV 通过吸盘可以牢牢抓住玻璃构件，直至安装完成。2023 年，竹中工务店与主营建筑机械租赁的日研公司、未来机械公司宣布，共同研发一款用于租赁的下一代画线机器人，命名为"SUMIDAS"。

(a) Exter起重机

(b) Robo-Welder机器人

(c) Robo-Buddy机器人

(d) Robo-Carrier机器人

(e) Robo Slab-Fastener机器人

(f) Robo-Carrier Fork机器人

(g) 钢筋检测系统

(h) 混凝土模板打印系统

图 1.3-1　清水建设产品

日本建筑五大总包之一的大成建设研制出多款建筑机器人，包括无人推土机"T-iRO-BO Bulldozer"［图 1.3-4(a)］和自主行走测量居室照度机器人"T-iDigital Checker"［图 1.3-4(b)］等。T-iROBO Bulldozer 可自主检测土堆并规划最优路径；T-iDigital Checker 可自动创建测量记录，实现了建筑物竣工前照度测量的数字化，大幅缩短工人传统手工作业时间，提升建造的生产效率。日本最大的物业管理公司日本长谷工和 Smart Robotics 公司于 2022 年共同研制出一款工地清扫机器人（图 1.3-5），命名为"HIPPO"。HIPPO 机

(a) NEW Coating机器人

(b) 搭载iNoh系统的清扫机器人

(c) 吊顶天花施工机器人

图 1.3-2 鹿岛建设产品

(a) Crawler To机器人

(b) Curtain Walker EV机器人

图 1.3-3 竹中工务店产品

器人尺寸为 103cm×63cm×39cm，重量为 28kg，配备超声波传感器，并使用刷子清扫和收集楼板上的混凝土碎块、钉子、灰尘、木片等垃圾。HIPPO 机器人 1 小时内可以清扫 70m^2 户型 90% 的面积。与工地上广泛使用的吸取式清扫机器人相比，HIPPO 的优点是不会堵塞过滤器。2022 年以来，HIPPO 机器人持续在施工现场进行验证。

　　日本科技公司正参与推动建筑机器人的发展。2021 年 11 月，日立解决方案公司推出一款自动画线机器人系统［图 1.3-6（a）］，命名为"SumiROBO"。SumiROBO 机器人通过与自动跟踪型测量仪器联动，可进行高精度的室内定位和标记，放线精度为±3.6mm。SumiROBO 机器人行走速度约 360mm/s，爬坡 7°以下，可在测量仪周边 50m 范围内放线。2022 年，日立解决方案公司改进了 SumiROBO 机器人，且正式在日本国土交通省运营的新技术共享平台 NETIS 上注册。2023 年 4 月 13 日，日立解决方案公司开始销售其与三井住友建设共同研发的"GeoMation 锚杆配置间距测量系统"［图 1.3-6（b）］。GeoMa-

(a) T-iROBO Bulldozer机器人   (b) T-iDigital Checker机器人

图 1.3-4　大成建设产品

图 1.3-5　HIPPO 机器人

tion 测量系统硬件由安卓平板和 RealSense 型号的深度相机组成。GeoMation 测量系统最早是用于钢筋数量、间距的检查，日立解决方案公司 2021 年 12 月开始以"GeoMation 钢筋自动检测系统"之名对外销售。

(a) SumiROBO机器人   (b) GeoMation测量系统

图 1.3-6　日立解决方案公司产品

　　Ken Robotech 公司成立于 2013 年 7 月 3 日，致力于建筑施工领域省力、省人工的机器人解决方案的研发及销售。钢筋绑扎机器人"Tomorobo"［图 1.3-7（a）］和带模块化轨道的建材搬运机器人［图 1.3-7（b）］是 Ken Robotech 公司现对外销售和租赁的两款产品。

Tomorobo 经历过三次迭代后升级为 X3 版，升级版可有效降低老款机型在遇到钢筋面突起易脱轨的问题，且一天 8 个小时可以绑扎 10400 点。带模块化轨道的建材搬运机器人由 2 台在模块拼接轨道上行走的自动小车和中间 1 个小型货箱组成，可有效地应对施工现场烂路多的问题。2023 年 2 月 25 日，Ken Robotech 公司进军新加坡市场，宣布成立新加坡全资子公司 KEN ROBOTECH ASIA。2023 年 5 月，Ken Robotech 公司推出建筑机器人快速开发服务 TOMOROBO BASE A［图 1.3-7(c)］，并招募需要开发建筑机器人的企业客户。TOMOROBO BASE A 开发服务由基础单元"BASE A"和作业区域"X"构成，基础单元 BASE A 由电源和控制基板组成，作业区域 X 可以根据客户的要求进行最优结构的定制安装。

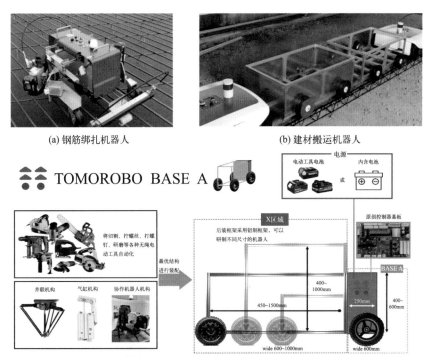

(a) 钢筋绑扎机器人　　　　　(b) 建材搬运机器人

(c) 建筑机器人快研服务 TOMOROBO BASE A

图 1.3-7　Ken Robotech 公司产品

目前，无人机技术正被广泛地用于日本建筑领域。SENSYN ROBOTICS 公司成立于 2015 年 10 月，致力于实现机器人解决方案在日常生活中的应用。SENSYN ROBOTICS 公司推出了一款用于工程监理的无人机［图 1.3-8(a)］，命名为"Skydio"。Skydio 无人机搭载 V-SLAM 技术，可实现室内环境下的自主定位和智能避障。操作流程如下：(1) 在 PC 端上启动专用软件，施工现场飞手确定飞行路径和拍摄点之后生成飞行计划；(2) 按照飞行计划，无人机自动起飞并进行飞行路径沿途的视频拍摄和设定点的拍照。2023 年，SENSYN ROBOTICS 联合东洋建设开展通过自主飞行无人机进行远程工程监理的现场测试。2023 年 2 月 2 日，SENSYN ROBOTICS 宣布与竹中工务店共同研发成功远程控制和管理各种类型建筑机器人的"UGV 远程控制解决方案"。2023 年，SkyDrive 公司与日本总包巨头大林组宣布日本首次在人口稠密地区桥梁建设现场利用物流无人机自主飞行搬运物资的试验。这次试验使用的是 SkyDrive 公司集成航空工艺技术的 SkyLift 无人机 [图 1.3-8(b)]，该款无人机可从工地地面自主起飞，将最大 20kg 的物资（H 型钢、钢管扣件、螺栓螺母）运送到大梁上方，并可使用自动脱卸机构在不着陆的情况下卸货。2023 年 4 月 24 日，FLIGHTS 公司推出一款用于桥梁巡检的系统，命名为"FLIGHTS"。FLIGHTS 系统利用无人机对桥墩裂缝进行检测，包括飞行摄影、精度管理、图像处理、AI 检测和报告生成等功能模块。相比传统绳索高空作业或高架检查车，FLIGHTS 系统具有高效、高精度和低成本等优势。

(a) Skydio   (b) SkyLift

图 1.3-8　无人机技术用于建筑领域

日本建筑业协会积极推动建筑机器人发展。2020 年，日本建筑业联合会设立"建筑机器人专门委员会"，助力建筑机器人技术的开发。2020 年 3 月，日本建筑业联合会整理出一份关于建筑机器人的调查报告。调查报告指出，为降低建筑机器人的研发与应用成本，需避免重复开发，推进技术的标准化和通用化，建立产学政之间的协作机制。2021 年 9 月 22 日，以清水建设、竹中工务店和鹿岛建设三巨头为首的日本 16 家建筑公司成立建筑施工机器人和物联网的技术协作联盟，以推动日本建筑业整体效率和行业吸引力的提升。截止到 2023 年 6 月，联盟已聚齐清水建设、鹿岛建设、竹中工务店、大林组和大成建设五大建筑总包，联盟企业数已达 213。

1.3.2　美国

当前，美国建筑机器人的发展主要由各建筑科技公司推动。美国建筑机器人研发集中于大型机械的智能化改造、3D 打印机器人、钢筋加工机器人、放样机器人、装修机器人和安装机器人。

在大型机械的智能化改造方面，比较知名的企业包括 Built Robotics 公司、SafeAI 公司和 Teleo 公司。Built Robotics 公司成立于 2016 年 1 月 1 日，是一家总部位于旧金山的建筑机器人研发商，致力于制造自动化建筑设备，利用配套的软件和传感器将现有的挖掘机变成建筑机器人。Built Robotics 公司开发了重型机器系统 Exosystem、机器人操作软件 Everest 和太阳能打桩机器人 [图 1.3-9(a)]。SafeAI 公司成立于 2017 年 9 月，致力于为采矿和建筑领域的重型设备自动化提供解决方案 [图 1.3-9(b)]。SafeAI 的自主解决方案由行业特定的人工智能技术驱动，并利用机载处理能力来实现实时决策。SafeAI 利用市场上最先进的传感器技术，为重工业带来更有效、更高效和可扩展的自主性。Teleo 公司成立于 2019 年，是一家为重型建筑和采矿设备提供半自动化加装套件的公司。Teleo 引入了一种渐进式自动化方法，采用监督式自主技术套件实现重型建筑设备的远程和自主操作 [图 1.3-9(c)]。

(a) Built Robotics公司

(b) SafeAI公司

(c) Teleo公司

图 1.3-9　大型机械的智能化改造

在 3D 打印机器人方面，比较知名的企业包括 ICON 公司和 SQ4D 公司。3D 打印头部企业 ICON 公司成立于 2017 年，是一家总部位于奥斯汀的建筑科技公司。2018 年 3 月，ICON 公司推出首款命名为"Vulcan"3D 打印机［图 1.3-10(a)］，获得了得克萨斯州奥斯汀市的建筑许可证。"Vulcan"3D 打印机全长 10m，高度为 3.5m，可打印宽度和高度分别为 2.6m 和 8.5m。此外，ICON 还研发了 3D 打印专用的砂浆材料，被称为"Lava-crete"。2019 年，ICON 公司推出第二代 3D 打印机"Vulcan Ⅱ"。SQ4D 公司是一家总部位于纽约的建筑 3D 打印公司，旨在通过结合自动化、增材制造和可持续建筑方法来生产具有成本效益的结构，同时提高工人的安全性，从而彻底改变过时的建筑领域。2018 年，SQ4D 公司推出一款自主机器人建造系统［图 1.3-10(b)］，以机器人方式建造结构的基础、楼板、基础墙、内墙、外墙和屋顶。2022 年，SQ4D 的 3D 打印机 Max ARCS 已正式入选长岛建设者协会，标志着建筑 3D 打印公司首次被同行认可为建筑商。

(a) ICON公司

(b) SQ4D公司

图 1.3-10　3D 打印机器人

在钢筋加工机器人方面，比较知名的企业包括 Toggle 公司和 Advanced Construction Robotics 公司。Toggle 公司于 2016 年 9 月 1 日成立，致力于将机器学习和机器人技术应用于钢筋工艺，专注于钢筋笼的预制（图 1.3-11）。Advanced Construction Robotics 公司成立于 2016 年，在 2018 年推出了两款建筑机器人，分别命名为"TyBOT"［图 1.3-12(a)］和"IronBOT"［图 1.3-12(b)］。TyBOT 机器人是一款面向宽幅面道路桥梁领域的钢筋绑扎机器人，每个小时能绑扎超过 1100 个钢筋交点。TyBOT 机器人可以自主导航和自动绑扎，已在 40 多项工程中完成了 350 万个钢筋交点的绑扎。IronBOT 机器人可以在一小时内提升、搬运和放置一捆 2300kg 的钢筋，可与 TyBOT 协同工作，彻底改变钢筋的安装。

在放样机器人方面，比较知名的企业包括 Rugged Robotics 公司、Civ Robotics 公司、Dusty Robotics 公司和 HP 公司。Rugged Robotics 公司成立于 2018 年 1 月 1 日，是一家位于休斯敦的建筑科技公司。Rugged Robotics 公司的第一个产品是画线机器人［图 1.3-13(a)］，目前已完成为期 18 个月的原型设计和测试，正和 Consigli 建筑公司开展合作试

图 1.3-11　钢筋笼预制机器人

(a) TyBOT机器人

(b) IronBOT机器人

图 1.3-12　Advanced Construction Robotics 公司产品

点。Civ Robotics 公司同样成立于 2018 年 1 月 1 日，致力于彻底改变土地测量方式。Civ Robotics 公司的 CivDot 是一款放样测绘机器人［图 1.3-13（b）］，适用于土木工程和基础设施项目，如太阳能农场、道路、数据中心和发电厂。用户可以将标准 CSV 或 DXF 格式的蓝图上传到 CivPlan 软件，CivDot 就可以开始工作了。当 CivDot 完成任务后，它会生成一份详细的报告，包括标记点坐标和地面高程。Dusty Robotics 公司成立于 2018 年，致力于用自动化方案替代建筑工程中的人工劳动。2020 年初，Dusty Robotics 公司研制出一款 BIM 驱动的画线机器人［图 1.3-13（c）］，命名为"Field Printer"。Field Printer 机器人的绘图速度是人工手绘的十倍，打印精度为 1mm。2022 年第一季度，Field Printer 所打印的建筑工地面积就超过了 232 万 m^2，相当于 25 个足球场或 31000 个新公寓的面积。2022 年，HP 公司发布一款可精确打印复杂建筑工地布局的机器人［图 1.3-13（d）］，命名为"SitePrint"。SitePrint 机器人可以兼容 Leica 的 TS16 和 iCR80、Trimble 的 RTS573 和 Topcon 的 LN-150 等不同型号的全站仪，具备自主避障能力，配备八种新型墨水。目前，SitePrint 机器人已在美国、加拿大、英国、爱尔兰、西班牙和挪威等国家的一百多个项目中应用，并于 2023 年 7 月 19 日在美国、加拿大、英国和爱尔兰全面上市。

在装修机器人方面，比较知名的企业包括 Canvas Technology 公司和 Finish Robotics 公司。Canvas Technology 公司成立于 2015 年，致力于让人们能够以大胆的新方式进行建造。Canvas Technology 公司开发了一款用于石膏墙面的喷涂打磨机器人［图 1.3-14（a）］，可在极短的时间内完成干墙面的施工，而且安全性和可靠性更高。2021 年，Canvas Technology 公司与美国六大建筑承包商建立合作关系，培训施工操作人员。Finish Robotics 公

(a) Rugged Robotics　　(b) CivDot　　(c) Field Printer　　(d) SitePrint

图 1.3-13　美国放样机器人

司成立于 2021 年，致力于利用协作式自主移动平台为建筑行业的表面处理和涂装带来自动化和生产力。2022 年，Finish Robotics 公司正式推出一款自主喷涂机器人系统［图 1.3-14(b)］，命名为"Finishbot"。Finishbot 系统使用专有的人工智能模型产生高分辨率的三维墙面图像，以实现商业建筑涂料的自动化施工。Finishbot 系统使专业油漆工完成工作的速度提高了 75%，标志着生产力的极大提高。

(a) Canvas Technology公司　　　　　　(b) Finish Robotics公司

图 1.3-14　喷涂机器人

在安装机器人方面，比较知名的企业包括 Renovate Robotics 公司和 Sarcos 公司。Renovate Robotics 公司成立于 2021 年 7 月 1 日，致力于建筑自动化。Renovate Robotics 公司从屋顶工程自动化开始，研制出一款屋顶瓦片安装机器人［图 1.3-15(a)］。2023 年 3 月 2 日，Renovate Robotics 公司获得 250 万美元的种子前融资。目前 Renovate Robotics 公司的商业模式是分包模式，后期将过渡到机器人即服务（RaaS）模式。2021 年，美国能源部太阳能技术办公室资助了一项名为"户外光伏板自主操纵（O-AMPP）"的项目，旨在简化太阳能领域的建设。为此，Sarcos 公司研制出一款安装太阳能电池板的自主机器人［图 1.3-15(b)］。目前，Sarcos 公司联合可再生能源公司 Blattner 开发一款自主移动机器人系统，系统包括现场运送、检测、提升和放置光伏板等功能模块。Sarcos 公司计划在获得美国能源部的最终验证后，于 2024 年对安装光伏板的自主机器人进行商业化。

1.3.3　韩国

现代建设和三星物产是韩国国内排名靠前的大型总包企业，对韩国建筑机器人的发展起到重要推动作用。2020 年，现代建设开始推动智能施工技术的研发和应用，并为此成立专门研发机构。2021 年 6 月 22 日，现代建设举办建筑机器人演示活动，现场展示了工地巡检机器人［图 1.3-16(a)］和吊顶钻孔机器人［图 1.3-16(b)］。工地巡检机器人配备激光雷达，采用 SLAM 技术实现自主行走，预计将用于空气污染检测、工地点云数据采

(a) 屋顶瓦片安装机器人

(b) 太阳能电池板的安装机器人

图 1.3-15　安装机器人

集等场景；吊顶钻孔机器人由自主移动底盘和机械臂组成，通过机械臂末端的专用设备执行钻孔任务，有望扩展到油漆、焊接和砌筑等应用场景中。2022 年 9 月 15 日，现代建设宣布在首尔市中区贞洞正在建设的公寓"Hillstate Sewoon Central"进行外墙喷涂机器人的试点测试，该款外墙喷涂机器人配备粉尘控制技术，沿着缆绳垂直升降，使用四个喷嘴喷涂专用涂料［图 1.3-16（c）］。此外，现代建设还研制出一款混凝土抹光机器人［图 1.3-16（d）］，该款机器人尺寸为 1264mm×634mm×695mm，重量小于 90kg，配有激光雷达和深度相机等传感器。

(a) 工地巡检机器人

(b) 吊顶钻孔机器人

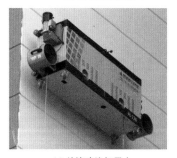
(c) 外墙喷涂机器人

(d) 混凝土抹光机器人

图 1.3-16　现代建设产品

三星物产于 2019 年推出第一代锚固安装机器人［图 1.3-17（a）］，以解决传统人工高空钻孔和安装所存在的高危险、低效率等问题。2021 年开始，三星物产积极研发和引进建筑机器人，明确提出防火喷涂、钻孔、锚固施工等危险作业必须由机器人完成的要求。同年，三星物产公开一款用于钢结构建筑防火材料喷涂的机器人［图 1.3-17（b）］，以取代传统的高风险人工喷涂作业，保护现场作业人员的安全。防火材料喷涂机器人由轮式移动底盘、可升降机构和机械臂组成。此外，三星物产还推出一款活动地板安装机器人［图1.3-17(c)］，该款机器人可自行移动并安装一个重10kg的活动地板。2022年，三星物产成立建筑机器人团队，专注于建筑机器人领域的研发，以保障建筑工地安全，提高质量和生产力。

(a) 锚固安装机器人

(b) 防火材料喷涂机器人

(c) 活动地板安装机器人

图 1.3-17　三星物产产品

为打造韩版的建筑机器人技术协作联盟，现代建设和三星物产于2023年4月11日在首尔钟路区吉洞的现代建设总部签署了一份战略谅解备忘录，以建立建筑机器人领域的生态体系和联合研究与开发。根据协议，两家公司将共同提高建筑机器人的技术竞争力，并扩大其产业网络，共同研究和开发具安全和生产力的机器人，促进两家公司开发的机器人的相互现场应用和共同举办重大活动。

韩国科技公司正陆续助力建筑机器人的发展，比如 Robot for people（RP）公司。RP公司成立于2010年，总部位于大邱韩国机器人产业振兴院机器人创新中心，已陆续研发了多款涂料喷涂机器人。2023年初，RP公司推出一款道路标记机器人（图1.3-18），命名为"RBOT"。RBOT机器人主要用于道路指示符号和文字的喷涂标记，1人控制RBOT机器人可在6分钟内完成原本需要5名工人约30分钟完成的标记任务，施工时间减少70％以上。

1.3.4　欧洲

当前，各科技公司成为推动欧洲建筑机器人发展的主力军。2018年之前，丹麦公司Tiny Moblie Robots曾推出一款紧凑型画线机器人（图1.3-19），命名为"Tiny Surveyor"。Tiny Surveyor机器人十分适合大型场景，以1～2cm的精度标记点和线，工作效率10倍于传统人工。2020年，瑞士迅达研制出电梯机器人安装系统 Schindler RISE（图

图 1.3-18　RBOT 机器人

1.3-20），该系统是世界上第一个能够在电梯井道中开展安装工作的自爬式自主机器人系统。目前，Schindler RISE 已在波兰、奥地利、瑞士、德国、中国和新加坡等国家进行商业应用。

图 1.3-19　Tiny Surveyor 机器人

图 1.3-20　Schindler RISE 机器人

2021 年，奥地利初创公司 Printstones 研制出一款全地形多功能建筑机器人，命名为 "Baubot"（图 1.3-21）。Baubot 机器人具有爬楼梯能力，最大速度可达 3.2km/h，续航时间长达 8 个小时。Baubot 机器人的机械臂作业范围为 1m，搭配不同末端执行器可执行不同的建筑作业任务，包括巡检、喷涂、等离子切割、3D 打印、钻孔和搬运等。爱沙尼亚一家名为"10Lines"的公司研制出用于停车场和道路画线的自主机器人［图 1.3-22(a)］。10Lines 机器人将卫星定位和其他传感器相结合，实现 1～2cm 的定位精度。比利时 BIM-Printer 公司历时 4 年研发出一款画线机器人［图 1.3-22(b)］，命名为"BIMPrinter"。BIMPrinter 机器人可将 CAD 图纸信息完整打印在地面上，相比传统放线方法快三倍，可打印点、线、框架、曲线、文本和报价单，尤其擅长具有复杂几何形状的放线。BIM-Printer 机器人放线精度达到 2mm，在倾斜的地面上也能完美打印。欧洲知名建造工具制造商喜利得（HILTI）推出一款 BIM 驱动的天花板打孔机器人（图 1.3-23），命名为"Jaibot"。Jaibot 机器人可处理高达 5m 的高空标记和钻孔，将钻臂的跟踪误差控制在 3mm 以内。此外，Jaibot 机器人还配备除尘系统，确保操作员不会接触到混凝土灰尘。

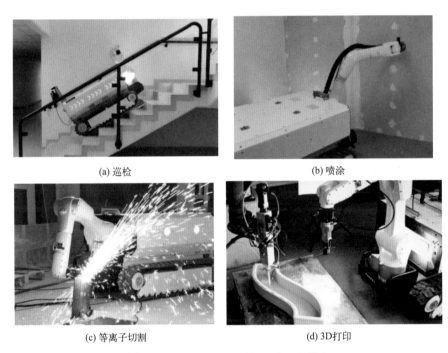

(a) 巡检

(b) 喷涂

(c) 等离子切割

(d) 3D打印

图 1.3-21 Printstones 的 Baubot 机器人

(a) 10Lines

(b) BIMPrinter

图 1.3-22 画线机器人

图 1.3-23　Jaibot 机器人

2022 年，荷兰 Tyker Automation 公司推出一款道路画线机器人（图 1.3-24），命名为 "Robot Plotter"。Robot Plotter 是一款紧凑、完全自主、自动驾驶的机器人，使用 RTK-GNSS 定位技术，可在各种地面上喷涂标记。Robot Plotter 机器人喷涂标记的速度比传统的三人或四人小组快 12～16 倍。法国初创企业 Les Companions 研发了一款 AI 室内喷涂机器人（图 1.3-25），命名为 "Paco"。Paco 机器人可实现高质量的喷涂、更短的作业时间和更少的油漆损耗。在工作人员确定喷涂区域后，Paco 机器人借助 AI 组件识别墙壁、绕过障碍物并在窗户和门柱周围完成喷涂。

图 1.3-24　Robot Plotter 机器人

图 1.3-25　Paco 机器人

英国 Q-Bots 公司成立于 2012 年，致力于通过机器人和人工智能技术来改善建筑环境。Q-Bots 开发出一款改造机器人（图 1.3-26），可实现悬空的木地板下保温隔热材料的喷涂，从而提高家庭能源效率和减少家庭能源费用。2021 年 10 月起，Q-Bots 公司与法国的保温公司和安装公司进行合作，以便开展海外业务。英国 Construction Automation 公司成立于 2016 年，已研制出一款自动砌砖机器人（图 1.3-27），命名为 "ABLR"。ABLR 机器人运行在建筑周围的轨道上，实现外墙砖块的自动铺设。目前，ABLR 机器人已获得英国国家房屋建筑委员会（NHBC）的认证。

德国 KEWAZO 公司成立于 2018 年，已研制出一款脚手架垂直搬运机器人（图 1.3-28），命名为 "LIFTBOT"。LIFTBOT 机器人已在超过 28 个建筑项目中进行测试，可以节省

(a) 非作业状态　　　　　　　　　　　(b) 作业状态

图 1.3-26　Q-Bots 公司的改造机器人

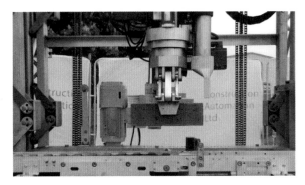

图 1.3-27　ABLR 机器人

40%～70% 的劳动力成本。德国 Aeditive 公司成立于 2019 年，是一个用于无模板混凝土部件生产的 3D 打印解决方案提供商。Aeditive 公司开发了一款通过喷射混凝土生产建筑部件的 3D 打印系统（图 1.3-29），命名为"Concrete Aeditor"。在 Concrete Aeditor 3D 打印系统工作时，一台机器人负责将混凝土喷射到钢筋网上，另外一台机器人则负责将混凝土抹平。德国 Conbotics 公司成立于 2022 年，是一家专注于为建筑业提供机器人解决方法的创业公司。Conbotics 公司研制出一款室内喷涂机器人（图 1.3-30），命名为"PainterRobot"。PainterRobot 机器人手臂采用模块化设计，可更换成不同的工具。PainterRobot 已被提名为 2022 年柏林勃兰登堡创新奖，计划将于 2024 年投放市场。2022 年，德国 Fischer 公司推出一款紧固件机器人（图 1.3-31），命名为"BauBot"。BauBot 机器人手臂使用的是库卡 KR 20 R3100，可实现更大的覆盖范围和更精准的位置控制，适用于 M6～M16 型号螺栓。BauBot 机器人与 BIM 模型进行融合，通过传感器可以实时获取施工参数，从而可形成数字化文档。此外，BauBot 机器人可以自动更换钻头。

欧盟和欧洲各国政府也正积极推动欧洲建筑机器人的发展。欧盟"地平线 2020"计划资助了一个名为"HEPHAESTUS"的项目，旨在探讨机器人和自主系统在建筑业的创新应用，促使人们研究如何使建筑业更具竞争力。作为项目的一部分，欧洲研究人员已经开发了一种由八根灵活钢绳驱动的并联机器人（图 1.3-32），该款机器人能够围绕一个 $100m^2$ 的三层楼房外墙旋转并在各个不同方向移动。绳索驱动并联机器人具有工作范围广、灵活性强、轻巧和控制难度低等优势，可以完成复杂的建筑作业任务，如安装、砌砖、扫描、油漆、清洁和维修等。此外，英国政府资助一个名为"协同式现场施工机器人

图 1.3-28　LIFTBOT 机器人

(a) 喷射混凝土

(b) 抹平混凝土

图 1.3-29　Concrete Aeditor 3D 打印系统

图 1.3-30　PainterRobot 机器人

（COSCR）"的创新项目，研制出的 COSCR 机器人由移动底座、伸缩桅杆和机械臂组成
（图 1.3-33），控制系统采用了通用设计，以确保机器人可以进行喷漆、检测、转孔、安装
等作业。

图 1.3-31 BauBot 机器人

(a) 幕墙安装

(b) 砖块砌筑

图 1.3-32 钢绳驱动并联机器人

图 1.3-33 协同式现场施工机器人

1.4 国内建筑机器人发展现状

我国建筑机器人的研发始于 2006 年。近 5 年我国建筑机器人发展迅猛，现处于规模化、产业化的初期。当前，我国建筑机器人产业呈现出"政府引导、国企推动、院校攻关和科创赋能"的积极态势。

1.4.1 政府引导

近几年，我国政府积极出台政策，以期引导建筑业的高质量发展。2017 年 2 月 21 日，国务院办公厅印发《关于促进建筑业持续健康发展的意见》，提出"加快先进建造设备、智能设备的研发、制造和推广应用，提升各类施工机具的性能和效率，提高机械化施工程度"。2020 年 7 月 3 日，住房和城乡建设部、国家发展和改革委员会、科学技术部、工业和信息化部等 13 部门联合印发《关于推动智能建造与建筑工业化协同发展的指导意见》，提出"探索具备人机协调、自然交互、自主学习功能的建筑机器人批量应用"。2020 年 8 月 28 日，住房和城乡建设部、教育部、科学技术部、工业和信息化部等 9 部门联合印发《关于加快新型工业化发展的若干意见》，提出"开展生产装备、施工设备的智能化升级行动，鼓励应用建筑机器人、工业机器人、智能移动终端等智能设备"。2021 年 12 月 21 日，工业和信息化部、国家发展和改革委员会、科学技术部、住房和城乡建设部等 15 部门印发《"十四五"机器人产业发展规划》，指出研制"建筑部品部件智能化生产、测量、材料配送、钢筋加工、混凝土浇筑、楼面墙面装饰装修、构部件安装、焊接等建筑机器人"。2022 年 1 月 19 日，住房和城乡建设部印发《"十四五"建筑业发展规划》，明确指出加快建筑机器人研发和应用，提出"加强新型传感、智能控制和优化、多机协同、人机协作等建筑机器人核心技术研究，研究编制关键技术标准，形成一批建筑机器人标志性产品。积极推进建筑机器人在生产、施工、维保等环节的典型应用，重点推进与装配式建筑相配套的建筑机器人应用，辅助和替代'危、繁、脏、重'施工作业。推广智能塔吊、智能混凝土泵送设备等智能化工程设备，提高工程建设机械化、智能化水平"。2022 年 3 月 1 日，住房和城乡建设部印发《"十四五"住房和城乡建设科技发展规划》，指出"研究建筑机器人智能交互、感知、通讯、空间定位等关键技术，研发自主可控的施工机器人系统平台，突破高空作业机器人关键技术，研究建立机器人生产、安装等技术和标准体系。研发性能可靠、成本可控的建筑用 3D 打印材料与应用技术"。2023 年 1 月 18 日，工业和信息化部、教育部、财政部、住房和城乡建设部等 17 部门印发《"机器人＋"应用行动实施方案》，指出"推动机器人在混凝土预制构件制作、钢构件下料焊接、隔墙板和集成厨卫加工等建筑部品部件生产环节，以及建筑安全监测、安防巡检、高层建筑清洁等运维环节的创新应用"。

2022 年 10 月 25 日，住房和城乡建设部公布 24 个智能建造试点城市，要求各试点城市严格落实试点实施方案，建立健全统筹协调机制，加大政策支持力度，有序推进各项试点任务，确保试点工作取得实效。北京市、重庆市等 24 个智能建造试点城市积极响应，正陆续出台各自的试点实施方案，均明确提出要推动建筑机器人应用。例如，北京市明确提出"推动机器人在混凝土预制构件制作、钢构件下料焊接、隔墙板和集成厨卫加工、材料配送、隔墙板安装、高空焊接、建筑安全监测、安防巡检等环节的创新应用，拓展建筑机器人应用场景"；重庆市明确提出"使用建筑机器人辅助施工，在墙板安装、装饰装修、测量测绘、管道修补、地面铺装等领域率先应用，并不断丰富应用场景"。

1.4.2 国企推动

中国建筑、中国铁建、中国中铁、中国交建、中国中冶等建筑业巨头是建筑机器人产品的大用户，提供了大量的测试场地，充分发挥着"试验田"作用。中国建筑企业正积极研制和试用建筑机器人，强有力地推动着我国建筑机器人发展，下面将着重介绍中建三局和中建八局的有关工作。

2022年8月，中建三局自主研发的"住宅造楼机"在广州大源村项目进行使用，集成了智能布料机、外墙模板吊挂、喷淋养护、喷雾降温、可开合罩棚、预制构件运转等功能［图1.4-1（a）］，后续将集成钢筋绑扎机器人、模板安装机器人等前沿装备。此外，中建三局还研制了"空中造楼机""造墩机""循环电梯""5G室内远程控制塔机操作系统"等智能装备。2022年10月，中建三局推出一款自主研发的暗涵清淤机器人［图1.4-1（b）］。该款机器人采用探挖储滤一体化设计，配备大推力自平衡功能铲斗和大容量可升降分体式滤水料斗，卸料便捷、出泥含水率低。经试验验证，该款机器人最大清淤效率可达18m³/h，料斗淤泥含水率低于80%，节约了地面脱水工序，可有效应对各类板结淤泥、建筑垃圾、生活垃圾等复杂淤积工况，解决了传统泵吸式清淤设备易淤堵，在干涸、淤泥板结工况下无法有效作业等问题。2022年12月，中建三局推出一款自主研发的道路工程移动式高精度测量机器人［图1.4-1（c）］。该款机器人集成了自动行驶、自动调平自动设站和自动测量等功能，综合测量精度在2mm内，综合测量速度达8s/点，工作效率是传统测量方式的10倍以上。为了加大推动建筑机器人发展，中建三局联合中建三局科创产业成立了中建三局云构机器人有限公司，并与杭州固建、上海大界等签订了战略合作协议，实现建筑机器人领域优势互补。

 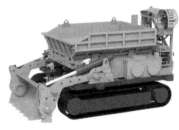

(a) 住宅造楼机　　　　　　　　　　(b) 暗涵清淤机器人

(c) 道路工程移动式高精度测量机器人

图1.4-1　中建三局产品

　　中建八局自主研发了多款建筑机器人，包括智能打磨机器人"攻坚"、智能喷涂机器人"凝脂"、橡塑保温板下料机器人、挖掘机器人、自行式智能钢筋绑扎机器人、无人机机载红外检测机器人等（图 1.4-2）。2022 年 9 月，智能打磨机器人"攻坚"和智能喷涂机器人"凝脂"完成第一轮测试，落地哈尔滨工业大学（深圳）国际设计学院项目。2022年 10 月，中建八局和网易伏羲机器人联合研发的挖掘机器人顺利完成第一阶段测试，实现了挖掘机通过鼠标、手柄等设备的低延时远程控制，为未来实现挖掘机器人"人机协同"和"一人多机"的高效作业模式打下坚实的基础。挖掘机器人的核心技术包括运动控制、感知建模、能力学习和通信能力。后续，中建八局还将与网易伏羲在装载机器人、压路机器人、塔吊机器人、摊铺机器人等多个领域展开合作，打造智能建造机器人新模式。2022 年 10 月，无人机机载红外检测机器人（UITR1.0）落地青岛红岛街道、南京杨庄北侧保障房地块、南京东流安置房及配套等项目。UITR1.0 通过无人机搭载红外检测多传感镜头，利用红外热成像法对建筑物外表面保温材料脱空和拼接、墙体空洞、裂缝渗漏等问题进行检测，可为城市更新项目修缮和新建房建项目保温质量复核提供精确的数据。

(a) 智能打磨机器人"攻坚"

(b) 智能喷涂机器人"凝脂"

(c) 橡塑保温板下料机器人

(d) 挖掘机器人

(e) 自行式智能钢筋绑扎机器人

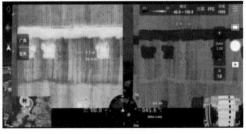

(f) 无人机机载红外检测机器人

图 1.4-2　中建八局产品

1.4.3 院校攻关

高等院校是攻克技术难题、探索新技术的主力军，可为建筑机器人发展提供新思路。在建筑机器人技术攻关方面，代表性的院校包括河北工业大学、同济大学和香港中文大学。河北工业大学是建筑机器人研发的先行者；同济大学是数字设计与机械建造一体化的主要推动者；香港中文大学是新型建筑机器人的积极探索者。

2006 年，河北工业大学和河北建工集团开展校企合作，聚焦于板材安装机器人的研发，成为我国最早从事建筑机器人研发的院校。在 863 项目"室内大型板材安装建筑机器人系统""十二五"科技支撑计划项目《建筑板材机器人化施工装备与示范应用》和"十三五"国家重点研发计划"智能机器人"重点专项《面向建筑行业典型应用的机器人关键技术与系统》等支持下，河北工业大学联合河北建工集团、山东大学等单位研制出一系列适用不同场景的板材安装机器人，包括板材安装室内装修机器人、移动式大型板材安装机器人、高空板材安装机器人和大中型板材安装冗余双臂机器人等（图 1.4-3）。板材安装室内装修机器人可安装板材最大平面尺寸为 1m×1.5m，最大重量达 70kg 以上，最大安装高度达 5m。移动式大型板材安装机器人可安装板材最大平面尺寸 2m×3.5m，最大重量达 800kg，最大安装高度达 12m。高空板材安装机器人可安装板材最大平面尺寸为 0.8m×1m，最大重量为 200kg，最大安装高度为 60m。大中型板材安装冗余双臂机器人的机械臂含有冗余自由度和并联机构，在承载、避障和灵活操作方面具有优势，单臂可以对长宽厚尺寸为 1.5m×1m×0.3m、重量为 200kg 的玻璃板材进行自动化安装，双臂协同作业可实现最大重量 400kg 的板材作业安装。2022 年，河北工业大学联合北京理工大学、山东大学、河北建工集团等九所国内知名高校与企业组建"河北省智能化建筑施工装备协同创新中心"，该中心将发挥各协同单位在基础理论、技术研发、行业发展、区域经济等各方面的优势，开展面向智能建造的施工工艺、智能装备、建造信息化等方向的创新研究，有效增强建筑机器人及智能化施工装备的设计水平和智能化程度，完成智能化建筑施工装备与智能建造技术的研发与示范应用，引领河北省智能建造产业的规模应用和发展。

数字设计和机械建造一体化需要重塑传统建造工艺，实现机器人建造能力和施工工艺的有机融合。此外，数字设计和机械建造一体化可充分利用设计设备与建造机械之间的无缝数据传输接口，可显著降低传统人工传输数据带来的额外劳动力成本和错误风险，实现数据驱动建造的新范式。为此，同济大学积极开展数字设计和机械建造一体化的研发工作。2011 年起，同济大学连续举办上海"数字未来"活动，探讨建筑机器人在建筑学教育、科研和实践中的潜力和可能。2012 年，同济大学建筑与城市规划学院成立了数字设计研究中心（DDRC）。DDRC 从事建筑机器人建造装备、工具端与工艺研发，配备了国际领先水平的实验设备 14 轴导轨式建筑机器人平台、机器人协同软件"Robot Team"以及一系列自主研发的机器人工具端（图 1.4-4）。2015 年，同济大学与上海一造建筑智能工程有限公司率先建立了全球首台 18 轴建筑机器人加工平台，相继开发了机器人木构、机器人陶土打印、机器人砌筑、机器人塑料 3D 打印等工艺，先后出版了《建筑数字化编程》《建筑数字化建造》《建筑机器人建造》《数字化建造》等多本著作。2016 年，同济大学、同济大学建筑设计研究院（集团）有限公司、上海建工机施集团联合建设了"上海建筑数字建造工程技术中心"，以期推动建筑机器人研发成果的迅速转化。

(a) 板材安装室内装修机器人

(b) 移动式大型板材安装机器人

(c) 高空板材安装机器人

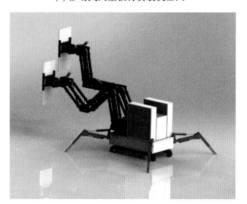

(d) 大中型板材安装冗余双臂机器人

图 1.4-3 河北工业大学研究成果

图 1.4-4 同济大学 DDRC 机器人实验室

陆地式建筑机器人具有高稳定性、高负载、高精度、高续航等优点,但面临着低机动性、窄作业面等不足;空中式建筑机器人具有高机动性、宽作用面等优点,但面临低稳定性、低负载、低精度、低续航等不足。为此,研究人员正积极探索新型建筑机器人。近几年兴起的绳索驱动并联机器人具有工作范围广、灵活性强、轻巧和控制难度低等优势,可以完成复杂的建筑作业任务。基于绳索驱动理念,香港中文大学开发出多款新型建筑机器人,包括外墙检测机器人、砌砖机器人和外墙清洁喷涂机器人(图 1.4-5)。

|(a) 外墙检测机器人|(b) 砌砖机器人|(c) 外墙清洁喷涂机器人|

图 1.4-5　香港中文大学研究成果

1.4.4　科创赋能

科技创业可以为建筑行业汇聚各方青年科技人才，打通建筑机器人产业的供应链，助力建筑机器人产业生态的搭建，赋能建筑机器人高质量发展。截至目前，国内比较知名的科创公司包括上海圭目、上海大界、上海盎锐、广东博智林、杭州固建、深圳筑橙、湖州筑石、苏州方石、深圳大方、上海蔚建和香港智能建造研发中心。

上海圭目机器人有限公司成立于 2016 年 5 月 25 日，致力于基础设施的精准检测、数据化养护与全寿命周期管理，为未来基于大数据、人工智能与 5G 技术的云-边-端架构的基建设施健康状态全面管控奠定坚实的基础，保障重大交通基础设施的安全高效运行。截至目前，上海圭目推出了多款检测机器人，包括路面健康自动检测机器人、轨道设施检测机器人、爬壁检测机器人和缆索检测机器人等（图 1.4-6）。

(a) 路面健康自动检测机器人　　　(b) 轨道设施检测机器人

(c) 爬壁检测机器人　　　(d) 缆索检测机器人

图 1.4-6　上海圭目产品

上海大界机器人科技有限公司成立于 2016 年 8 月 31 日，是一家提供建筑领域的机器人智能建造解决方案的公司。上海大界深耕建筑机器人的控制系统、智能算法与人机交互的核心技术，自主研发了中国第一款连接建筑 BIM 数据端与机器人建造生产端的建筑工业软件 ROBIM。ROBIM 软件可自动识别建筑模型，快速生成机器人加工路径，支持多样化的建筑材料与建造工艺，满足大规模定制化生产。此外，上海大界还推出了 RobimCut 火焰坡口切割站、RobimCut 等离子切割站、RobimWeld 智能型钢焊接站和 RobimWeld 模块化框架焊接站（图 1.4-7）。

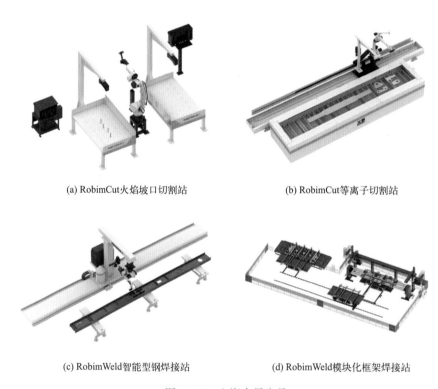

(a) RobimCut火焰坡口切割站   (b) RobimCut等离子切割站

(c) RobimWeld智能型钢焊接站   (d) RobimWeld模块化框架焊接站

图 1.4-7　上海大界产品

上海盎锐信息科技有限公司成立于 2017 年 8 月 8 日，是一家为建筑企业提供三维扫描硬件、智能分析软件和云服务的公司。目前，公司推出了 UCL360、UCL360SE 和 UCL360S 三款测量机器人（图 1.4-8），测量机器人可实现 "SCAN TO BIM" 功能，包含自动扫描、自动现场精细拼接、点云格式转化、自动渲染建模、CAD 自动描图和云端自动存储可追溯的可视化渲染模型及漫游。

广东博智林机器人有限公司成立于 2018 年 7 月 17 日，是一家智能建造解决方案提供商，聚焦建筑机器人、BIM 数字化、新型建筑工业化等产品的研发、生产与应用，打造并实践新型建筑施工组织方式。目前，公司研制出 30 款适用于现浇混凝土、PC 装配式建筑各施工环节的建筑机器人（图 1.4-9）。

杭州固建机器人科技有限公司成立于 2018 年 7 月 30 日，是起源于香港科技大学自动化技术中心，在中国内地拥有自主知识产权，较早介入建筑机器人产业化研究，提供先进建造技术、建筑智造装备和智能建造综合解决方案的高科技企业。截至目前，杭州固建已

图 1.4-8　上海岦锐-测量机器人

(a) 腻子敷设机器人

(b) 地砖铺贴机器人

(c) 爬升式外墙喷涂机器人

(d) 墙纸铺贴机器人

图 1.4-9　广东博智林产品示例

研制出灵巧焊接机器人、钢结构三维激光切割机器人、长焊缝机器人焊接工作站、钢结构智能机器人组焊系统等产品（图 1.4-10）。为解决大规模、小批量、工厂化定制的钢结构生产问题，杭州固建推出多款建筑钢结构生产线，包括 H 型钢生产线、牛腿生产线、箱形柱生产线、方钢管柱生产线和十字柱生产线。

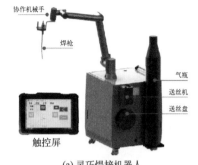

(a) 灵巧焊接机器人

(b) 钢结构三维激光切割机器人

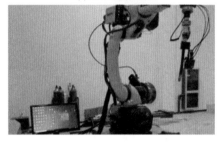

(c) 长焊缝机器人焊接工作站

(d) 钢结构智能机器人组焊系统

图 1.4-10　杭州固建产品

　　筑橙科技（深圳）有限公司成立于 2018 年 10 月 16 日，是一家致力于用机器人技术推动产业革新，为建筑施工产业提供智能施工解决方案的高新技术企业。筑橙科技将人工智能、环境感知、深度学习、伺服控制等核心技术应用到建筑施工领域，自主开发多款建筑机器人产品。目前，外墙智能喷涂机器人已实现工程应用（图 1.4-11）。

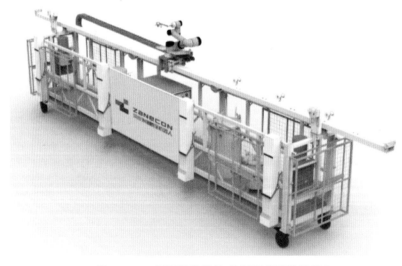

图 1.4-11　深圳筑橙科技-外墙智能喷涂机器人

　　筑石科技（湖州）有限公司于 2019 年 6 月 20 日成立，致力于将机器人技术和建筑业有机结合，形成具有专业建筑功能的特种机器人。截至目前，筑石科技已研制出激光地面整平、地面抹光和建筑测量等机器人产品（图 1.4-12）。

(a) 激光地面整平机器人　　　(b) 地面抹光机器人　　　(c) 建筑测量机器人

图 1.4-12　湖州筑石科技产品

苏州方石科技有限公司成立于 2019 年 9 月 19 日，是一家建筑机器人系统开发商和智能建造方案提供商。方石科技拥有多款建筑机器人产品，包括四轮激光地面整平机器人、履带抹平机器人、四盘地面抹光机器人、实测实量机器人、室内喷涂机器人和室内打磨机器人（图 1.4-13）。目前，苏州方石科技已在全国 20 多个城市进行了项目和渠道落地，并与中建八局、中国铁建、北京建工、北京天恒建设、苏州中亿等国内一线建筑企业达成深度战略合作关系。

深圳大方智能科技有限公司成立于 2019 年 11 月 11 日，是一家专注于墙面处理机器人及相关墙面自动化处理技术研发和生产的科技公司。截至目前，大方智能研制出三款产品，分别为 6 米作业机器人、高空作业机器人和悬挂作业机器人（图 1.4-14）。6 米作业机器人适用于大型建筑物的内外墙处理，例如工厂厂房、仓库、学校教室等；高空作业机器人适用于大型建筑物墙面施工，免除搭建脚手架的需要，可应用于机场停机棚、火车站、写字楼外墙面、宾馆、医院、小高层外立面等；悬挂作业机器人适用于高层建筑外墙面施工，免除使用吊篮的需要，不需要人员高空作业。

上海蔚建科技有限公司成立于 2020 年 6 月 19 日，是一家致力于改变现有建筑模式、研发能够让建筑工人使用的机器人的科技公司。上海蔚建推出了一款抹灰机器人 [图 1.4-15(a)]，该款抹灰机器人可以自动识别环境、智能规划作业和行走，抹灰效率为 $300m^2/d$。此外，上海蔚建还研制了一条钢筋智能化生产线 [图 1.4-15(b)]，该生产线由多个系统协同配合，具备多种规格攻丝刀具、弯曲模具自动切换功能，可实现不同规格、不同加工尺寸钢筋的自动化生产。通过智能算法，钢筋智能化生产线还可对钢筋料单和原材料进行优化匹配，提高钢筋利用率、降低废料率。

香港智能建造研发中心（HKCRC）有限公司是由香港科技大学、加州大学伯克利分校及清华大学于 2020 年 3 月联合创立的科创平台，隶属于香港特区政府 InnoHK 项目。其致力于将机器人、自动化、AI 等先进技术带入建筑行业，实现建筑行业的智能化。目前，已研制多款建筑机器人，包括手持式三维扫描仪、ALC 墙板搬运与安装机器人、防水卷材铺贴机器人和全自动地坪研磨机器人等。

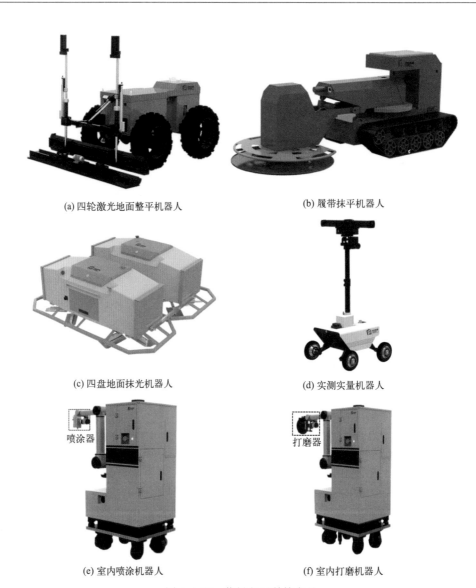

(a) 四轮激光地面整平机器人   (b) 履带抹平机器人

(c) 四盘地面抹光机器人   (d) 实测实量机器人

喷涂器   打磨器

(e) 室内喷涂机器人   (f) 室内打磨机器人

图 1.4-13 苏州方石科技产品

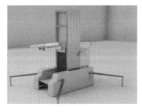  

(a) 6 米作业机器人   (b) 高空作业机器人   (c) 悬挂作业机器人

图 1.4-14 深圳大方智能产品

(a) 抹灰机器人　　　　　　　　　　(b) 钢筋智能化生产线

图 1.4-15　上海蔚建产品

1.5　建筑机器人技术发展趋势

　　未来，建筑机器人的评价标准应该围绕"好用、适用和耐用"三个方面展开，好用是指操作人员可以很容易地控制建筑机器人施工作业；适用是指建筑机器人的执行机构、执行动作和执行参数均和施工工艺具有较高的匹配度；耐用是指建筑机器人能在恶劣环境下长时间施工作业。技术发展是建筑机器人好用、适用和耐用的重要基础。从技术角度看，建筑机器人发展趋势可概括为"机构创新、共融发展和集群协作"（图 1.5-1）。

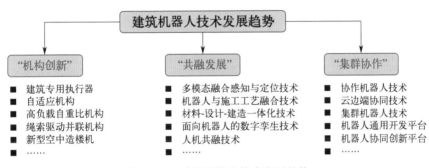

图 1.5-1　建筑机器人技术发展趋势

1.5.1　机构创新

1. 建筑专用执行器

　　执行器是一种接收控制信息并对受控对象施加作用的装置。对于建筑业而言，执行器就是各种建筑工具，例如扳手、铁锤、切割机、钻孔机、钢筋绑扎器、焊枪等。目前，建筑工具由工人手持操作，自动化程度低，且施工质量很大程度上依赖于工人的熟练度。未来，建筑专用执行器将向着机电一体化和智能化发展，具体表现为：（1）建筑专用执行器将作为机电一体化产品进行供应，能实现即插即用，有利于建筑机器人产业生态的构建和快速发展；（2）建筑专用执行器配备传感器和控制器，可以自主和精确地感知作业状态并及时调整，保证高质量完成施工作业。

2. 自适应机构

建筑构部件表现出尺寸标准化程度低、外形差异性大的特点，且施工任务通常为非标准的。目前，工业常用的执行机构适用于标准尺寸的工件和标准的工作任务，难以直接应用于建筑业。当前，机器人应对非标构件和非标任务的主要方法是通过智能感知和智能控制技术，但这显著地加大了机器人的成本和复杂度。未来，需要结合建筑业特点，开发出适用性强的机构，使得建筑机器人能够以简便、低成本的方式应对非标构部件和非标施工作业。

3. 高负载自重比机构

建筑构部件具有尺寸大、重量大的特点，且建筑施工空间通常狭窄，因此需要研发高负载自重比机构。目前，机器人机构包括串联机构、并联机构和混联机构。串联机构灵活性高，但负载小；并联机构负载大，但灵活性低；混联机构兼顾灵活性和负载能力，是建筑机器人常用机构。未来，需要明确混联机构性能评价指标，建立混联机构的运动学和动力学的基础理论，研究面向建筑业的混联机构生成式设计方法，提出适用的高负载自重比机构，从而使得建筑机器人具备运用巧力的能力。

4. 绳索驱动并联机构

建筑业的施工与运维通常面临着作业面广、环境恶劣、任务复杂等特点，例如高空幕墙的安装和清洗。近几年兴起的绳索驱动并联机器人具有工作范围广、灵活性强、轻巧和控制难度低等优势，可以完成复杂的建筑作业任务。通常，绳索驱动并联机器人常用于高空作业，失效后将会造成不可估计的后果。因此，绳索驱动并联机器人应具备特定绳索失效后快速重构的能力。未来，需要建立绳索驱动并联机构的重构理论，拓宽绳索驱动并联机器人在建筑领域的应用场景。

5. 新型空中造楼机

空中造楼机的专业名称是智能化施工装备集成平台。空中造楼机由支撑、顶升、挂架、钢平台及附属设施等系统组成，集成了控制室、材料堆场、生产设施、施工作业面及安全消防等功能，实现工地上"工厂化"施工作业环境。动态、复杂的建筑场景给机器人的感知、控制和规划均带来了巨大挑战，建筑机器人离自主施工还有很长一段路要走。值得庆幸的是，空中造楼机可为建筑机器人提供许多便利条件，包括快速定位、便捷移动和高效协同，例如搭载造楼机钢平台上建筑机器人可以简便地实现自我定位和移动。未来，空中造楼机将部署成套的建筑机器人，有望实现施工现场的少人化，甚至无人化。

1.5.2 共融发展

1. 多模态融合感知与定位技术

智能感知和自主定位是建筑机器人智能化的前提与关键。现有机器人往往会安装激光雷达、相机、惯性测量单元、全球定位系统等多种模态传感器，多种传感器相互协助提供了丰富的机器人内部状态和外部周围环境的感知信息。每种模态的传感器都有其优点和缺点，例如相机可测量纹理丰富的 2D 图像，但容易受光照影响；激光雷达受外界因素影响小，但获取的 3D 点云数据较为稀疏且容易发生退化；惯性测量单元可高效地测量机器人的姿态，但常面临数据漂移问题；全球定位系统可简便地测量机器人的位置，但极易受到环境的干扰。对于建筑机器人而言，BIM 模型可以贯穿设计、施工、运维等环节，可以提供丰富的先验信息。未来，需要以适当的方式融合激光雷达、相机、惯性测量单元、全球定位系统和 BIM 等，通过优势互补实现高精准的机器人智能感知和自主定位技术。

2. 机器人与施工工艺融合技术

建筑业施工工艺种类繁多，包括挂腻子、喷砂浆、抹灰、铺设瓷砖等。目前，一款建筑机器人只能执行一种施工工艺，且建筑机器人的执行动作和参数设置均是由工程师结合施工工艺和大量的现场实验数据进行确定。当前建筑机器人存在工艺规则和工艺参数调整复杂、工艺数据积累少、施工质量差异大、智能程度低等不足。未来，需要机器人学习大量优秀工人的施工数据，建立建筑业的专用工艺库，打造机器人版的"大国工匠"。

3. 材料-设计-建造一体化技术

当前，建筑设计常常受限于人工建造能力，难以充分发挥材料的特性，无法实现个性化的建筑外观。此外，传统的节点构造难以适用于机械化装配，且传统的施工工艺未能充分发挥机器人的独特建造能力。未来，需要重塑建造工艺，充分发挥机器人独特的建造能力，研制适配于机械化装配的节点构造，实现材料-设计-建造一体化。

4. 面向机器人的数字孪生技术

目前，数字化工厂内建筑机器人的使用主要通过示教编程来实现，施工现场建筑机器人的使用主要由施工人员遥控来实现。示教编程和人工遥控均需要机器人实时在线，且不能提前预警机器人在运动过程中出现的碰撞问题，效率低且安全性差。未来，需要发展面向建筑机器人的数字孪生技术，通过虚拟仿真实现碰撞检测和施工工艺优化，实现高效率、高安全的建筑机器人。

5. 人机共融技术

人机共融技术包括人机自然交互、可穿戴式建筑机器人、人机协作等内涵。人机自然交互是指人通过手势、语音、脑电信号等方式给建筑机器人传达施工指令，建筑机器人通过智能感知能理解人的意图并执行施工指令。可穿戴式建筑机器人是装备于人身的智能机器设备，可以感知人的意图并协助人完成各种超重、超精准的施工任务。人机协作是指施工人员可以通过手部与建筑机器人的直接接触，以无代码、无示教的方式引导建筑机器人施工作业，且机器人具有碰撞检测功能，可有效地避免施工人员的误伤。

1.5.3 集群协作

1. 协作机器人技术

目前大多数建筑施工工艺需要双手协同作业，例如钢筋点焊时需要一只手压紧钢筋，另外一只手实施点焊。因此，需要研发适配建筑业的机与机协作技术。

2. 云边端协同技术

装载相机、激光雷达等传感器的建筑机器人终端在施工过程中会产生海量数据，建筑机器人终端的储存量有限，无法容纳海量数据；而海量数据全部传输给云端处理既不现实，也不高效。因此，需要将数据处理合理地分布在云-边-端上。未来，建筑机器人系统需要采用云边端协同技术，其工作机制为：（1）云侧提供高性能的计算以及通用知识的存储；（2）边缘侧可以更有效地处理数据，提供算力支持，并在边缘范围内实现协同和共享；（3）建筑机器人终端完成实时的施工作业。

3. 集群机器人技术

通常，一个建筑工程项目具有工种多、工作量浩大、施工组织复杂等特点。此外，单个建筑机器人个体能力有限，常常会遇见单个个体不能完成的任务，特别是大体积建材的搬运、大面积混凝土的短时间抹平等场景。集群机器人技术可充分利用机器人之间和机器人与环境之间的交互，以实现群体智能。集群机器人技术具有并发性、鲁棒性、灵活性等优点，具体表现为：（1）通过并行执行子任务，可以更快地完成可分解任务；（2）对单个机器人具有更好的容错率；（3）更容易适应不同的应用和任务。未来，需要发展集群机器人技术，充分发挥群体智能的价值，实现高效、鲁棒、灵活的机器人建造。

4. 机器人通用开发平台

目前，我国建筑机器人研发单位之间存在大量重复性工作，而且各研发单位产品存在数据格式不一致、接口不统一等问题。虽然各研发单位各有一技之长，但目前研发生态难以实现优势互补。此外，各研发单位独立研制一款机器人，通常需要耗费大量人力、财力和物力。为降低建筑机器人的研发与应用成本，需要搭建建筑机器人通用开发平台，从而有效地避免重复开发，以及推进机器人技术的标准化和通用化。建筑机器人通用开发平台主要包括建筑专用执行器、施工工艺包、建筑业大语言模型、建筑业视觉大模型、通用机器人本体、机器人零部件库等，通用开发平台的形成将极大地降低研发成本、缩短研发周期、充分发挥共享价值。

5. 机器人协同创新平台

建筑机器人具有零部件种类多、学科交叉性强、利益相关方多等特点，需要积极构建建筑机器人供应链、人才链和创新链，组建我国建筑机器人技术协作联盟，搭建"政、产、学、研、用"的协同创新平台，共同推动我国建筑机器人产业的高质量发展。

1.6　本书的主要内容

机器人技术是集机械、电气、感知和控制等多学科交叉融合的高新技术，天然的跨学科背景导致机器人专业人才稀缺、培养难度大。此外，随着人工智能技术逐渐走向成熟，机器人技术与人工智能技术正在快速融合，进一步加剧复合型人才的培养难度。目前，国内外已涌现出大量机器人技术相关的教材，而针对建筑机器人的专用教材尚未出版。建筑机器人是机器人技术和建筑行业深度融合的产物，具有较高的入门门槛。然而，建筑机器人的应用趋势具有不可逆性，未来需要大量的建筑机器人相关的人才。为促进建筑机器人相关人才培养，缓解供需矛盾，满足行业需求，本书作者结合自身从事建筑机器人的研发和教学工作，系统性地介绍建筑机器人的基本原理，书中的主要内容见图1.6-1。

本书可划分为五个部分，其中第一部分为建筑机器人机械篇，包括驱动机构、传动机构、执行机构和机器人本体；第二部分为建筑机器人电气篇，包括电子元器件、电路基础、模拟电路、数字电路和数-模转换；第三部分为建筑机器人感知篇，包括传感器、多传感器信息融合、同时定位与建图；第四部分为建筑机器人控制篇，包括控制基础、电机控制、机器人本体控制、集群机器人控制；第五部分为建筑机器人实践篇，包括自移动式打地板钉机器人、自主焊接机器人、无人机巡检机器人。此外，各技术章节均包括前沿动态，以便读者了解和跟踪技术前沿。

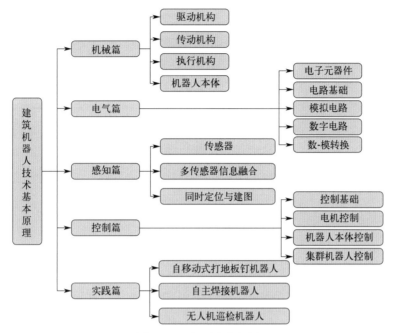

图 1.6-1 主要内容框图

第二章　建筑机器人机械篇

机器人机构包括驱动、传动和执行三大机构。驱动机构为机器人提供动力源；传动机构将动力源所提供的运动的方式、方向或速度加以改变，被人们有目的地加以利用；执行机构也称为末端执行器，用于码垛、喷涂、研磨、装配、焊接、绑扎等施工作业。

2.1　驱动机构

电机和内燃机是两大主流的动力源。其中，电机驱动是机器人目前使用最多的一种驱动方式，其特点是无环境污染，运动精度高，电源取用方便，响应速度快，驱动力大，信号检测、传递、处理方便，控制方式灵活。因此，下面只介绍电机的工作原理、分类、计算和选型。

2.1.1　原理与分类

电机种类非常多，按照换相方式可分为有刷电机和无刷电机，按照工作电源类型可分为直流电机和交流电机，按控制方式可分为伺服电机和步进电机，按输出的运动形式可分为旋转电机和直线电机。

1. 有刷电机和无刷电机（直流）

定子和转子均是电机中的零件，定子是电机中固定部分，转子是电机中旋转部分。图2.1-1(a) 给出了单线圈有刷电机的示意图，有刷电机由定子、转子、电刷和换向器组成，其中固定的永磁体和可旋转的单线圈分别充当定子和转子。有刷电机驱动原理为：（1）电刷在弹簧压力作用下与换向器的一侧保持紧密接触，电流顺利通过转子；（2）通电的转子产生电枢磁场，根据右手法则可知，电枢磁场的磁极为"上北下南"；（3）电枢磁场和定子产生的永久磁场相互作用，推动转子顺时针转动；（4）转子转动一定角度后，电刷与换向器的另一侧进行接触，从而实现转子中电流的换向；（5）换向电流在反转后的转子中产生的电枢磁场，根据右手法则可知，电枢磁场的磁极仍为"上北下南"；（6）电枢磁场和定子产生的永久磁场相互作用，推动转子继续顺时针转动。单线圈有刷电机工作效率低，运行不规律，有可能卡在换向器缝隙处，实际使用电机通常为多线圈有刷电机，见图 2.1-1(b)。有刷电机是通过机械换向的方式实现转子持续同方向旋转，具有结构简单、制造成本低等优势，但电刷和换向器之间的高速摩擦会产生火花和噪声。此外，电刷和换向器易磨损，需要定期维护和更换。

无刷电机通常由定子、转子、传感器和控制器四部分组成，定子通常为绕组线圈，转子通常为永久磁体，传感器通常采用能检测磁场的霍尔元件。图 2.1-2 给出了无刷电机的工作原理示意图，简单地概述为：（1）安装在定子上的霍尔元件检测转子的 N 磁极位置并将检测信息反馈给控制器。例如，图中霍尔元件 1 和 3 均可检测到转子的 N 磁极，表现出

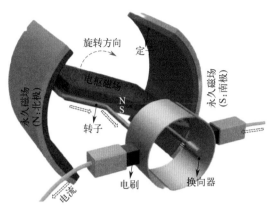

（a）单线圈有刷电机　　　　　　　　　　　（b）多线圈有刷电机

图 2.1-1　有刷电机

激活状态。（2）控制器根据霍尔元件 1、2 和 3 的状态控制 MOS 管以实现电路流向的调控。例如，图中 MOS 管 Q3 和 Q4 导通，电流流经 A、C 线圈。（3）通电线圈产生的磁场与转子的永久磁场相互作用，推动转子转动。例如，图中 A 线圈对内磁极为 N 极，C 线圈对内为 S 极，A 线圈排斥转子，C 线圈吸引转子，从而推动转子顺时针转动。无刷电机是通过电子控制器的方式实现转子持续同向旋转，具有控制精准、噪声小和寿命长等优势。但无刷电机构造相对复杂、所需电子元器件较多，制造成本高。

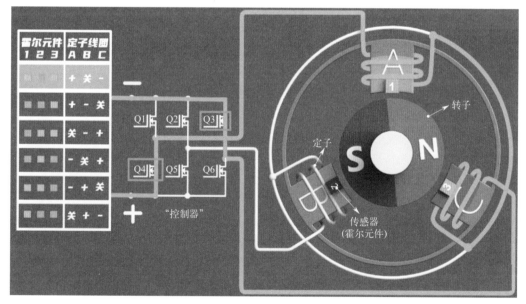

图 2.1-2　无刷电机工作原理示意图

2. 直流电机和交流电机

直流电机是一种利用直流电源供电的电动机。直流电源包括直流稳压电源和直流恒流电源两种，直流稳压电源输出的电压不随时间的变化而变化，直流恒流电源输出的电流不随时间的变化而变化。直流电机的旋转速度与负载恒定的电源电压/电流大小成正比。

交流电机是一种利用交流电源供电的电动机，交流电源输出的电压随着时间周期性地变化。不同相位的交流电在定子线圈中产生旋转磁场（图 2.1-3），根据旋转磁场和转子两者的速度是否一致，交流电机可分为同步电机和异步电机。同步电机的工作原理可分为三部分：（1）定子线圈中的交流电不在同一相位流动，产生了围绕定子线圈的旋转磁场；（2）转子通过永久磁体或通直流的线圈产生围绕转子的另一个磁场；（3）两个磁场相互作用，推动转子旋转。可见，同步电机与无刷电机具有类似的工作原理，两者区别在于，无刷电机的旋转磁场由电子控制器实现，同步电机的旋转磁场由不同相位的交流电实现。异步电机也称为感应电机，其工作原理可分为四个部分：（1）定子线圈中的交流电不在同一相位流动，产生了围绕定子线圈的旋转磁场；（2）旋转磁场产生了转子中的电流，转子可以是短路线圈或者金属圆柱；（3）转子中的电流形成围绕转子的另一个磁场；（4）两个磁场相互作用，推动转子旋转。同步电机的转子一直与旋转磁场之间保持相同速度，不随负载变化；异步电机的转子一直与旋转磁场之间保持相对运动，随负载变化。同步电机工艺复杂、精度要求高、维修复杂、价格昂贵，多用于要求转速恒定的生产机械中；异步电机结构简单、制造容易、价格低廉、运行可靠、坚固耐用、运行效率较高，被广泛地使用。

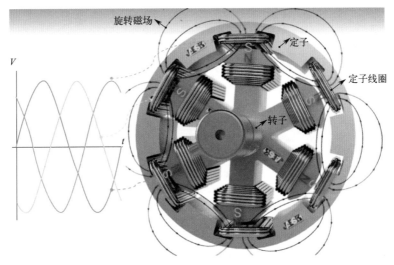

图 2.1-3　交流电机工作原理示意图

3. 伺服电机和步进电机

步进电机是一个简单、准确的开环控制系统，是通过控制脉冲的个数来控制转动的角度，一个脉冲对应着一个步距角。步进电机包括永磁式、反应式和混合式三种类别，具有整步、半步和细分三种工作模式。这里不展开叙述，感兴趣的读者可以查阅相关资料。图2.1-4 给出了反应式步进电机工作原理的示意图，图中步进电机有 4 个定子齿和 2 个转子齿，每个定子齿各环绕一个线圈，步进电机的控制器每接收到一个脉冲信号后就改变定子线圈中的电流一次，转子在定子磁场作用下相应地转动一个步距角。

伺服电机是一个闭环控制系统（图 2.1-5）。相对步进电机而言，伺服电机增加一个信息反馈的环节。伺服电机的工作原理为：（1）传感器检测电机运行状态并将检测信息反馈给控制系统，检测信息包括位置、速度和力等；（2）控制系统结合反馈信息和目标信息，根据控制理论产生脉冲信号；（3）控制器根据脉冲信号对定子线圈中的电流进行改变，从而实现电机状态的调整。伺服电机通常采用多环控制，包括力环、速度环和位置环等，而舵机是一种简化版的伺服电机，只检测位置环。

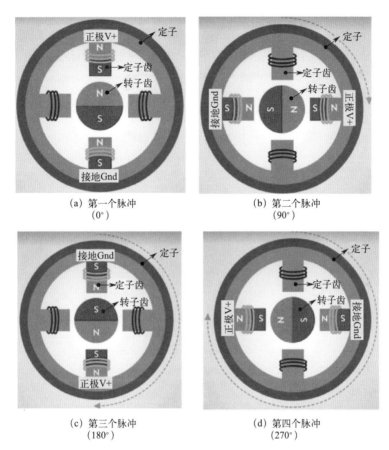

(a) 第一个脉冲
(0°)

(b) 第二个脉冲
(90°)

(c) 第三个脉冲
(180°)

(d) 第四个脉冲
(270°)

图 2.1-4　反应式步进电机工作原理示意图（步距角＝90°）

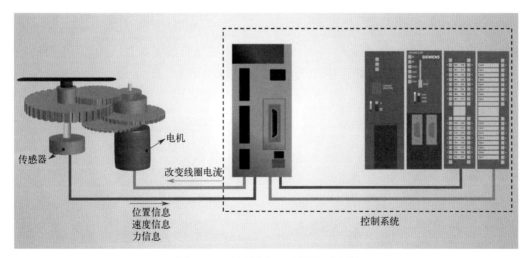

图 2.1-5　伺服电机工作原理示意图

步进电机和伺服电机是当今自动化领域中不可或缺的两种重要的电机类型。步进电机成本低（几十元到几百元不等），但面临着容易出现低频振动现象、输出力矩随着转速升高而下降和不具备过载能力等问题。此外，启动频率过高或者负载过大会导致步进电机出现丢步或者堵转的现象。伺服电机具备良好的控制性能、低频特性、矩频特性和过载能力，但成本较高（千元级别）。在一些要求不高的场合，经常使用步进电机。

4. 旋转电机和直线电机

旋转电机和直线电机的输出运动分别为旋转运动和直线运动。直线电机经常被简单描述为被展平的旋转电机（图 2.1-6），两者工作原理相似。直线电机性能优越，一般用于精度高、速度高、响应快的场合，但价格昂贵（万元级别）。

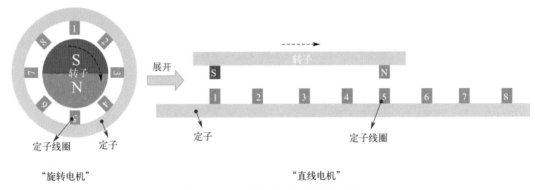

图 2.1-6 直线电机工作原理示意图

2.1.2 计算与选型

对于建筑机器人而言，常用的电机包括普通电机、步进电机和伺服电机三大类。对于控制精度无要求的场景，应选用普通电机。图 2.1-7 给出了常见的普通电机，包括减速电机、无级调速电机、变频电机等。普通电机选型依据为功率，选型功率 $P_{选型}$ 按下式进行计算：

$$P_{选型} = K_安 F_{负载} \, v_{负载} / \eta \tag{2.1-1}$$

式中，$K_安$ 为安全系数，通常取值 4～8；$F_{负载}$ 为电机带动负载所需力；$v_{负载}$ 为负载的运行速度；η 为传动效率，按传动机构类型进行取值，可参考机械设计手册。

(a) 减速电机 (b) 无级调速电机 (c) 变频电机

图 2.1-7 普通电机

对于控制精度要求不高的场景，应选用步进电机。步进电机按相数可分为两相、三相、四相和五相，所谓"相数"是线圈组数。相数越大，电机的步距角越小。步进电机的型号常以电机的法兰宽度命名，例如 57 步进电机代表电机的法兰宽度为 57mm（图 2.1-8）。步进电机没有固定功率，选型依据为步距角和保持转矩：（1）步距角是一个控制脉冲对应的转动角度，是衡量电机精度的指标；（2）保持转矩是指步进电机通电但不转动时，定子锁住转子的转矩，是衡量电机负载能力的指标。选型转矩 $T_{选型}$ 按下式进行计算：

$$T_{选型}=K_{安}\ T_{理论} \tag{2.1-2}$$
$$T_{理论}=T_{匀速}/\eta+T_{加速} \tag{2.1-3}$$
$$T_{加速}=J_{总}\ \beta \tag{2.1-4}$$
$$J_{总}=J_{折算}+J_{电机轴} \tag{2.1-5}$$
$$\beta=w/t_{加速} \tag{2.1-6}$$
$$w=2\pi n_{电机}/60 \tag{2.1-7}$$

式中，$K_{安}$ 为安全系数，电机转速 300r/min 以上取 2.5～3.5，电机转速 300r/min 以下取 1.5～2.0；$T_{理论}$ 为电机理论转矩；$T_{匀速}$ 和 $T_{加速}$ 分别为电机的匀速转矩和加速转矩；η 为传动效率；$J_{总}$ 为总惯量；$J_{折算}$ 为负载和传动机构折算到电机轴的惯量；$J_{电机轴}$ 为电机轴惯量；β 为电机角加速度；w 为电机角速度；$t_{加速}$ 为加速时间，取值 0.2s；$n_{电机}$ 为电机转速，单位 r/min。对于步进电机而言，电机转速宜为 300～600r/min。

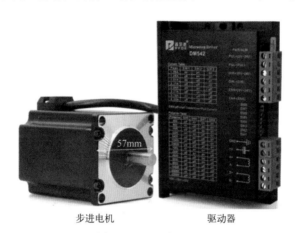

步进电机　　　　　驱动器

图 2.1-8　57 步进电机

对于控制精度要求较高、高速运转、急加速的场景，应选用伺服电机。从外形来看（图 2.1-9），伺服电机比步进电机多一个编码器。伺服电机选型依据包括额定功率、额定转矩、最大转矩、额定转速和最高转速。伺服电机具有良好的过载能力，最大转矩可达额定转矩的 3 倍。伺服电机的选型转矩 $T_{选型}$ 的计算同公式 2.1-2，但安全系数 $K_{安}$ 取值为 2，加速时间 $t_{加速}$ 取 0.1s。伺服电机的选型流程为：（1）首先，根据选型转矩 $T_{选型}$ 匹配电机型号，核对功率、转矩、转速等指标；（2）为了保证控制的平稳性，验算 $J_{折算}$ 与 $J_{电机轴}$ 的比值，高精度、高响应（0.1s 以下）、转速稳定、功率 1000W 以上的场景要求 $J_{折算}/J_{电机轴}$ 保持在 5～10 倍，一般精度、一般响应（0.1s～1s）、转速稳定无太大要求、功率 750W 以下的场景要求 $J_{折算}/J_{电机轴}$ 保持在 20 倍以内，点对点输送、慢响应（1s～5s）的场景要求 $J_{折算}/J_{电机轴}$ 保持在 30 倍以内；（3）然后，根据结构特性选择是否配置抱闸；

（4）最后，根据精度要求选取合适的编码器。

伺服电机　　　　　　　　驱动器

图 2.1-9　伺服电机

2.2　传动机构

目前，传动机构主要包括液压传动、气压传动和机械传动三种。

2.2.1　液压传动

液压传动具有输出功率大、响应快速、反应灵敏、可无级调速等特点，适用于重载低速场景。图 2.2-1 给出了液压传动机构的组成和简单示例：（1）动力元件将机械能转化为压力能，常见的动力元件是液压泵；（2）控制元件控制液压油的压力、流量和方向，常见的控制元件包括单向阀、换向阀、溢流阀、减压阀、顺序阀、节流阀和调速阀；（3）执行元件将压力能转化为机械能，常见的执行元件包括液压缸和液压马达；（4）辅助元件为机构的正常工作提供条件，包括油箱、油管、过滤器和蓄能器等；（5）工作介质需要有效地承载压力能，常见的工作介质为液压油。下面将详细介绍动力元件、执行元件和控制元件的工作原理以及液压传动机构的简要分析。

1. 动力元件

1）原理与分类

液压泵按结构形式可分为齿轮式、叶片式、柱塞式三种。齿轮泵是常用的液压泵，分为外啮合式和内啮合式两种。图 2.2-2 给出了齿轮液压泵工作原理的示意图，外啮合式齿轮液压泵工作原理为：（1）主从动齿轮将泵体分为互不相通的腔体；（2）主动齿轮顺时针转动，从动齿轮通过与主动轮的啮合作用发生逆时针转动；（3）进油腔的容积增大，形成局部真空，油液被吸入；（4）出油腔的容积减小，形成局部压力，油液被压出；（5）主动齿轮连续旋转，进油腔不断吸油，出油腔不断压油，从而为机构提供源源不断的压力油。齿轮液压泵具有结构简单、制造方便、造价低、重量轻、外形尺寸小、自吸性能好、对油的污染不敏感、工作可靠和允许转速高等优点。齿轮液压泵的缺点是流量脉动较大、噪声较大、排量不可变。

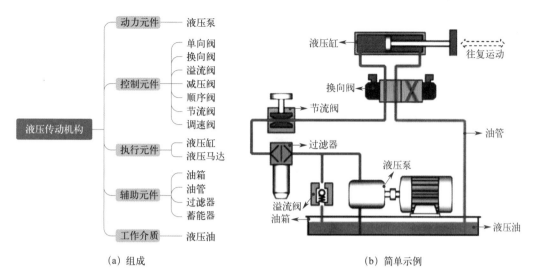

图 2.2-1　液压传动机构

左侧树状结构：
液压传动机构
- 动力元件——液压泵
- 控制元件——单向阀、换向阀、溢流阀、减压阀、顺序阀、节流阀、调速阀
- 执行元件——液压缸、液压马达
- 辅助元件——油箱、油管、过滤器、蓄能器
- 工作介质——液压油

（a）组成

（b）简单示例

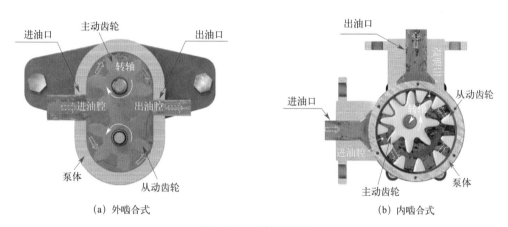

（a）外啮合式

（b）内啮合式

图 2.2-2　齿轮液压泵

　　叶片液压泵可分为单作用和双作用两种。转轴每转一圈，单作用叶片液压泵只能完成一次吸油和一次压油，而双作用叶片液压泵却能完成两次吸油和两次压油。图 2.2-3 给出了单作用叶片液压泵工作原理的示意图，具体表现为：（1）叶片将泵体分为若干个腔体；（2）叶片可在凹槽内滑动，并在弹簧作用下与泵体内壁始终保持紧密接触，保证了各腔之间的密封性；（3）旋转的叶片通过改变进油腔和出油腔的容积来实现压力油供应。叶片液压泵具有结构紧凑、外形尺寸小、运动平稳、噪声小、容积效率高等优点，但对油的污染角敏感，自吸性能不太好，结构相对于齿轮液压泵更复杂。叶片液压泵在低油压机构得到了广泛的使用，转速宜为 $600 \sim 2000 r/min$。

　　柱塞液压泵可分为轴向柱塞式和径向柱塞式。轴向柱塞液压泵的转轴与柱塞轴相互平行，而径向柱塞液压泵的转轴与柱塞轴相互垂直。图 2.2-4 给出了轴向柱塞液压泵工作原理的示意图，具体表现为：（1）转轴带动回转缸体、柱塞一起旋转，配油盘和斜盘固定不动；（2）柱塞在旋转过程中在回转缸体内往复运动，交替地执行从进油口吸油和从出油口压油的工作，从而为机构提供源源不断的压力油。柱塞液压泵具有工作压力高（40～

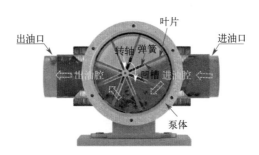

图 2.2-3　单作用叶片液压泵

100MPa)、流量范围大、容积效率高、排量可调、方向可调等优点，但结构复杂，价格高，对油液的污染敏感。在一般泵满足不了要求时，柱塞泵才被使用。

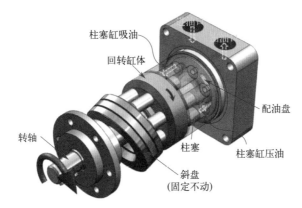

图 2.2-4　轴向柱塞液压泵

2）计算与选型

目前，市面上已有成熟的液压元件选型计算软件，可以有效避免烦琐的人工手算。液压泵的选型可以看作已知液压系统的工作压力和实际流量确定液压泵的排量、电机驱动功率和电机驱动转矩的过程。液压泵的电机驱动功率 $P_{液压泵}$ 按下式进行计算：

$$P_{液压泵}=p_{压}\,q/(60\eta) \tag{2.2-1}$$

式中，$P_{液压泵}$ 单位 kW；$p_{压}$ 表示液压系统的工作压力，单位 MPa；q 表示液压系统的实际流量，单位 L/min；传动效率 η 等于容积效率 η_{v} 和机械效率 η_{m} 的乘积。液压泵的排量 $V_{液压泵}$ 按下式进行计算：

$$V_{液压泵}=\frac{1000\times q}{n_{液压泵}\,\eta_{v}} \tag{2.2-2}$$

式中，$V_{液压泵}$ 单位 mL/r；$n_{液压泵}$ 为泵的转速，单位 r/min。值得注意的是，排量 $V_{液压泵}$ 是液压泵每转一周所排出的液体体积，对应液压泵；流量 q 是液压系统单位时间内流入/出的液体体积，对应液压系统。驱动泵轴的转矩 $T_{液压泵}$ 可按下式进行计算：

$$T_{液压泵}=\frac{1}{2\pi}p_{压}\,V_{液压泵}\frac{1}{\eta_{m}} \tag{2.2-3}$$

式中，$T_{液压泵}$ 单位 N·m。实际选型时，应该适当考虑油压损失、油液泄漏、压力储备等因素。

2. 执行元件

1）原理与分类

执行元件包括液压马达和液压缸，液压马达直接输出回转运动，而液压缸直接输出直线运动。

从能量转换的角度来看，液压马达和液压泵是两个可逆工作的液压元件，即：向液压泵输入液压油，可使液压泵变成液压马达；外力迫使液压马达的转轴发生旋转，可使液压马达变成液压泵。考虑到液压马达和液压泵在结构方面比较相似，故本书对液压马达的结构和工作原理不展开介绍。同样地，液压马达按结构形式可分为齿轮式、叶片式、柱塞式三种。齿轮液压马达的密封性差，液压油的压力不能过高，故而齿轮液压马达不能产生较大转矩。此外，齿轮液压马达的瞬间速度随着啮合点的位置变化而变化。因此，齿轮液压马达仅适合于高速小转矩、转矩均匀性要求不高的场景。叶片液压马达具有体积小、转动惯量小、动作灵敏等优点，但漏油量较大，低速工作不稳定。因此，叶片液压马达适用于转速高、转矩小、动作要求灵敏、换向频率较高的场景。柱塞液压马达性能好，但价格高。轴向柱塞液压马达适合高速小转矩，径向柱塞液压马达适合低速大转矩的场景。

液压缸按结构形式可分为活塞缸和柱塞缸。图 2.2-5 给出了活塞缸工作原理的示意图，具体表现为：（1）活塞将缸筒分成互不相通的腔体；（2）两侧腔体的油液存在压力差，进而在活塞上产生不平衡力；（3）不平衡力推动活塞做直线运动；（4）活塞带动与之相连的活塞杆做直线运动。活塞缸需要活塞与缸筒间具有良好的动密封性，缸筒内孔的加工精度需要足够高，然而高精度、较长的缸筒存在加工困难问题。对于柱塞缸而言，柱塞与缸筒内壁不接触，缸筒内孔只需要粗加工，可以有效地解决上述问题。图 2.2-6 给出柱塞缸工作原理的示意图，具体表现为：（1）缸筒的油液与外界环境存在压力差，进而在柱塞杆上产生不平衡力；（2）不平衡力直接推动柱塞杆做直线运动。柱塞缸只能实现单向直线运动，它的回程需借助自重或者外力来实现。为了实现双向直线运动，柱塞缸常成对使用。

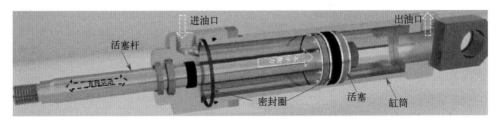

图 2.2-5 活塞缸

2）计算与选型

执行元件的选型可以看作已知输出功率和输出转矩/推力确定液压系统的工作压力和实际流量的过程。执行元件包括液压马达和液压缸，液压马达选型和液压泵选型互为逆过程，两者计算公式相同，这里不再赘述。下面以单杆活塞缸为例，对液压缸的选型计算进行简要叙述。图 2.2-7 给出了单杆活塞缸的工作简图，液压系统的工作压力 $p_压$ 和实际流量 q 按下式公式计算：

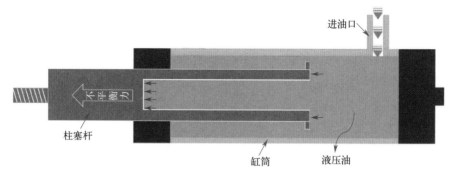

图 2.2-6　柱塞缸

$$F_{活塞}=p_1\pi\left(\frac{D_{油缸}}{2}\right)^2-p_2\pi\left[\left(\frac{D_{油缸}}{2}\right)^2-\left(\frac{d_{活塞}}{2}\right)^2\right] \tag{2.2-4}$$

$$q=v_{活塞}\,\pi D_{油缸}^2/4 \tag{2.2-5}$$

式中，p_1 和 p_2 分别代表进油腔和出油腔的工作压力，差动连接时 $p_1=p_2=p_压$；$F_{活塞}$ 和 $v_{活塞}$ 分别代表活塞杆的输出推力和运动速度，均为已知值；$D_{油缸}$ 和 $d_{活塞}$ 分别表示油缸内径和活塞杆直径。选定 $D_{油缸}$ 和 $d_{活塞}$，可根据公式 2.2-4 和公式 2.2-5 就能确定液压系统的工作压力和实际流量；如果计算得到的工作压力和实际流量不合理或者难以实现，需要重新选定 $D_{油缸}$ 和 $d_{活塞}$。

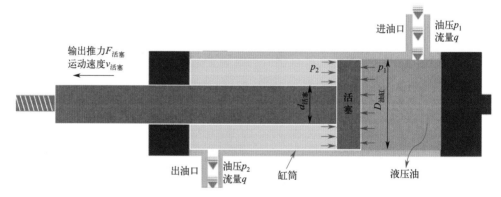

图 2.2-7　单杆活塞缸的工作简图

3. 控制元件

1）原理与分类

控制元件按功能可分为方向控制阀、压力控制阀和流量控制阀三大类。控制元件在结构上由阀体、阀芯和驱使阀芯动作的元部件组成，驱使阀芯动作的元部件包括弹簧、电磁铁等。

方向控制阀包括单向阀和换向阀。单向阀只允许油液沿某一特定方向流动而反向截止。图 2.2-8 给出了单向阀工作原理的示意图，具体表现为：（1）正向供液时，液压油作用在阀芯左侧，克服作用在阀芯上的弹簧弹力，使得阀口打开，从而能够在阀体流通；（2）反向供液时，液压油作用在阀芯的右侧，使得阀口关闭，无法在阀体流通。为了使单向阀灵敏可靠，弹簧刚度应较小，一般开启压力在 $0.03\sim0.05$MPa。换向阀利用阀芯相对于阀体的相对运动，使得油路接通、关断或油流变换方向，从而使液压执行元件启动、停

止或变换运动方向。阀芯相对于阀体的相对运动可由手动、气动和机动等方式实现。图
2.2-8 给出了二位四通换向阀工作原理的示意图，具体表现为：（1）"二位"表示换向阀有
2 个工作位置 ［图 2.2-9（a）和图 2.2-9(b)］，不同的工作位置对应着阀芯和阀体产生不
同的相对运动；（2）"四通"表示换向阀有 4 个通路，图中的 P、T、A 和 B 分别表示 4 个
通路管；（3）当换向阀处于图 2.2-9（a）所示的工作状态时，通路 P 和 A 相互导通，通
路 T 和 B 相互导通；（4）当换向阀处于图 2.2-9（b）所示的工作状态时，通路 P 和 B 相
互导通，通路 T 和 A 相互导通。

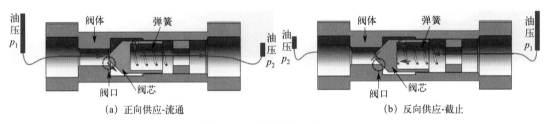

(a) 正向供应-流通　　　　　　　　　　　　(b) 反向供应-截止

图 2.2-8　单向阀（$p_1 > p_2$）

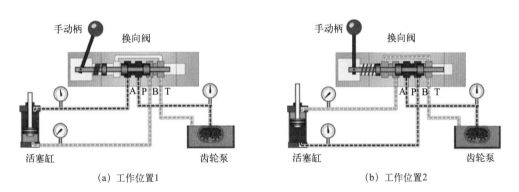

(a) 工作位置1　　　　　　　　　　　　(b) 工作位置2

图 2.2-9　换向阀

　　压力控制阀按功能可分为溢流阀、减压阀和顺序阀等，按结构形式可分直动式和先
导式。为简便起见，本书只介绍直动式压力控制阀。溢流阀是通过阀口的溢流，起到溢
流调压、安全保护等作用。图 2.2-10 给出了直动式溢流阀工作原理的示意图，具体表
现为：（1）溢流阀的进油口通常与液压泵相连，溢流阀的出油口通常与油箱相连；（2）通
过调压手柄对调压弹簧施加压力，使得机构的油压达到预设值，阀口处于闭合状态；
（3）当工作油压小于预设值时 ［图 2.2-10(a)］，阀芯两侧油压差产生的作用力不足以克
服调压弹簧的压力，阀芯保持不动，阀口仍处于闭合状态，油液被锁在密封区；（4）当
工作油压大于预设值时 ［图 2.2-10(b)］，阀芯两侧油压差产生的作用力足以克服调压弹
簧的压力，阀芯被推动，阀口处于开启状态，油液通过出油口溢出。减压阀能够使经过
的油液变成压力低、平稳的压力油，减压阀按减压规律可分为定值减压阀、定差减压阀
和定比减压阀。图 2.2-11 给出了直动式定值减压阀工作原理的示意图，具体表现为：
（1）通过调压手柄对调压弹簧施加压力，使得控制腔内的油压达到目标值，阀口处于开
启状态；（2）控制腔与出油口通过小油路连通，两者油压始终保持相同；（3）当控制腔
的油压超过目标值时，阀芯被推动向右移动，减压阀口变小，控制腔的油压降低；（4）当

控制腔的油压低于目标值时，阀芯被推动向左移动，减压阀口变大，控制腔的油压升高。溢流阀和减压阀最大的区别在于：（1）溢流阀控制进油口处的油压，减压阀则控制出油口处的油压；（2）溢流阀阀口为常闭状态，减压阀阀口为常开启状态。顺序阀用于控制多个执行元件的顺序动作，顺序阀与溢流阀在结构形式和工作原理两方面均高度相似，但两者最大区别在于：（1）溢流阀的出油口连接油箱，而顺序阀的出油口连接下一个支路；（2）溢流阀由进油口处的油压控制，而顺序阀既可以由进油口处的油压控制又可以由外部控制。

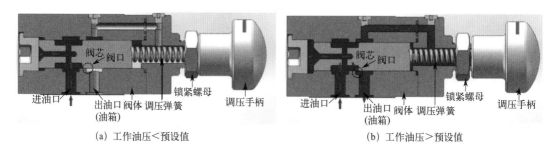

(a) 工作油压＜预设值　　　　　　　　　(b) 工作油压＞预设值

图 2.2-10　溢流阀

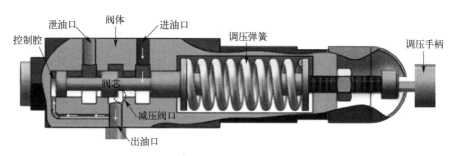

图 2.2-11　减压阀

　　流量控制阀包括节流阀和调速阀等。节流阀通过调节阀口大小来控制流量（图 2.2-12），具有结构简单、制造容易、体积小、使用方便和造价低等优点。由于负载和温度的变化对流量稳定性的影响较大，因此节流阀只适用于负载和温度变化不大或者速度稳定性要求不高的场景。调速阀是由定差减压阀与节流阀串联而成的组合阀，定差减压阀可以保证节流阀进口和出口间油压差为定值，从而消除负载变化对流量的影响。

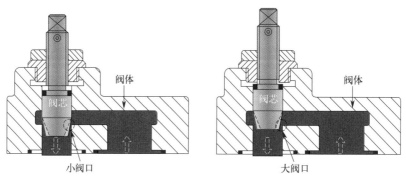

图 2.2-12　节流阀

2）计算与选型

控制元件的选型可以看作已知液压系统的工作压力和实际流量确定控制阀的公称压力和公称通径的过程。阀的公称压力标志着阀的承载能力大小，通常液压系统的工作压力应小于阀的公称压力。阀的公称通径代表阀的规格或通流能力的大小，对应着阀的额定流量。液压系统的实际流量应小于或等于阀的额定流量，一般不得大于阀的额定流量的1.1倍。

4. 液压回路

不同控制元件与液压缸、液压马达、液压泵可组合成不同的液压回路，一个或者多个液压回路构成一个液压传动机构。常见的液压回路类型有方向控制回路、压力控制回路、速度控制回路和多缸工作控制回路等。图2.2-1（b）所示的液压传动机构可拆分为方向控制回路、压力控制回路和速度控制回路（图2.2-13）。其中，方向控制回路的核心元件是换向阀，使得活塞杆具备伸长和收缩两种功能；压力控制回路的核心元件是溢流阀，可保证液压系统的油压低于预设值；速度控制回路的核心元件是节流阀，可有效地控制活塞杆伸长或收缩的速度。对于液压传动设计理论与方法感兴趣的读者可以查阅相关资料。

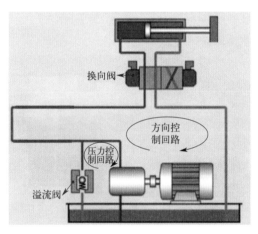 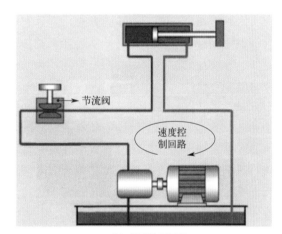

（a）方向控制回路＋压力控制回路　　　　　　　　（b）速度控制回路

图 2.2-13　液压传动机构

2.2.2　气压传动

气压传动具有气源使用方便、不污染环境、动作灵活迅速、工作安全可靠、操作维修简便以及适用于恶劣环境等优点，常用于中、小负载场景。气压传动机构同样也包括动力元件、执行元件、控制元件、辅助元件和工作介质五部分：（1）常见的动力元件是空气压缩机；（2）常见的执行元件包括气缸和气动马达；（3）常见的控制元件包括单向阀、换向阀、溢流阀、减压阀、顺序阀、节流阀和调速阀、排气阀等；（4）常见的辅助元件包括后冷却器、空气干燥器、气管、油雾器、消声器、滤气器等；（5）常见的工作介质为空气。图2.2-14给出了气压传动机构的简单示例。

由于气压元件与液压元件工作原理高度相似，故不再展开介绍气压元件的工作原理、计算与选型。气压传动机构与液压传动机构在性能方面有所不同：（1）响应速度不同，前

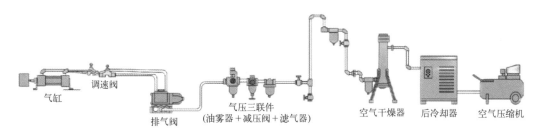

图 2.2-14 气压传动结构的简单示例

者因空气流动快而能快速响应，后者因液压油流动慢而缓慢响应；（2）控制精度不同，前者因空气的高压缩性而导致其控制精度低，后者因液压油的低压缩性而导致其控制精度高；（3）输出力不同，前者因空气的低压特性而导致其输出力小，后者因液压油的高压特性而导致其输出力大。

2.2.3 机械传动

机械传动是最常见的传动方式，它具有传动准确可靠、操纵简单、容易掌握、受环境影响小等优点，但也存在着传动装置笨重、效率低、远距离布置和操纵困难、安装位置自由度小等缺点。机械传动机构由构件和运动副组成。机构中形成相对运动的各个运动单元称为构件，构件可划分为固定件和可动件：（1）固定件用来支撑活动构件，常被称为机架；（2）可动件包括主动件和从动件，主动件是运动规律已知的活动构件，它的运动是由外界输入的，从动件是机构中随着主动件的运动而运动的其余活动构件，输出预期运动的从动件称为输出构件，其余的从动件则起传递运动的作用。这里需要指出的是，构件是运动时的单元体，零件是制造时的单元体，部件是装配时的单元体。按照几何和运动特征，构件可分为连杆、滑块、导槽、凸轮、同步带、传动链、齿轮、齿条、转轴等。两构件间直接接触构成的可动连接称为运动副。运动副按相对运动形式可划分为转动副、移动副、齿轮副、螺旋副、凸轮副、圆柱副等（图 2.2-15）；按接触方式可划分为低副和高副，低副指面接触，高副指点或线接触。

机械传动机构包括连杆传动机构、凸轮传动机构、棘轮传动机构、槽轮传动机构、带传动机构、链传动机构、齿轮传动机构、螺旋传动机构等。为方便起见，本书只介绍建筑机器人常用的机械传动机构。

1. 连杆传动

1）原理与分类

连杆机构是指由若干构件通过转动副、移动副连接而成的机构，属于低副机构，可应用于挖掘机的动臂、汽车的转向装置、剪床、冲床等场景。连杆机构具有以下优点：（1）低副的接触面压应力较低，故连杆机构可承受较大的载荷；（2）低副易加工且便于润滑，故连杆机构制造简单、磨损小；（3）构件呈"杆"状，故连杆机构传递路径长。连杆机构也存在一些缺点：（1）连杆机构运动副之间存在间隙，当运动副数量较多时，连杆机构会面临累计误差大、运动精度低、效率低等问题；（2）连杆机构所产生的惯性力难以平衡，导致连杆机构不适合高速场景；（3）受杆件数量的限制，连杆机构难以精确地满足很复杂的运动规律。

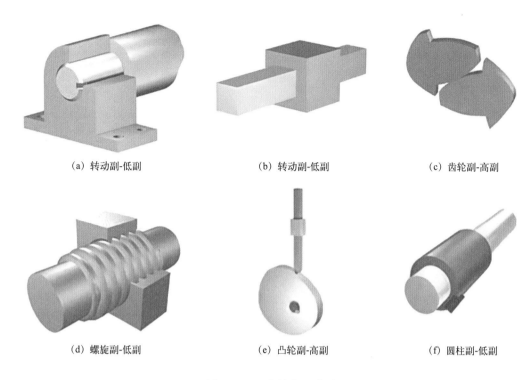

(a) 转动副-低副　　　　　(b) 转动副-低副　　　　　(c) 齿轮副-高副

(d) 螺旋副-低副　　　　　(e) 凸轮副-高副　　　　　(f) 圆柱副-低副

图 2.2-15　常见的运动副

最常用的连杆机构是平面四杆机构，而运动副均为转动副的平面四杆机构称为铰链四杆机构，铰链四杆机构的三种基本形式为曲柄摇杆机构、双曲柄机构和双摇杆机构（图 2.2-16）。在铰链四杆机构中，固定不动的构件称为机架，直接与机架相连的构件称为连架杆，不与机架直接相连的构件称为连杆。连架杆通常绕着自身的回转中心作回转运动，能作整周回转的连架杆称为曲柄，仅能在一定范围内作往复摆动的连架杆称为摇杆。

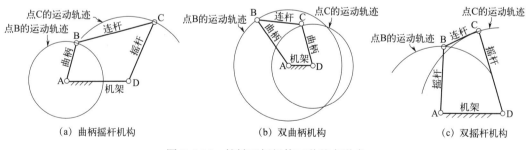

(a) 曲柄摇杆机构　　　　　(b) 双曲柄机构　　　　　(c) 双摇杆机构

图 2.2-16　铰链四杆机构三种基本形式

曲柄摇杆机构能将主动件曲柄的整周回转运动转变为从动摇杆的往复摆动，图 2.2-17 所示的颚式破碎机为一个曲柄摇杆机构，其具体工作流程为：（1）外部输入转矩，驱使曲柄 AB 绕 A 点发生回转运动；（2）曲柄 AB 通过连杆 BC 带动摇杆 CD 发生摆动，摇杆 CD 被当作动颚板使用；（3）随着动颚板摆动，动颚板与固定颚板间时而靠近，时而远离；（4）两个颚板靠近时，物料被破碎；（5）两个颚板远离时，物料在自重作用下自由落出。

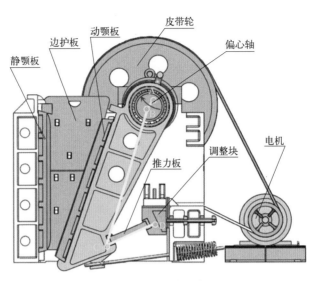

图 2.2-17　颚式破碎机

双曲柄机构能将主动曲柄的等速回转运动转变为从动曲柄的等速或变速回转运动，包括不等双曲柄机构、平行双曲柄机构和反向双曲柄机构。图 2.2-18 所示的车轮联动机构为一个平行双曲柄机构，其特点表现为：（1）图中曲柄 AB 和 CD 的运动规律完全相同，保证了主动轮和从动轮具有完全相同的运动；（2）曲柄 EF 的存在可消除平行双曲柄机构的运动不确定性。

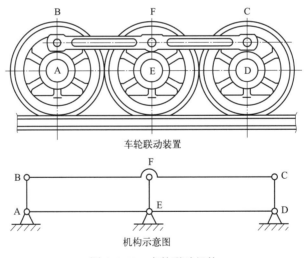

图 2.2-18　车轮联动机构

双摇杆机构能将主动摇杆的摆动运动转变为从动摇杆的摆动运动。一般情况下，主动摇杆和从动摇杆的摆动角不相等，这种摆动角不等的特点能满足转向机构的需要。图 2.2-19 所示的移动底盘转向机构为一个双摇杆机构，曲柄因外界约束只能在某一角度范围内往复摆动而退化为摇杆，其特点表现为：（1）车子转弯时，两摇杆摆角不一致导致前轮 A 和 B 的轴线会相交于点 P，车辆则绕着点 P 进行转弯；（2）两长度相等的摇杆可以使得点

P 始终落在后轮轴线的延长线上，保证了四个车轮都能在地面上纯滚动，避免轮胎因滑动而磨损。

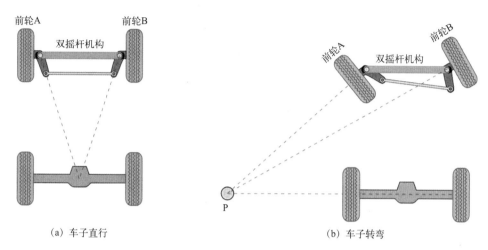

<table>
<tr><td>（a）车子直行</td><td>（b）车子转弯</td></tr>
</table>

图 2.2-19　移动底盘转向机构

铰链四杆机构可以演化为多种形式的四杆机构（图 2.2-20），演化的主要方式有以下几种：（1）改变构件的形状或运动尺寸；（2）改换机架；（3）改变运动副的尺寸。

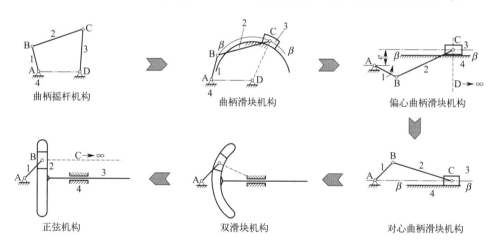

图 2.2-20　铰链四杆机构的演化示例

2）计算与设计

（1）机构类别判定

对于铰链四杆机构而言，构件 1 能否做 360°回转，关键在于是否能顺利通过与相连构件共线的位置。以构件 1 和构件 4 共线的极限位置 AB' 进行分析[图 2.2-21(a)]，在三角形 $B'C'D$ 中有：

$$l_1 + l_4 \leqslant l_2 + l_3 \qquad (2.2\text{-}6)$$

式中，$l_1 \sim l_4$ 分别表示杆件 1~4 的长度。以构件 1 和构件 4 共线的极限位置 AB'' 进行分析[图 2.2-21(b)]，在三角形 $B''C''D$ 中有：

$$l_2-l_3 \leqslant l_4-l_1, l_3-l_2 \leqslant l_4-l_1 \qquad (2.2\text{-}7)$$

联立公式 2.2-6 和公式 2.2-7 可以得到：

$$l_1 \leqslant l_2, l_1 \leqslant l_3, l_1 \leqslant l_4 ; l_1+l_2 \leqslant l_3+l_4, l_1+l_3 \leqslant l_2+l_4, l_1+l_4 \leqslant l_2+l_3 \qquad (2.2\text{-}8)$$

由公式 2.2-8 可得：①周转副存在的杆长条件是最短杆与最长杆的长度之和不超过其余两杆长度之和；②满足杆长条件时，最短杆两端的运动副均为周转副。因此，可以根据如下规则对铰链四杆机构进行分类：①周转副不存在，机构为双摇杆机构；②周转副存在且最短杆为机架时，机构判定为双曲柄机构；③周转副存在且最短杆为连架杆时，机构判定为曲柄摇杆机构；④周转副存在且最短杆为连杆时，机构判定为双摇杆机构。对于一个给定的铰链四杆机构，应先对机构类别进行判定，若判定结果不符合预期，则需要对杆长进行调整。

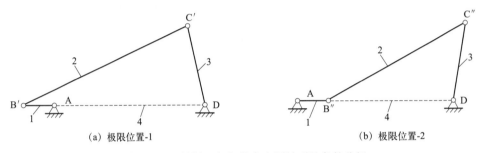

(a) 极限位置-1　　　　　　　　　　　　(b) 极限位置-2

图 2.2-21　铰链四杆机构存在周转副的条件分析

（2）运动分析

当机构类别符合预期时，需要对机构进行运动分析，进一步判定从动件输出的运动是否符合预期。对于一个特定的四杆机构（图 2.2-22），各构件的方位角应满足：

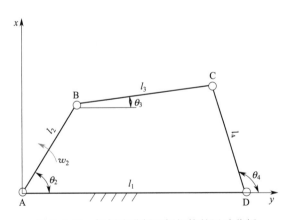

图 2.2-22　解析法进行四杆机构的运动分析

$$l_2\cos\theta_2 + l_3\cos\theta_3 = l_1\cos\theta_1 + l_4\cos\theta_4 \qquad (2.2\text{-}9)$$
$$l_2\sin\theta_2 + l_3\sin\theta_3 = l_1\sin\theta_1 + l_4\sin\theta_4 \qquad (2.2\text{-}10)$$

式中，$l_1 \sim l_4$ 分别表示构件 1~4 的长度；$\theta_1 \sim \theta_4$ 分别表示构件 1~4 的方位角；机架 l_1 对应的方位角 θ_1 等于 0；主动件 l_2 对应的方位角 θ_2 由外部输入，其变化规律是已知的。因此，可根据公式 2.2-9 和公式 2.2-10 求得方位角 θ_3 和 θ_4。公式 2.2-9 和公式 2.2-10 对时间求一阶导数并进行求解，可得角速度表达式为：

$$w_3 = -w_2 l_2 \sin(\theta_2 - \theta_4) / [l_3 \sin(\theta_3 - \theta_4)] \qquad (2.2\text{-}11)$$

$$w_4 = w_2 l_2 \sin(\theta_2 - \theta_3) / [l_3 \sin(\theta_4 - \theta_3)] \qquad (2.2\text{-}12)$$

式中，$w_1 \sim w_4$ 分别表示构件 $1 \sim 4$ 的角速度；w_1 恒等于 0，w_2 由 θ_2 对时间求导可得，其变化规律是已知的。公式 2.2-11 和公式 2.2-12 对时间求一阶导数并进行求解，可得角加速度表达式为：

$$\beta_3 = \frac{-w_2^2 l_2 \cos(\theta_2 - \theta_4) - w_3^2 l_3 \cos(\theta_3 - \theta_4) + w_4^2 l_4}{l_4 \sin(\theta_3 - \theta_4)} \qquad (2.2\text{-}13)$$

$$\beta_4 = \frac{w_2^2 l_2 \cos(\theta_2 - \theta_3) - w_4^2 l_4 \cos(\theta_4 - \theta_3) + w_3^2 l_3}{l_4 \sin(\theta_4 - \theta_3)} \qquad (2.2\text{-}14)$$

式中，$\beta_1 \sim \beta_4$ 分别表示构件 $1 \sim 4$ 的角加速度；β_1 恒等于 0，β_2 由 w_2 对时间求导可得。

基于以上数学模型，按照图 2.2-23 所给出的程序流程可得到从动件的运动特性曲线。若从动件的运动特性曲线不符合预期，则需要对杆长进行调整。

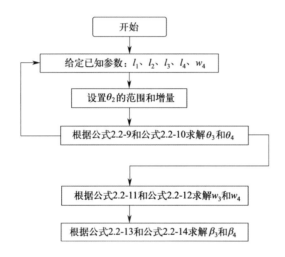

图 2.2-23　运动特性曲线计算的程序流程图

（3）压力角计算

在设计中，通常把压力角作为判断机构传力性能的标志。压力角是指从动件上受力点的绝对速度与其所受驱动力之间所夹得锐角。为了测量方便，经常使用驱动杆和从动杆之间所夹的锐角 γ 来判断传力性能，γ 是压力角的余角，称为传动角（图 2.2-24）。γ 越大，机构传力性能越好，传动效率就越高。在机构运转过程中，γ 是变化的。

机构运转时，传动角是变化的。为保证一定的传动效率，通常要限定机构的最小传动角：①对于大功率机械，$\gamma \geqslant 50°$；②对于中等功率机械，$\gamma \geqslant 40°$；③对于以传递运动为主的小功率机械，γ 可以略小于 $40°$。对于曲柄摇杆机构而言，当摇杆为主动件时，γ 会经历 $0°$ 和 $180°$ 两个时刻（图 2.2-25），这两个时刻对应着曲柄所受驱动力矩为 0，曲柄处于死点位置。为了保证机构顺利通过死点位置，常采用的办法是：①曲柄端部安装大质量的飞轮，依靠飞轮的惯性使曲柄通过死点位置；②将机构分为两组并呈 V 状排列，两组机构的死点位置因此错开，这样便可以互相帮助通过死点位置。

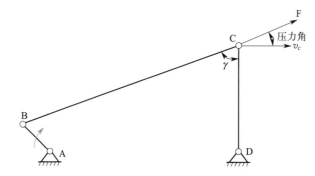

图 2.2-24　铰链四杆机构的压力角和传动角

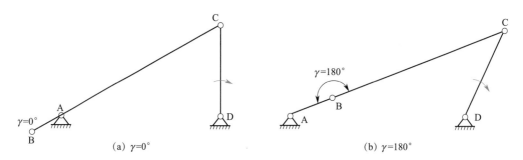

(a) γ=0°　　　　　　　　　　　　　　(b) γ=180°

图 2.2-25　曲柄摇杆机构的死点位置

2. 带传动

1）原理与分类

带传动一般由主动带轮、从动带轮、紧套在两带轮上的传动带和机架组成（图 2.2-26）。带传动的工作机理为：（1）主动轮在驱动机构作用下做回转运动；（2）主动轮通过其与带间的摩擦或啮合，驱使带做循环运动；（3）带通过其与从动轮间的摩擦和啮合，驱使从动轮一起回转。根据传动原理不同，带传动可以分为摩擦型和啮合型两种，其中摩擦型带传动应用最为广泛。摩擦型传送带按截面形状可分为平带、V 带、多楔带和圆带等：（1）平带的横截面为扁平矩形，其工作面是与带轮轮面相接触的内表面，平带传动结构简单，带轮也容易制造，在传动中心距较大的场合应用较多。（2）V 带的横截面为等腰梯形，其工作面是与 V 带轮轮槽相接触的两侧面，而 V 带与 V 带轮轮槽的槽底并不接触。由于轮槽的楔形效应，相同条件下，初拉力相同时，V 带传动较平带传动能产生更大的摩擦力，故具有较强的牵引能力。（3）多楔带以其扁平部分为基体，下面有几条等距纵向槽，其工作面是楔的侧面。多楔带兼有平带的弯曲应力小和 V 带的摩擦力大等优点，常用于传递动力较大而又要求结构紧凑的场合。（4）圆带的牵引力能力小，常用于仪器和家用器械中。啮合型传动带主要是同步带，同步带由强力层、带齿和带背组成。同步带传动主要用于要求传动比准确的中、小功率传动中。下面以摩擦型带传动为例，讲解带传动的几何特性、运动特性和应力特性。

当带的张紧力为规定值时（图 2.2-27），两带轮轴线间的距离 a 称为中心距，带与带轮接触弧所对应的中心角 α 称为包角，包角 α 可通过下式得到：

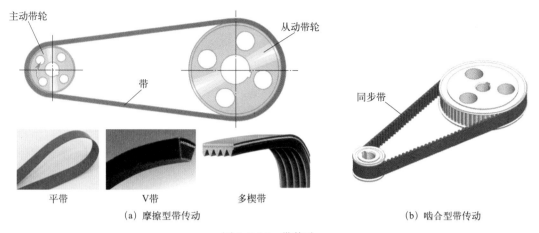

(a) 摩擦型带传动　　　　　　　　　　　(b) 啮合型带传动

图 2.2-26　带传动

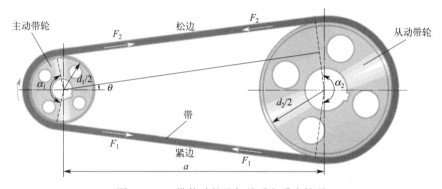

图 2.2-27　带传动的几何关系和受力情况

$$\alpha_1 = 180° - \frac{d_2 - d_1}{a} \times 57.3° \tag{2.2-15}$$

$$\alpha_2 = 180° + \frac{d_2 - d_1}{a} \times 57.3° \tag{2.2-16}$$

式中，α_1、α_2 分别代表小轮、大轮的包角，通常小轮包角不应小于 120°；d_1、d_2 分别代表小轮、大轮的直径。带长 L 与中心距 a 的转换公式为：

$$L = 2a + \frac{\pi}{2}(d_1 + d_2) + \frac{(d_2 - d_1)^2}{4a} \tag{2.2-17}$$

$$a \approx \frac{1}{8}\left[2L - \pi(d_1 + d_2) + \sqrt{[2L - \pi(d_1 + d_2)]^2 - 8(d_2 - d_1)^2}\right] \tag{2.2-18}$$

通常，中心距 a 的取值范围为 0.7～2 倍的 $d_1 + d_2$。

　　静止时，带两边的拉力都等于初拉力 F_0；传动时，由于带与带轮间摩擦力的作用，带两边的拉力不再相等。绕进主动轮的一边，拉力由 F_0 增加为 F_1，称为紧边，F_1 为紧边拉力；绕出主动轮的一边，拉力由 F_0 减为 F_2，称为松边，F_2 为松边拉力。两边拉力之差称为带传动的有效拉力，也就是带所传递的圆周力 $F_{圆周} = F_1 - F_2$。圆周力 $F_{圆周}$（N）、带速 $v_{带}$（m/s）和带传动的功率 $P_{带}$（kW）之间满足以下关系：

$$P_{带} = \frac{F_{圆周} v_{带}}{1000} \tag{2.2-19}$$

图 2.2-28 给出了带即将打滑时的受力图。截取一微
圆弧段（图中黄色部分），对应的包角为 $\mathrm{d}\alpha$，设微圆弧段
两端的拉力分别为 F 和 $F+\mathrm{d}F$，带轮给微圆弧段的正压
力为 $\mathrm{d}F_N$，带与轮面间的极限摩擦力为 $f\mathrm{d}F_N$，f 为带与
轮面间的当量摩擦系数。若不考虑带的离心力，由法向和
切向各力的平衡可得：

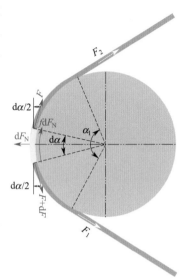

$$\mathrm{d}F_N = F\sin\frac{\mathrm{d}\alpha}{2} + (F+\mathrm{d}F)\sin\frac{\mathrm{d}\alpha}{2} \tag{2.2-20}$$

$$f\mathrm{d}F_N = (F+\mathrm{d}F)\cos\frac{\mathrm{d}\alpha}{2} - F\cos\frac{\mathrm{d}\alpha}{2} \tag{2.2-21}$$

因 $\mathrm{d}\alpha$ 很小，可取 $\sin\frac{\mathrm{d}\alpha}{2} \simeq \frac{\mathrm{d}\alpha}{2}$，$\cos\frac{\mathrm{d}\alpha}{2} \simeq 1$，并略去二阶微

量 $\mathrm{d}F \cdot \frac{\mathrm{d}\alpha}{2}$，公式 2.2-20 和公式 2.2-21 可简化为：

$$\mathrm{d}F_N = F\mathrm{d}\alpha, \quad f\mathrm{d}F_N = \mathrm{d}F \tag{2.2-22}$$

图 2.2-28 带的受力分析

由公式 2.2-22 可得：

$$\frac{\mathrm{d}F}{F} = f\mathrm{d}\alpha, \quad \int_{F_2}^{F_1}\frac{\mathrm{d}F}{F} = \int_0^\alpha f\mathrm{d}\alpha \tag{2.2-23}$$

从而可得紧边和松边的拉力比和圆周力的表达式为：

$$\frac{F_1}{F_2} = \mathrm{e}^{f\alpha}, \quad F_{圆周} = F_1 - F_2 = F_1\left(1 - \frac{1}{\mathrm{e}^{f\alpha}}\right) \tag{2.2-24}$$

式中，α 应取小轮包角 α_1，单位为 rad；e 为自然对数底数；对于平带轮，f 应取带与轮面
滑动摩擦系数 μ；对于 V 带轮，f 应取当量摩擦系数，取值为 $\mu/\sin(\varphi/2)$，φ 为 V 带轮轮
槽角。

带传动时，带上的应力由三部分组成：紧/松边拉应力、离心拉应力和弯曲应力。图
2.2-29 给出了带传动时的应力图，带的最大应力 $\sigma_{\max}$ 出现在紧边与小轮的接触处，其值
可以表达为：

$$\sigma_{\max} = \frac{F_1}{A_{带}} + \rho_{带}v_{带}^2 + \frac{2yE}{d_1} \tag{2.2-25}$$

式中，$A_{带}$ 为带的横截面面积；$\rho_{带}$ 为带的密度；y 为带的中性层到最外层的垂直距离，E
为带的弹性模量。由于带的拉力是变化的，带的弹性变形也是变化的。带传动中，由带的
弹性变形变化所导致的带与带轮之间的相对运动，称为弹性滑动。弹性滑动是由于紧边和
松边的拉力差引起的，带只要传递圆周力，就一定会发生弹性滑动，所以弹性滑动是不可
避免的。主、从动带轮的圆周速度 v_1 和 v_2 分别为：

$$v_1 = \frac{\pi d_1 n_1}{60\times1000}, \quad v_2 = \frac{\pi d_2 n_2}{60\times1000} \tag{2.2-26}$$

式中，n_1、n_2 分别为主、从动轮的转速，单位为 r/min。由于弹性变形的存在，使得 v_2
低于 v_1，速度降低的程度可用滑动率 $\varepsilon_{滑}$ 表示，即

$$\varepsilon_{滑}=\frac{v_1-v_2}{v_1} \qquad (2.2\text{-}27)$$

因此，带传动的传动比 i 为：

$$i=\frac{n_1}{n_2}=\frac{d_2}{d_1(1-\varepsilon_{滑})} \qquad (2.2\text{-}28)$$

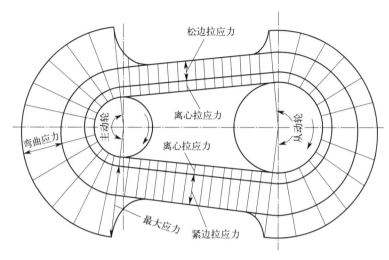

图 2.2-29 带的应力分析

2）计算与选型

带传动的主要失效形式是打滑和传动带的疲劳破坏（脱层、撕裂或拉断）。带传动的设计准则是在不打滑的条件下，具有一定的疲劳强度和使用寿命。为了保证不打滑，结合公式 2.2-19 和公式 2.2-24 可得：

$$P_0=F_1(1-\frac{1}{e^{f\alpha}})\frac{v_{带}}{1000} \qquad (2.2\text{-}29)$$

式中，P_0 为带传动的额定功率。为了使带具有一定的疲劳寿命，应满足下式：

$$\sigma_{max}=\frac{F_1}{A_{带}}+\rho_{带}\ v_{带}^2+\frac{2yE}{d_1}\leqslant[\sigma] \qquad (2.2\text{-}30)$$

式中，$[\sigma]$ 为带的许用应力。结合公式 2.2-29 和公式 2.2-30 可得：

$$P_0=([\sigma]-\rho_{带}\ v_{带}^2-\frac{2yE}{d_1})A_{带}(1-\frac{1}{e^{f\alpha}})\frac{v_{带}}{1000} \qquad (2.2\text{-}31)$$

从公式 2.2-31 可以看出，P_0 与传动带型号、圆周速度、包角等因素有关。通常，P_0 是根据特定的实验和分析确定的，其中实验条件包括 $\alpha_1=\alpha_2$、特定的带长等。单根带的 P_0 可根据带的型号、小带轮的基准直径和转速，查机械设计手册得到。但由于单根带的 P_0 是在特定条件下通过实验获得的，实际设计时应根据具体条件对 P_0 进行修正，修正公式为：

$$[P_0]=(P_0+\Delta P_0)K_{\alpha}K_L \qquad (2.2\text{-}32)$$

式中，$[P_0]$ 为许用功率；ΔP_0 为功率增量，根据带型号、传动比、小带轮转速查表得到；K_{α} 为包角修正系数，可根据小轮包角，查机械设计手册得到；K_L 为带长修正系数，可根据带型号和基准长度，查机械设计手册得到。因此，带的根数 $m_带$ 应满足下式条件：

$$m_带 \geqslant \frac{K_A P}{[P_0]}$$

(2.2-33)

式中，P 为传动功率；K_A 为工作情况系数，其作用是根据工作情况对 P 进行适当的放大。图 2.2-30 给出了普通 V 带选型图，根据功率和转速可以快速确定 V 带的型号，然后再进行验算。

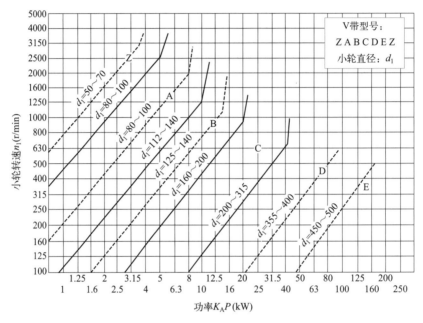

图 2.2-30 普通 V 带选型图

3. 链传动

1）原理与分类

链传动一般由主动链轮、从动链轮、绕在两链轮上的链条和机架组成（图 2.2-31），链传动依靠链轮轮齿与链节的啮合传递运动和动力。根据结构不同，传动链又可分为滚子链、齿轮链、弯板链和套筒链。常用的传动链为滚子链，滚子链由滚子、套筒、销轴、内链板和外链板组成。内链板与套筒之间、外链板与销轴之间为过盈连接，所谓的过盈连接是指孔径小于轴径，依靠孔胀大而轴缩小的弹性变形实现预压力。滚子与套筒之间、套筒与销轴之间为间隙配合，所谓的间隙配合，是指孔径大于轴径，允许孔与轴发生相对转动。套筒与销轴之间为间隙配合，因而内外链可相对转动，使整个链条自由弯曲；滚子与套筒之间也为间隙配合，使链条与链轮啮合时，滚子在链轮表面滚动，形成滚动摩擦，以减轻磨损，从而提高传动效率和寿命。滚子链由单排链、双排链和多排链。多排链的承载能力与排数成正比，但由于精度的影响，各排的载荷不易均匀，故排数不宜过多，一般不超过 4 排。两销轴之间的中心距称为链的节距 $p_节$，$p_节$ 越大，链条各零件尺寸越大，链条的强度就越大，所能传递的功率也越大，因此 $p_节$ 是滚子链的一个重要参数。链的长度用链节数来表示，链节数 L_p 可按下式进行计算：

$$L_p = 2\frac{a}{p_{节}} + \frac{z_1 + z_2}{2} + \frac{p_{节}}{a}(\frac{z_2 - z_1}{2\pi})^2 \tag{2.2-34}$$

式中，a 为两链轮的中心距，通常中心距取值范围为 $30p_{节} \sim 50p_{节}$；z_1 和 z_2 分别为两链轮的齿数。设计时，链节数以取偶数为宜，因为链节数为奇数时，需要过渡链节将链条首尾相连，过渡链节会使链的承载能力下降。目前，滚子链、链轮均已标准化。

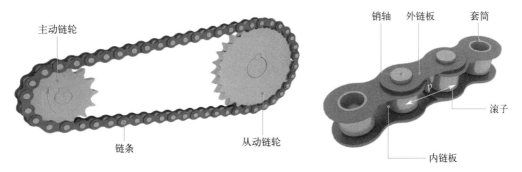

图 2.2-31 链传动

链条进入链轮后形成折线，因此链传动相当于一对多边形轮之间的传动。如图 2.2-32 所示，链条的瞬间速度可表示为：

$$v_{\parallel} = r_1 w_1 \cos\alpha_{节}, v_{\perp} = r_1 w_1 \sin\alpha_{节} \tag{2.2-35}$$

式中，$v_{\parallel}$ 表示平行于链条方向的瞬间速度；$v_{\perp}$ 表示垂直于链条方向的瞬间速度；$\alpha_{节}$ 表示啮合过程中铰节铰链在主动轮上的相位角，其变化为 $(-180/z_1) \sim (+180/z_1)$。可见，平行和垂直于链条方向的链速均作周期性变化，平行于链条方向的链速导致链轮传动比不固定，垂直于链条方向的链速导致链条抖动。为改善链传动的运动不均匀性，可选用较小的链节距、增加链轮齿数和限制链轮转速。通常，小链轮齿数取值范围为 17~31，大链轮齿数不超过 120。

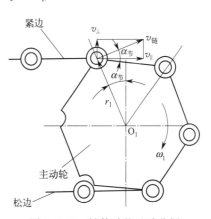

图 2.2-32 链传动的运动分析

与带传动比，链传动没有弹性滑动和打滑的状况，能保持平均传动比；需要的张紧力小，作用在轴上的压力也小，可减少轴承的摩擦损失；结构紧凑；能在温度较高、有油污等恶劣环境条件下工作，适合低速场合。与齿轮传动比，链传动的制造和安装精度要求较低，成本低廉；可远距离传动，中心距较大时，其结构较为简单。链传动的主要缺点是因速度效应不能保持恒定的瞬间链速和瞬时传动比，传动平稳性差，工作时振动、冲击、噪声较大，不宜用于载荷变化很大、高速和急速反转的场合。通常，链传动的传动比 $i \leqslant 8$；中心距 $a \leqslant 6m$；传动功率 $P \leqslant 100kW$；链速 $v_{链} > 15m/s$；传动效率 $\eta = 0.96 \sim 0.98$。

2）计算与选型

链传动的失效形式有链条的疲劳破坏、链条铰链的磨损、链条铰链的胶合和链条的静力拉断：（1）链传动由于紧边和松边的拉力不同，链条各元件受变应力作用，当应力达到一定数值且经过一定的循环次数后，链板疲劳断裂或套筒、滚子表面疲劳点蚀；(2) 链节进入啮合和推出啮合时，铰链的销轴与套筒既承受较大的压力，又产生相对转动，因而导致销轴和套筒的接触面磨损；(3) 高速大负荷情况下，套筒与销轴间的摩擦热量大、局部温度高、油膜易破裂，导致销轴与套筒工作表面金属的直接接触，从而产生局部黏着而发生胶合；(4) 低速重载时，链条可能因静强度不足而被拉断。

对于 $v_{链}>0.6\mathrm{m/s}$ 的链传动，主要失效形式为疲劳破坏，设计计算通常以疲劳强度为主并综合考虑其他失效形式的影响。设计准则为：

$$[P_0] \geqslant K_A P \tag{2.2-36}$$

为了方便设计，不同型号的链条在不同工作转速下的额定功率 P_0 均是由特定实验条件下获得的。图 2.2-33 给出了单排 A 系列滚子链的功率曲线（功率与转速的关系曲线），其对应的特定实验条件是：(1) 两轮共面；(2) 小轮齿数 $z_1=19$；(3) 链节数 L_p 为 120；(4) 载荷平稳；(5) 按推荐的方式润滑；(6) 工作寿命 15000h；(7) 链条因磨损而引起的相对伸长量不超过 3%。如果润滑不良或不能采用推荐的润滑方式时，应将图 2.2-33 的 P_0 值降低：(1) 当 $v_{链} \leqslant 1.5\mathrm{m/s}$ 时，P_0 下降到 50%；(2) 当 $1.5\mathrm{m/s}<v_{链} \leqslant 7\mathrm{m/s}$ 时，P_0 下降到 25%；(3) 当 $7\mathrm{m/s}<v_{链}$ 而又润滑不当时，传动不可靠。由于链条的额定功率 P_0 是在特定条件下通过实验获得的，实际设计时应根据具体条件对额定功率进行修正，修正公式为：

$$[P_0] = K_Z K_L K_M P_0 \tag{2.2-37}$$

式中，$[P_0]$ 为许用功率；K_Z 为小链轮齿数的修正系数；K_L 为链长修正系数；K_M 为多排链系数。各修正系数均可查机械设计手册得到。

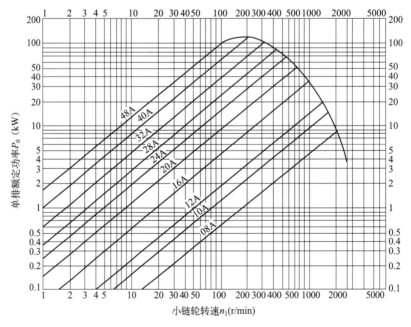

图 2.2-33　单排 A 系列滚子链的功率曲线

当 $v_{链} \leqslant 0.6\mathrm{m/s}$ 时，链传动的主要失效形式为链条的过载拉断，设计时必须验算静力

强度的安全系数 $K_安$：

$$\frac{Q}{K_\text{A}F_1} \geqslant K_安 \tag{2.2-38}$$

式中，Q 为链的极限载荷；K_A 为工作情况系数；F_1 为紧边拉力；$K_安=4\sim8$。紧边拉力 F_1 可按下式进行计算：

$$F_1=F_{圆周}+F_\text{c}+F_\text{y} \tag{2.2-39}$$

式中，$F_{圆周}$ 为作用在链上的圆周力，等于传动功率 P 除以链速 $v_链$；F_c、F_y 分别为作用在链上的离心拉力和悬垂拉力，可按下式进行计算：

$$F_\text{c}=q_链 v_链^2,\ F_\text{y}=K_\text{y}q_链 \, ga \tag{2.2-40}$$

式中，$q_链$ 为链的每米长质量，单位为 kg/m；$v_链$ 单位为 m/s；g 为重力加速度，$g=9.87\text{m/s}^2$；a 为链传动的中心距；K_y 为垂度系数，其值与中心连线和水平线的夹角 $\beta_角$ 有关。如图 2.2-34 所示，$\beta_角=0°$、$30°$、$60°$、$75°$、$90°$ 时，K_y 分别取值 6、5、2.8、1.2、1。

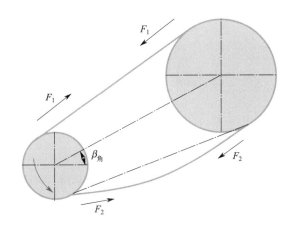

图 2.2-34　链条受力分析

4. 齿轮传动

1）原理与分类

齿轮机构是利用齿轮副来传递任意两轴间的运动和动力，应用极为广泛。齿轮机构的圆周速度可达到 300m/s，传递功率可达 10^5kW。齿轮传动具有传递功率大、效率高、寿命长、工作平稳、可靠性高、传动比恒定等优点，但制造成本高，无过载保护，不宜做远距离传动。图 2.2-35 给出齿轮机构的主要类型。直齿圆柱齿轮制造简单，但重合度小、承载力能力低，多用于转速较低的传动。与直齿圆柱齿轮传动相比，斜齿轮传动具有以下优点：（1）轮齿是逐渐进入和脱离啮合的，冲击和噪声小，适用于高速传动；（2）较大的重合度有利于提高承载力和传动平稳性。斜齿轮的缺点是传动中斜齿齿面受法向力作用时会产生轴向分力，需要安装推力轴承。虽然人字轮因其左右对称可使轴向分力相互抵消，但人字齿制造较困难，成本高。锥齿轮用于传递相交轴之间的运动，轮齿包括直齿、曲齿、斜齿等类型：（1）直齿圆锥齿轮因加工相对简单，应用较多，适用于低速、轻载的场合；（2）曲齿圆锥齿轮设计制造较复杂，但因传动平稳、承载力强，常用于高速、重载的场合；（3）斜齿圆锥齿轮目前已很少使用。齿轮齿条可实现旋转运动与直线运动的相互转换，常用于升降装置。蜗轮蜗杆用于传动交错轴之间的运动，能实现大减速比和紧凑型结构，但存在磨损严重的不足。

| (a) 外啮合直齿圆柱齿轮 | (b) 外啮合斜齿圆柱齿轮 | (c) 外啮合人字齿圆柱齿轮 |
| (d) 锥齿轮 | (e) 齿轮齿条 | (f) 蜗轮蜗杆 |

图 2.2-35　齿轮机构

齿轮的齿廓有摆线、圆弧和渐开线三种类型（图 2.2-36）：（1）摆线齿轮对中心距变化较敏感，工作过程中轮齿承受交变应力作用且加工精度要求较高；（2）圆弧齿轮对中心距误差较敏感，承载能力虽比渐开线齿轮高，但是由于圆弧齿轮理论发展较晚，生产条件尚不成熟，且制造和安装精度要求高；（3）渐开线齿轮传动效率高、传动平稳、具有中心距可分性的优点，理论和加工条件均成熟。目前，渐开线齿轮被广泛地应用。

| (a) 摆线 | (b) 圆弧 | (c) 渐开线 |

图 2.2-36　齿轮齿廓类型

如图 2.2-37 所示，直线 L 与半径为 r_b 的圆 O 相切，直线 L 沿着圆 O 做纯滚动时，直线 L 上任一点的轨迹即圆 O 的渐开线。圆 O 称为渐开线的基圆，而作纯滚动的直线 L 称为渐开线的发生线。渐开线具有以下几点性质。性质 1：由于发生线 L 在基圆上作纯滚动，所以发生线沿基圆滚过的长度等于基圆上被滚过的弧长，即 $\overline{NK}=\overparen{NA}$。性质 2：由于发生线 L 在基圆上作纯滚动，故它与基圆的切点 N 即其瞬心，发生线 NK 即渐开线在 K 点的法线。由渐开线的生成原理可知发生线恒与基圆相切，所以渐开线上任意一点的法线恒与基圆相切。性质 3：渐开线齿廓上某点的压力方向（法线）与齿廓上该点速度方向所夹的锐角为压力角 α_k，$\cos\alpha_k = r_b/r_k$，可见渐开线齿廓上各点压力角并不相等，向径 r_k 越大，压力角就越大。性质 4：基圆内没有渐开线，基圆半径 r_b 是决定渐开线形状的唯一参数。

图 2.2-38 给出了一对渐开线齿轮轮廓啮合于 K 时的示意图。过 K 点作两齿廓的法线 KN_1 和 KN_2，由渐开线性质 2 可知 KN_1 和 KN_2 分别与圆 O_1 和圆 O_2 相切。由于两齿轮基圆的位置和半径不变，同一方向的内公切线 n-n 只有一条，所以 KN_1 和 KN_2 均位于内公切线 n-n 上，且啮合过程中所有啮合点均在内公切线 n-n 上。所以，直线 n-n 既是两齿轮基圆的公切线，也是啮合点处两齿轮轮廓的共法线，还是齿轮的啮合线。两齿轮连心线 O_1O_2 与直线 n-n 相交于 P 点，啮合过程中两直线均具有唯一性，因而 P 点也是唯一的，P 点被称为节点。分别以点 O_1 和点 O_2 作过节点 P 的圆，得到两相切的节圆，其半径分别以 r_1' 和 r_2' 表示。由于两齿轮在节点 P 处的速度相等，则两齿轮的角速度比值 w_1/w_2 可表示为：

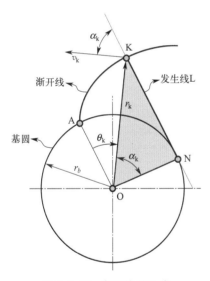

图 2.2-37　渐开线的生成

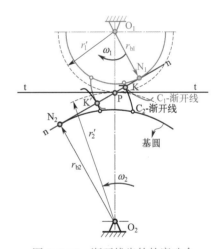

图 2.2-38　渐开线齿轮轮廓啮合

$$\frac{w_1}{w_2} = \frac{r_2'}{r_1'} = \frac{r_{b2}}{r_{b1}} \tag{2.2-41}$$

齿轮制造完成后，其基圆半径是不会改变的，即使安装时由于安装误差等使得中心距 O_1O_2 的尺寸有所改变，由公式 2.2-41 可知，齿轮的角速比也会保持不变。上述性质称为渐开线齿轮传动的中心距可分性，也是渐开线齿轮保证恒角速比的原理。过节点 P 作两节圆的公切线 t-t，它与啮合线 n-n 的夹角称为啮合角。由图 2.2-38 可知，渐开线齿轮在传动过程中啮合角为常数，这意味着齿廓间正压力方向不变，这有利于提高固定齿轮所需的轴承、螺栓等零部件的疲劳强度，这也是渐开线齿轮传动的一大优点。

图 2.2-39 给出了渐开线标准齿轮的一部分，下面对各几何尺寸的含义进行简要介绍：（1）齿轮各齿顶端都在同一个圆上，称为齿顶圆，其半径为图中的 r_a；（2）齿轮所有轮齿齿槽底部也在同一个圆上，称为齿根圆，其半径为图中的 r_f；（3）分度圆是设计、测量齿轮的一个基准圆，其半径为图中的 r；（4）形成渐开线的基础圆称为基圆，其半径为图中的 r_b；（5）齿顶圆与分度圆之间的径向距离为齿顶高 h_a；（6）分度圆与齿根圆之间的径向距离为齿根高 h_f；（7）h_a 与 h_f 之和称为全齿高 h；（8）每个轮齿上的弧线长称为弧线所在圆的齿厚，分度圆的齿厚为图中的 s；（9）一个齿槽两侧齿廓间的弧线长称为弧线所在圆的齿槽宽，分度圆的齿槽宽为图中的 e，分度圆具有 $s=e$ 的特征；（10）相邻两个轮齿同侧齿廓之间的弧线长称为弧线所在圆的齿距，分度圆的齿距为图中的 p，$p=s+e$；（11）相邻两个轮齿同侧齿廓之间在法向上的距离称为法向齿距 p_n，$p_n=\overline{NK_1}-\overline{NK_2}$，由渐开线性质 1 有 $\overline{NK_1}=\overset{\frown}{NA}$ 和 $\overline{NK_2}=\overset{\frown}{NB}$，进而可得 $p_n=\overset{\frown}{NA}-\overset{\frown}{NB}=p_b$，即法向齿距 p_n 与基圆的齿距 p_b 相等。

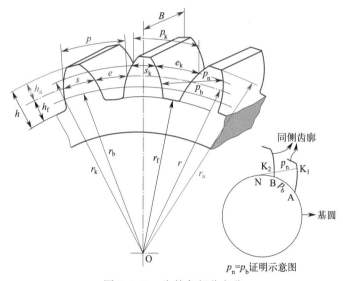

图 2.2-39 齿轮各部分名称

为了计算齿轮各部分尺寸，需要规定若干基本参数，对于标准齿轮而言，有以下 5 个基本参数。

（1）齿数 z。z 应该为整数。

（2）模数 m。齿轮分度圆的周长等于 zp，因此分度圆直径 $d=zp/\pi$，由于 π 是无理数，为了便于设计、计算和检验，人为地规定比值 p/π 为一简单的数值，这个比值称为模数 m。m 是决定齿轮几何尺寸的一个重要参数，现已标准化。

（3）压力角 α_k。由渐开线性质可知，渐开线齿廓上各点的压力角都不相同，我国国家标准规定分度圆上的压力角 α_k 为 20°。

（4）齿顶高系数 h_a^*。齿顶高 $h=h_a^*m$，h_a^* 的取值已标准化，正常齿制时 $h_a^*=1$，短齿制时 $h_a^*=0.8$。

（5）顶隙系数 c^*。为了避免两齿轮卡死和利于储存润滑油，齿根高要比齿顶高大一些，以便两齿轮啮合过程中一齿轮齿顶圆和另一齿轮齿根圆之间形成间隙 c，$c=c^*m$，c^*

的取值已标准化，正常齿制时 $c^* = 0.25$，短齿制时 $c^* = 0.3$。

基于以上五个参数，齿轮的常用几何尺寸就能确定，表 2.2-1 给出了常用几何尺寸的计算公式。

渐开线标准直齿圆柱齿轮常用几何尺寸　　　　　　　　　表 2.2-1

名称	符号	计算公式	名称	符号	计算公式
齿距	p	πm	齿厚	s	$\pi m/2$
齿槽宽	e	$\pi m/2$	齿顶高	h_a	$h_a^* m$
齿根高	h_f	$(h_a^* + c^*)m$	全齿高	h	$(2h_a^* + c^*)m$
分度圆直径	d	mz	齿顶圆直径	d_a	$(z + 2h_a^*)m$
齿根圆直径	d_f	$(z - 2h_a^* - 2c^*)m$	基圆直径	d_b	$mz\cos\alpha_k$
标准中心距	a	$m(z_1 + z_2)/2$			

一对渐开线齿廓的齿轮能实现定角速比传动，但这不意味着任意两个渐开线齿轮装配起来就能正常工作，渐开线齿轮啮合传动需要满足以下三个条件。

（1）正确啮合条件。如图 2.2-40(a) 所示，红色轮的轮齿无法正确地嵌入蓝色轮的齿槽中，当红色轮转动时，红色轮与蓝色轮之间产生"卡死"现象。要使两轮的轮齿都能正确啮合[图 2.2-40(b)]，则两轮相邻两齿同侧齿廓之间沿法线方向的距离必须相等，即 $p_{n1} = p_{n2}$，结合齿轮几何尺寸关系可得 $m_1\cos\alpha_{k1} = m_2\cos\alpha_{k2}$，由于齿轮模数和分度圆上的压力角均已经标准化，只有使 $m_1 = m_2$ 和 $\alpha_{k1} = \alpha_{k2}$。所以，渐开线齿轮正确啮合条件是两齿轮的模数和分度圆压力角分别相等。

（a）"卡死"

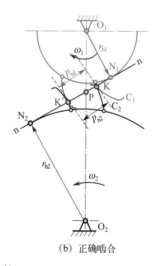

（b）正确啮合

图 2.2-40　正确啮合条件

（2）正确安装条件。一对渐开线齿廓的啮合传动具有可分性，即齿轮传动中心距的变化不会对传动比造成影响。但是，中心距的变化会引起顶隙和齿侧间隙的变化[图 2.2-41(a)]。为了消除齿轮反向传动的空程和减小冲击，理论上要求齿侧间隙为零。如图 2.2-41(b) 所示，两轮分度圆与节圆重合时，齿侧间隙正好为零且顶隙为标准值，因此正确安装时中心距等于两齿轮分度圆半径之和。需要说明的是，分度圆是单个齿轮所具有的，节圆是两齿轮啮合才出现的。

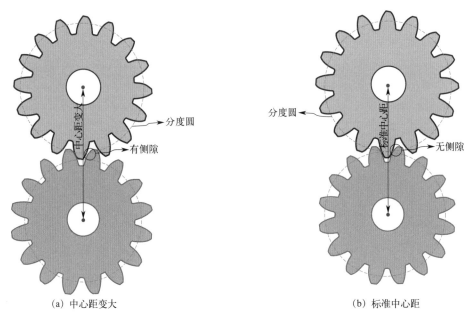

(a) 中心距变大　　　　　　　　　　　　(b) 标准中心距

图 2.2-41　正确安装条件

（3）连续传动条件。图 2.2-42 给出了一对渐开线齿轮的啮合图。状态①：主动轮 1 的齿根部分与从动轮的齿顶接触，起始啮合点为从动轮的齿顶圆与啮合线 N_1N_2 的交点 B_2。状态②：两齿轮继续啮合，啮合点的位置沿啮合线 N_1N_2 向下移动，从动轮 2 齿廓上的接触点由齿顶向齿根移动，而主动轮 1 齿廓上的接触点则由齿根向齿顶移动。状态③：啮合点到达主动轮 1 齿顶圆与啮合线 N_1N_2 的交点 B_1，两轮齿结束啮合。为了保证渐开线齿轮能够连续传动，要求在前一对轮齿终止啮合前，后一对轮齿已经开始啮合，否则传动就会中断。换言之，齿轮要在啮合点从 B_2 点移动到 B_1 点的时间段内转过一个齿距。由前文可知，在啮合方向两个齿的距离等于基圆齿距 p_b。因此，连续传动的条件是线段 B_1B_2 的长度不小于基圆齿距 p_b。定义线段 B_1B_2 的长度与基圆齿距的比值为齿轮啮合的重合度 ε_z，连续传动条件为 $\varepsilon_z \geqslant 1$。$\varepsilon_z$ 越大，同时参与啮合的齿的对数越多，传动越平稳。

2）计算与设计

齿轮的失效形式包括轮齿折断、齿面点蚀、齿面胶合、齿面磨损、塑性变形等，工程设计不可能对所有的失效形式进行有效计算，齿面的接触疲劳强度和齿根的弯曲疲劳强度是主要的计算内容。下面以直齿圆柱齿轮传动为例，对齿轮的计算和设计进行简要介绍。

直齿圆柱齿轮的轮齿沿宽度方向与轴线平行，接触线为一条平行于轴线的线段，接触线的宽度为轮齿的有效啮合宽度。对轮齿进行受力分析时，若忽略摩擦力，则轮齿之间相互作用的总压力为法向力 F_n，F_n 沿接触线均匀分布。为简化分析，常用作用在齿宽中点处的集中力来代替。图 2.2-43 为一对按标准中心距安装的直齿圆柱齿轮，小齿轮 1 为主动轮，齿轮齿廓在节点 P 处啮合接触。由渐开线特性可知，节点 P 处法向力 F_n 的方向与啮合线、正压力作用线、基圆的内公切线重合，由小齿轮 1 中心点 O_1 的力矩平衡条件可得 $F_n = 2T_1/(d_1\cos\alpha_k)$，$T_1$ 为小轮齿上的转矩。实际时，需要引入载荷系数 K_{ZH} 以考虑各种不利因素的影响。因此，计算载荷 $F_{ca}=K_{ZH}F_n$。

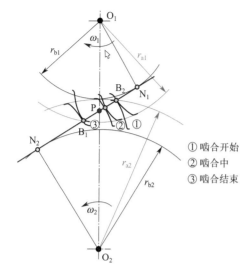

图 2.2-42　连续传动条件

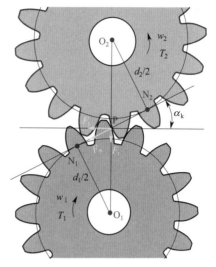

图 2.2-43　标准直齿圆柱齿轮传动时受力分析

各个啮合位置的接触应力不相同，工程上采用节点 P 处的接触应力。齿面接触疲劳强度校核公式为：

$$\sigma_H=Z_E Z_H Z_\varepsilon \sqrt{\frac{2K_{ZH}T_1}{bd_1^2}\frac{u+1}{u}}\leqslant\frac{\sigma_{Hlim}}{S_H}\qquad(2.2\text{-}42)$$

式中，u 为齿数比，$u=d_2/d_1=z_2/z_1$；Z_E 为弹性系数，用来修正材料弹性模量 E 和泊松比对接触应力的影响，可通过查机械设计手册得到；Z_H 为节点区域系数，用来考虑节点处齿廓形状对接触应力的影响，计算公式为 $\sqrt{\dfrac{2}{\sin\alpha_k\cos\alpha_k}}$；$Z_\varepsilon$ 为重合度系数，用来考虑重合度对齿宽载荷的影响，计算公式为 $\sqrt{\dfrac{4-\varepsilon_Z}{3}}$；$\sigma_{Hlim}$ 为接触疲劳极限，S_H 为接触疲劳强度的最小安全系数，均可通过查机械设计手册得到。

工程中，齿根弯曲疲劳强度校核公式为：

$$\sigma_F=\frac{2K_{ZH}T_1}{bd_1 m}Y_{Fa}Y_{Sa}Y_\varepsilon\leqslant\frac{\sigma_{FE}}{S_F}\qquad(2.2\text{-}43)$$

式中，Y_{Fa} 为复合齿形系数，可通过查机械设计手册得到；Y_{Sa} 为应力集中系数，可通过查机械设计手册得到；Y_ε 为重合度系数，计算公式为 $0.25+0.75/\varepsilon_z$；σ_{FE} 为弯曲疲劳极限，S_F 为弯曲疲劳强度的最小安全系数，σ_{FE} 和 S_F 均可通过查机械设计手册得到。

3）轮系传动比

采用一系列相互啮合的齿轮将输入轴和输出轴连接起来的传动系统称为轮系。轮系可以获得很大的传动比，也可将输入轴的一种转速变换为输出轴的多种转速。在轮系运转过程中，根据各个齿轮几何轴线在空间的相对位置是否变化，可以将轮系分为定轴轮系、周转轮系和复合轮系三种类型。定轴轮系是所有齿轮的几何轴线相对于机架位置固定不动，

图 2.2-44 给出了定轴轮系的示例图。周转轮系传动时，至少有一个齿轮的几何轴线位置不固定，且绕着另一个齿轮的固定轴线回转。图 2.2-45 给出了基本周转轮系的示意图，齿轮 1 和齿轮 3 的轴线固定不动，称为太阳轮；齿轮 2 的轴线位置处于变动状态，称为行星轮；支撑齿轮 2 的构件 H 定义为转臂。周转轮系按照轮系自由度的不同，可以分为行星轮系和差动轮系两种：（1）周转轮系中，如果两个太阳轮都能够运动，则该轮系属于差动轮系，差动轮系自由度为 2，机构若要具有确定的运动状态则需两个原动件；（2）如果有一个固定的太阳轮，则该轮系属于行星轮系，行星轮系自由度为 1，机构若要具有确定的运动状态则只需一个原动件。复合轮系是由几个基本周转轮系或定轴轮系组合而成的形式，图 2.2-46 给出了复合轮系的示例图。

(a) 实物图

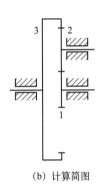

(b) 计算简图

图 2.2-44　定轴轮系

(a) 实物图

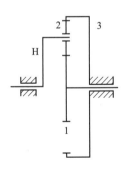

(b) 计算简图

图 2.2-45　周转轮系

　　传动比计算是轮系传动最重要的部分。对于一个定轴轮系而言，首轮到尾轮的传动比计算公式为：

$$i=(-1)^k\frac{所有从动轮齿数的乘积}{所有主动轮齿数的乘积} \tag{2.2-44}$$

式中，k 为轮系的外啮合次数，$(-1)^k$ 取值为 1 表示首轮和尾轮转向相同，$(-1)^k$ 取值为 -1 表示首轮和尾轮转向相反。图 2.2-44 所示的定轴轮系，转动比的计算示例为：

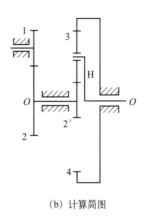

(a) 实物图   (b) 计算简图

图 2.2-46 复合轮系

$$i_{13}=(-1)^1 \frac{z_2 z_3}{z_1 z_2} \tag{2.2-45}$$

上述计算示例中，z_1、z_2、z_3 分别表示齿轮 1~3 的齿数。从公式 2.2-45 可以看出，齿轮 2 的齿数并不影响传动比的大小，但可以影响后续从动轮的转向，这种齿轮称为惰轮或者过轮。

周转轮系的传动比不能直接采用定轴轮系传动比的计算方法，但是如果能使转臂 H 变为固定不动，则周转轮系就转变为一个假想的定轴轮系。如图 2.3-45 所示的周转轮系，假设转臂 H 的转速为 n_H，如果给整个轮系添加一个公共转速 $-n_H$，由相对运动原理可知，在公共转速 $-n_H$ 作用下，所有轴线处于静止状态，周转轮系转变为假想的定轴轮系。对于假想的定轴轮系而言，齿轮 1 和齿轮 3 的传动比 i_{13}^H 的计算公式为：

$$i_{13}^H=\frac{n_1^H}{n_3^H}=\frac{n_1-n_H}{n_3-n_H}=(-1)^1 \frac{z_2 z_3}{z_1 z_2} \tag{2.2-46}$$

式中，n_1^H 和 n_3^H 分别为假想的定轴轮系中齿轮 1 和齿轮 3 的转速；n_1 和 n_3 分别为齿轮 1 和齿轮 3 的真实转速。应区分 i_{13} 和 i_{13}^H，i_{13} 是齿轮 1 和齿轮 3 的真实传动比，定义为 n_1/n_3；i_{13}^H 是假想的定轴轮系中齿轮 1 和齿轮 3 的传动比。行星轮系只需一个原动件就能有确定的运动状态，给定已知的 n_1 和先验条件 $n_3=0$，结合公式 2.2-46 就可以求出 n_H，进而可求出所有齿轮之间的传动比；差动轮系需要两个原动件才有确定的运动状态，给定已知的 n_1 和 n_3，结合公式 2.2-46 就可以求出 n_H，从而可求出所有齿轮之间的传动比。

复合轮系的传动比计算时，首先正确地把复合轮系划分为定轴轮系和周转轮系，并分别写出二者的传动比计算公式，然后联立求解。

5. 螺旋传动

1）原理与分类

螺旋传动是利用螺杆和螺母组成的螺旋副来实现传动要求的，主要用于将回转运动转为直线运动。螺旋传动主要有三种运动形式：（1）螺杆转动但其轴向固定，螺母直线运动；（2）螺母固定，螺杆转动带动自身作直线运动；（3）螺母原位转动，螺杆作直线运动。螺旋传动具有结构简单、传动比很大、自锁性能好、工作连续等优点，但也存在磨损大、传动效率低等缺点。为了克服磨损大和传动效率低的问题，在普通螺杆与螺母之间加入钢球，同时将内、外螺纹改成内、外螺旋滚道，将滑动摩擦变为滚动摩擦，形成了滚动螺旋机构（图2.2-47）。滚动螺旋机构传动效率高、磨损小、工作寿命长、传动灵活平稳、启动阻力矩小，被广泛应用现代机械设备中。因滚动摩擦较小，滚动螺旋机构不再具备自锁的优点。

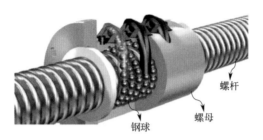

图 2.2-47 滚动螺旋机构

2）计算与选型

常见的滚动螺旋机构为丝杆电机，如图2.2-48所示。丝杆选型的主要工作是确定丝杆的直径和导程。为了避免侧向变形导致机构运行不畅，丝杆应具备一定的侧向刚度。侧向刚度一般是通过控制丝杆的长细比进行保证，即丝杆的外径 $d_{外}$ 与丝杆长度 $l_{丝}$ 比值不小于1/60。丝杆可以看作一个压杆，容许负载 $F_{丝}$ 可采用轴心受压构件稳定承载力公式进行计算：

$$F_{丝}=\alpha_{丝}\frac{K_{丝}\pi^2EI}{l_{丝}^2}=\alpha_{丝}\frac{K_{丝}\pi^3Ed_{内}^4}{64l_{丝}^2} \tag{2.2-47}$$

式中，$\alpha_{丝}$ 为丝杆的安全系数，取值0.5；$d_{内}$ 为丝杆的内径；E 为丝杆的弹性模量；$K_{丝}$ 是一个由丝杆两端的支撑条件决定的系数，两端铰接时 $K_{丝}=1$，一端铰接一端固接时 $K_{丝}=2$，两端固接时 $K_{丝}=4$，一端固接一端自由时 $K_{丝}=0.25$。丝杆的导程 L_d 是指丝杆每转一圈螺母在丝杆轴线上的位移，通常由机构运行时最大的直线速度 v_{max} 和电机的最高转速 n_{max} 决定：

$$L_d \geq \frac{60v_{max}}{n_{max}} \tag{2.2-48}$$

式中，n_{max} 单位为 r/min。

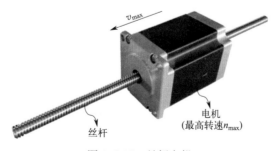

图 2.2-48 丝杆电机

2.3 执行机构

机器人执行器多种多样,包括液压夹爪、气吸式吸盘、电磁式吸盘等。为简便起见,本书介绍三种建筑领域常用的执行机构。

2.3.1 钢筋绑扎

钢筋工程是混凝土施工的重要组成部分,包括钢筋切割、钢筋弯折、钢筋架立、钢筋绑扎等工序。钢筋绑扎属于劳动密集型工序,需要工人长时间蹲着作业,面临着施工效率低、工人健康损害风险高等问题。目前钢筋绑扎包括钢丝捆绑和点焊固定两种方式,其中点焊固定不仅会引起钢筋的损坏,而且不存在任何调整空间,推广受限。因此,国内开发的自动化或半自动化的钢筋绑扎器都是采用钢丝捆绑方式(图 2.3-1)。

(a) 半自动化的钢筋绑扎　　　　　　(b) 全自动化的钢筋绑扎

图 2.3-1 钢筋绑扎

国内研制的钢筋绑扎器的原理相差不大,主要包括送丝机构、扭丝机构、断丝机构等。图 2.3-2 给出了钢筋绑扎器的示意图,其工作原理:(1)可编程逻辑控制器(PLC)通过继电器给电机信号,电机先正转后反转;(2)减速器将电机输出的高速旋转运动变为低速旋转运动,减速器由一级减速斜齿轮 13、二级减速直齿轮 12 和三级减速直齿轮 10 组成;(3)直齿轮 10 分别与凸轮 3、锥齿轮 11 采用硬接触进行连接,即通过界面静摩擦力传递旋转运动;(4)正转时,送丝机构工作,而断丝机构和扭丝机构因凸轮 3 被断丝杆后端锁住而不工作,送丝机构工作流程包括直齿轮 10 带动锥齿轮 11、锥齿轮 11 带动送丝主动轮 4 和送丝从动轮 5、送丝齿轮 4 和 5 从钢丝盘中抽出钢丝、直线钢丝经过钢筋绑扎器前端的圆弧导管变为圆形钢丝、圆形钢丝通过扭丝钩 9 并重复盘绕 3~5 圈;(5)电机正转达到规定时长,电机开始反转;(6)反转时,送丝机构同样因自锁而停止工作,断丝机构和扭丝机构开始工作,断丝杆机构工作流程包括凸轮 3 带动断丝杆后端往复运动、断丝杆后端引起断丝杆前端往复运动、断丝杆前端剪断钢丝,扭丝机构工作流程包括凸轮 3 带动扭丝钩 9 做旋转运动、扭丝钩将钢丝箍紧在钢筋上。

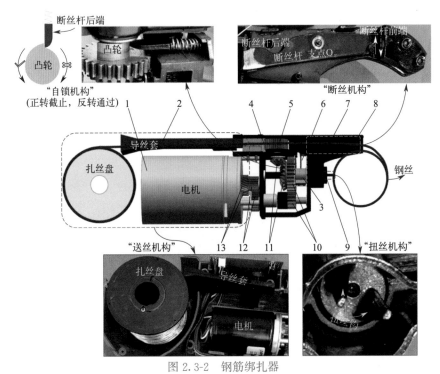

图 2.3-2　钢筋绑扎器

1—电机；2—导丝套；3—凸轮；4—送丝主动轮；5—送丝从动轮；6—断丝杆后端；
7—断丝杆；8—断丝杆前端；9—扭丝钩；10—三级减速直齿轮；11—锥齿轮；
12—二级减速直齿轮；13——级减速斜齿轮

2.3.2　混凝土 3D 打印

3D 打印混凝土技术是在 3D 打印技术的基础上发展起来的应用于混凝土施工的新技术，其主要工作原理是将混凝土构件利用计算机进行 3D 建模和分割生产三维信息，然后在三维软件的控制下，按照预先设置好的打印程序，由喷嘴挤出配制好的混凝土拌合物，最终得到设计的混凝土构件。相较传统混凝土技术而言，3D 打印混凝土技术具有无模成型、节省材料、可打印复杂构件、施工工期短、人工需求少等优点。

图 2.3-3 给出了北京耐尔得智能科技有限公司研制的 NELD-3D730 型混凝土 3D 打印机，其工作原理为：（1）供料系统通过软管将混凝土拌合物输送到打印机料斗 9 内；（2）控制系统按照预先设置好的打印程序，控制各步进电机的有序工作；（3）电机 1 和电机 2 带动丝杆 6 转动，打印机沿着 z 轴方向进行移动；（4）电机 3 带动模组 7，打印机沿着 y 轴方向进行移动；（5）电机 4 带动模组 8，打印机沿着 x 轴方向进行移动；（6）电机 5 带动打印机料斗 9 内置的螺旋钻 10 进行转动，将混凝土拌合物从打印喷嘴 11 处挤出。

2.3.3　钢材焊接

钢材焊接是建筑施工中不可或缺的一项工序，主要用于连接各种钢构件。传统的手工焊接不仅需要工人具有娴熟的技能，而且存在安全风险和效率不稳定等问题，导致焊接机器人在建筑领域的应用越来越广泛。

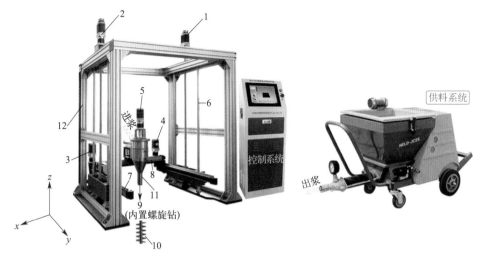

图 2.3-3　3D 打印机

1—步进电机 1；2—步进电机 2；3—步进电机 3；4—步进电机 4；
5—步进电机 5；6—丝杆；7—同步带直线模组 1；8—同步带直线模组 2；
9—打印机料斗；10—螺旋钻；11—喷嘴；12—架体

如图 2.3-4 所示，焊接机器人的执行机构主要由焊枪和送丝机组成。焊枪相对简单，其作用是熔化焊丝；而送丝机相对复杂，其作用是将焊丝从线盘上匀速地送入焊枪，从而确保焊接过程中焊丝的稳定供应。图 2.3-4 给出了送丝机的内部构造图，其工作原理为：（1）导向杆 1 确保焊丝平稳、无卷曲地进入送丝机中；（2）双驱送丝轮 2 使得焊丝获得均匀、稳定的推动力；（3）压轮 3 配合双驱送丝轮工作，其作用是对焊丝施加必要的压力；（4）工人通过手柄 4 调节双驱送丝轮 2 和压轮 3 之间的压力；（5）焊丝通过导丝嘴 5 被送入焊枪。

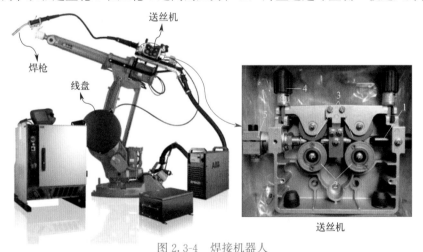

图 2.3-4　焊接机器人

1—焊丝导向杆；2—双驱送丝轮；3—压轮；4—手柄；5—导丝嘴

2.4　机器人本体

机器人本体可与传感器、建筑专用执行器、BIM、工艺工法等进行有机结合，形成建筑机器人。目前，市场上主流的机器人本体包括移动底盘类、机械臂类和无人机类。

2.4.1 移动底盘类

移动底盘在建筑领域具有广阔的应用潜力，可用于地面施工、巡检等场景。目前，大多数地面施工类的机器人均是通过移动底盘实现行走。移动底盘包括轮式、履带式和足式，由于足式移动底盘非常复杂且在建筑领域应用较少，因此着重介绍轮式和履带式移动底盘。

1. 轮式移动底盘

轮式移动底盘具有自重轻、承载力大、机构简单、驱动和控制相对方便、行走速度快、机动灵活、功率效率高等优点，被广泛地应用于建筑领域。轮式移动底盘主要由车体、车轮、车体-车轮之间的支撑机构以及车轮驱动机构组成（图2.4-1）。车体用于安装各种元器件、承载负重；车轮驱动机构用于产生轮子所需的驱动力矩和制动力矩；车轮承受全车重量，通过与地面的摩擦作用形成对整车的牵引力或制动力；支撑机构连接车体与车轮，减轻车轮震动对车体影响，确保所有车轮着地。如图2.4-2所示，支撑机构可分非独立悬挂和独立悬挂。车轮包括标准轮、脚轮、麦克纳姆轮等（图2.4-3）：（1）标准轮具有两个自由度，分别是绕自身轴线的转动和绕地面接触点的转动；（2）脚轮也具有两个自由度，分别是绕自身轴线的转动和绕地面非接触点的转动；（3）麦克纳姆轮的轮表面均匀分布着许多小滚柱，每个小滚柱都可以绕自身轴线单独自由旋转，通常滚柱轴线与车轮轴线在空间成45°，麦克纳姆轮具有三个自由度，分别是绕自身轴线的转动、沿滚柱轴线的转动和绕地面接触点的转动。

图 2.4-1　轮式移动底盘

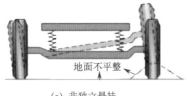

(a) 非独立悬挂

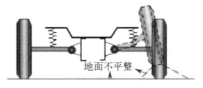

(b) 独立悬挂

图 2.4-2　支撑机构

轮式移动底盘按照转向方式的不同，可以分为两轮差速模型、四轮差速模型、阿克曼模型、全向模型等。

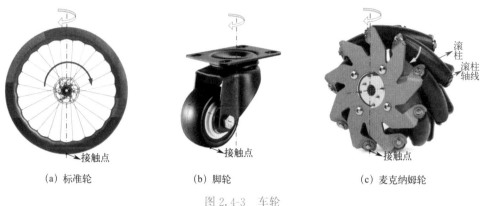

（a）标准轮　　　　　　　　（b）脚轮　　　　　　　　（c）麦克纳姆轮

图 2.4-3　车轮

1）两轮差速模型

在底盘的左右两边平行安装两个主动轮，就可构成最简单的底盘模型，即两轮差速模型。考虑到至少需要 3 点才能稳定支撑，底盘上还需要安装用于支撑的活动脚轮，活动脚轮又称万向轮。如图 2.4-4 所示，万向轮的布置方式多种多样，包括三轮结构、四轮结构和六轮结构等。三轮结构存在以下两点不足：（1）原地旋转时的速度瞬心位于两主动轮轴线中点位置，而不是底盘的几何中心，最小避让空间为 r' 半径覆盖的区域，显然 $r'>r$，故底盘旋转所需避让空间会更大；（2）旋转中心和重心中心相距较远，转弯时更容易翻车。四轮、六轮结构可以很好地克服三轮结构的不足，具有最小避让空间且不易翻车。由于四轮、六轮结构与地面接触点大于 3 个，当地面不平坦时，有的轮子会出现悬空问题，即多点接触地面问题。为了解决多点接触地面问题，四轮、六轮机构需要在两个主动轮上加装悬挂系统。

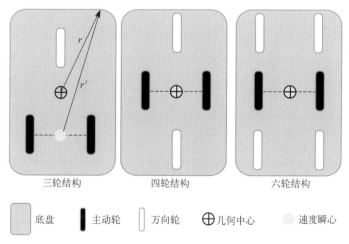

三轮结构　　　　　　　　四轮结构　　　　　　　　六轮结构

　底盘　　■ 主动轮　　▯ 万向轮　　⊕ 几何中心　　● 速度瞬心

图 2.4-4　万向轮的布置方式

对于移动底盘而言，车轮的速度可以由编码器计算得到，因此通常选用车轮速度作为底盘运动的控制量。由车轮的速度求底盘整体的运动速度，称为移动底盘的正向运动学；由底盘整体的运动速度求车轮的速度，称为移动底盘的逆向运动学。图 2.4-5 给出了两轮差速模型的运动简图，左、右主动轮的线速度分别为 V_L 和 V_R，底盘整体运动速度由两主

动轮轴线中点位置 C 的线速度 v_c 和角速度 w_c 进行表示。由
几何关系可得两轮差速模型的正向运动和逆向运动：

$$\begin{bmatrix} v_c \\ w_c \end{bmatrix} = \begin{bmatrix} \dfrac{1}{2} & \dfrac{1}{2} \\ -\dfrac{1}{d} & \dfrac{1}{d} \end{bmatrix} \begin{bmatrix} V_L \\ V_R \end{bmatrix} \qquad (2.4\text{-}1)$$

$$\begin{bmatrix} V_L \\ V_R \end{bmatrix} = \begin{bmatrix} 1 & -\dfrac{d}{2} \\ 1 & \dfrac{d}{2} \end{bmatrix} \begin{bmatrix} v_c \\ w_c \end{bmatrix} \qquad (2.4\text{-}2)$$

式中，d 为两主动轮的轮距。

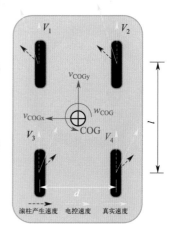

图 2.4-5 两轮差速模型的运动简图

2）四轮差速模型

相对两轮差速底盘，四轮差速底盘在载重能力和越野性
能更有优势。四轮差速底盘同样是靠左右两边轮子的转速差
实现转弯，且每边的两个轮子的转速完全一样。实现前轮和
后轮速度同步的方式有链条连接方式和电控方式（图 2.4-6）。链条连接方式是用链条将前
轮和后轮进行连接，在机械上实现前后轮速度同步；电控方式是通过控制主板实现前轮和
后轮的速度同步，可避免复杂的机械结构。

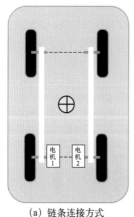

（a）链条连接方式

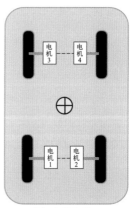

（b）电控方式

图 2.4-6 四轮差速模型

图 2.4-7 给出了四轮差速底盘发生侧滑的运动模型，底盘整体运动速度以底盘几何中
心 COG 的线速度 v_{COG} 和角速度 w_{COG} 表示。由几何关系可得四轮差速模型的正向运动和
逆向运动：

$$\begin{bmatrix} v_{COG} \\ w_{COG} \end{bmatrix} = \begin{bmatrix} \dfrac{1}{2} & \dfrac{1}{2} \\ -\dfrac{1}{d} & \dfrac{1}{d} \end{bmatrix} \begin{bmatrix} V_L \\ V_R \end{bmatrix} \qquad (2.4\text{-}3)$$

$$\begin{bmatrix} V_L \\ V_R \end{bmatrix} = \begin{bmatrix} 1 & -\dfrac{d}{2} \\ 1 & \dfrac{d}{2} \end{bmatrix} \begin{bmatrix} v_{COG} \\ w_{COG} \end{bmatrix} \tag{2.4-4}$$

可见，四轮差速底盘与两轮差速底盘的运动学公式是完全一样的，只是底盘整体运动速度的参考点不同，一个为底盘的几何中心，一个为两主动轮轴线的中点。

3）阿克曼模型

四轮差速底盘具有良好的载重和越野性能，但缺点是转弯时轮子会发生一定程度的侧向滑动。严重的侧向滑动会让底盘控制稳定性、轮式里程计、轨迹跟踪等问题变得更加复杂。阿克曼底盘通过前轮的机械转向，可以让四轮子在无侧滑情况下顺畅地转弯。然而，阿克曼底盘不能原地旋转，转弯半径不为零，运动灵活性不高。

阿克曼的转向机构就是双摇杆机构，且两摇杆长度相等（图 2.2-19）。阿克曼底盘有多种驱动方式，包括前驱、后驱和四驱。图 2.4-8 给出了后驱式阿克曼底盘的运动模型，底盘整体运动速度以两主动轮轴线中点位置 O_{back} 的线速度 v_{back} 和角速度 w_{back} 表示。由几何关系可得四轮差速模型的正向运动和逆向运动：

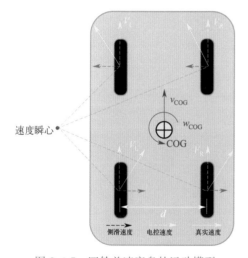

图 2.4-7　四轮差速底盘的运动模型

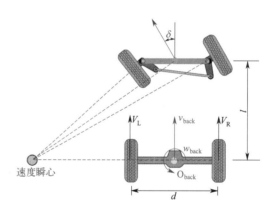

图 2.4-8　后驱式阿克曼底盘的运动模型

$$\begin{bmatrix} v_{back} \\ w_{back} \end{bmatrix} = \begin{bmatrix} \dfrac{1}{2} & \dfrac{1}{2} \\ -\dfrac{1}{d} & \dfrac{1}{d} \end{bmatrix} \begin{bmatrix} V_L \\ V_R \end{bmatrix} \tag{2.4-5}$$

$$\begin{bmatrix} V_L \\ V_R \end{bmatrix} = \begin{bmatrix} 1 & -\dfrac{d}{2} \\ 1 & \dfrac{d}{2} \end{bmatrix} \begin{bmatrix} v_{back} \\ w_{back} \end{bmatrix} \tag{2.4-6}$$

在阿克曼底盘中，除了需要求左、右后轮的速度外，还需要求出另外一个运动控制量 δ。δ 为平均转向角，其计算公式为：

$$\delta = \arctan(\frac{l \cdot w_{back}}{v_{back}}) \tag{2.4-7}$$

式中，l 为前后轮中心距。转向角 δ 由舵机进行控制，转向角 δ 与舵机的转动量之间的映射关系通常通过实验标定法获取。

4）全向模型

目前实现全向底盘有两种方式，一种是使用麦克纳姆轮，一种是使用舵轮（图 2.4-9）。麦克纳姆轮具有三个自由度，通过合理布置麦克纳姆轮和控制各轮速度可实现底盘任意方向的移动；舵轮同时具有转向和平移功能，通过合理布置舵轮和控制各轮转向可实现底盘任意方向的移动。配有麦克纳姆轮的底盘通常是同时移动和转向，而配有舵轮的底盘通常是先转向后移动。

图 2.4-9　配有舵轮的搬运机器人

图 2.4-10 给出了配有麦克纳姆轮底盘的运动简图，$V_1 \sim V_4$ 分别表示电机驱动车轮 1～4 的线速度，底盘整体运动速度由底盘几何中心 COG 的两个正交方向的线速度 v_{COGx}、v_{COGy} 以及角速度 w_{COG} 进行表示。由几何关系可知，正向运动和逆向运动可表达为：

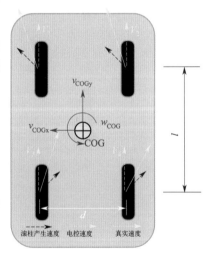

$$\begin{bmatrix} v_{COGx} \\ v_{COGy} \\ w_{COG} \end{bmatrix} = \frac{1}{4} \begin{bmatrix} 1 & 1 & 1 & 1 \\ -1 & 1 & 1 & -1 \\ -\dfrac{2}{l+d} & \dfrac{2}{l+d} & -\dfrac{2}{l+d} & \dfrac{2}{l+d} \end{bmatrix} \begin{bmatrix} V_1 \\ V_2 \\ V_3 \\ V_4 \end{bmatrix} \tag{2.4-8}$$

$$\begin{bmatrix} V_1 \\ V_2 \\ V_3 \\ V_4 \end{bmatrix} = \begin{bmatrix} 1 & -1 & -(l+d)/2 \\ 1 & 1 & (l+d)/2 \\ 1 & 1 & -(l+d)/2 \\ 1 & -1 & (l+d)/2 \end{bmatrix} \begin{bmatrix} v_{COGx} \\ v_{COGy} \\ w_{COG} \end{bmatrix} \tag{2.4-9}$$

图 2.4-10　配有麦克纳姆轮底盘的运动简图

建筑场景的地面粗糙度较高，麦克纳姆轮在工作过程中通常磨损严重。目前，大多数建筑机器人底盘采用舵轮方式实现全向模型。市场上已有较多成熟的舵轮底盘，大多数产品具有五种运动模式，包括自旋模式、双阿克曼模式、斜移模式、横移模式和驻车模式（图 2.4-11）。

（a）自旋模式

（b）双阿克曼模式

（c）斜移模式

（d）横移模式

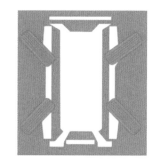
（e）驻车模式

图 2.4-11　舵轮底盘的运动模式

2. 履带式移动底盘

轮式移动底盘难以在复杂地形下实现精确控制，且其运动稳定性与路面有很大关系。面对复杂地形工况下，履带式移动底盘常用来替代轮式移动底盘。履带式移动底盘具有地面附着性能好、越障平稳性高等优点，但速度较慢，功耗较大，转向时对地面破坏程度大。履带式移动底盘主要由车体、履带机构和驱动机构组成（图 2.4-12）。履带机构主要由履带、链轮、滚轮以及承载这些零部件的行驶框架构成，链轮驱使履带做回转运动，下部滚轮用以减少履带下部着地压强的不均匀性，上部滚轮的作用是防止履带下垂。

图 2.4-12　履带式移动底盘

一般情况下，履带上的前轮和后轮连线中点位置为等效的接地点，履带式机器人的运动模型可以等效为四轮差速模型。但对于地面存在起伏时，履带与地面的接触点可能出现在任何位置，这样就会造成移动底盘的前向运动学和逆向运动学失效。因此，对于里程计精度要求较高的应用场景，很少选用履带式移动底盘。

2.4.2 机械臂类

机械臂在建筑领域具有广阔的应用潜力，可用于喷涂、砌筑、绑扎、焊接等场景。机械臂是由一系列通过关节相连的连杆组成的运动链，关节运动由电机直接驱动，关节通常包括转动和平动两种：（1）转动关节就像一个铰链，使得与其相连的两个连杆可以相互转动，转动关节通常用 R 来指代；（2）平动关节使得与其相连的两个连杆之间可以相互平移，平动关节通常用 P 来指代。工业界常用的机械臂包括关节型机械臂（RRR 型）、球坐标机械臂（RRP 型）、SCARA 型机械臂（RRP 型）、圆柱型机械臂（RPP 型）、笛卡尔型机械臂（PPP 型）。图 2.4-13 给出了关节型机械臂示意图，关节机械臂以较小的占地空间提供较大的工作空间，被广泛地应用于建筑领域。工作空间是指当机械臂执行所有可能动作时，其末端执行器扫过的总体空间体积。关节机械臂由三个连杆和三个关节组成，三个连杆分别被指定为机体、上臂和前臂，三个关节的轴线分别被指定为腰（z_0）、肩（z_1）和肘（z_2）。通常情况下，轴线 z_2 线平行于 z_1，轴线 z_2 和 z_1 均垂直于 z_0。

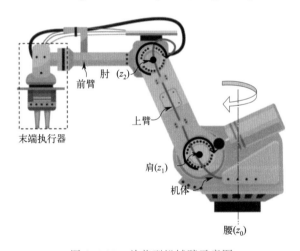

图 2.4-13 关节型机械臂示意图

关节型机械臂执行墙面抹腻子任务时，末端执行器重复地从墙面顶部沿着铅垂线抹到墙面底部，这个过程中可以将关节型机械简化为平面双连杆机构（图 2.4-14）。抹腻子过程中，我们常常需要精准地控制末端执行器的位置和运行速度，通常控制系统是直接对关节进行控制，从而实现对末端执行器的间接控制。为了解决这类问题，需要我们引入机械臂运动学相关知识。对于机械臂而言，运动学是建立关节位置与末端执行器的位置和姿态之间的关系，包括正向运动学和逆向运动学：（1）正向运动学是根据给定的机器人关节变量的取值来确定末端执行器的位置和姿态；（2）逆向运动学则是根据给定的末端执行器的位置和姿态来确定机器人关节变量的取值。对于机械臂而言，速度运动学是建立关节速度与末端执行器的线速度和角速度之间的关系。下面，将以关节型机械臂执行墙面抹腻子任务为例，简要介绍各运动学方程的建立。

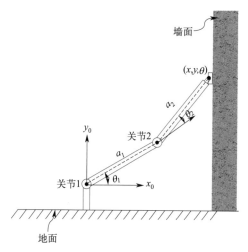

图 2.4-14　关节型机械臂

1. 正向运动学

机械臂通过关节 1 和关节 2 处的位置编码器来测量关节角度 θ_1 和 θ_2。根据 θ_1 和 θ_2 可按正向运动方程计算末端执行器位置和姿态（x，y，θ）：

$$x = a_1 \cos\theta_1 + a_2 \cos(\theta_1 + \theta_2) \tag{2.4-10}$$

$$y = a_1 \sin\theta_1 + a_2 \sin(\theta_1 + \theta_2) \tag{2.4-11}$$

$$\theta = \theta_1 + \theta_2 \tag{2.4-12}$$

式中，a_1 和 a_2 分别为两个连杆的长度。对于一个 6 自由度机械臂，正向运动方程通常十分复杂。为了简化正向运动方程，通常采用 DH 坐标系，感兴趣的读者可以参考相关资料。

2. 逆向运动学

由于正向运动学方程是非线性的，求解并不容易，采用 DH 坐标系可简化求解难度。此外，逆解可能并不唯一或者无解。图 2.4-14 所示机构的逆向运动方程可表示为：

$$\theta_2 = \tan^{-1} \frac{\pm\sqrt{1-D^2}}{D} \tag{2.4-13}$$

$$\theta_1 = \tan^{-1}(y/x) - \tan^{-1}\left(\frac{a_2 \sin\theta_2}{a_1 + a_2 \cos\theta_2}\right) \tag{2.4-14}$$

$$D = \frac{x^2 + y^2 - a_1^2 - a_2^2}{2a_1 a_2} \tag{2.4-15}$$

式中，θ_2 存在正负两种情况，分别对应着机械臂的下肘位和上肘位（图 2.4-15）。

3. 速度运动学

通过对公式 2.4-10 和公式 2.4-11 进行微分后可得到：

$$\dot{x} = -a_1 \sin\theta_1 \times \dot{\theta}_1 - a_2 \sin(\theta_1 + \theta_2) \times (\dot{\theta}_1 + \dot{\theta}_2) \tag{2.4-16}$$

$$\dot{y} = a_1 \cos\theta_1 \times \dot{\theta}_1 + a_2 \cos(\theta_1 + \theta_2) \times (\dot{\theta}_1 + \dot{\theta}_2) \tag{2.4-17}$$

式中，$\dot{x}$ 和 $\dot{y}$ 分别表示末端执行器沿 x 和 y 方向的线速度；$\dot{\theta}_1$ 和 $\dot{\theta}_2$ 分别表示关节 1 和 2

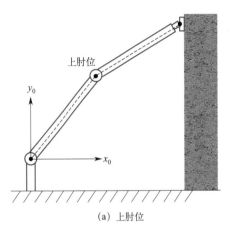

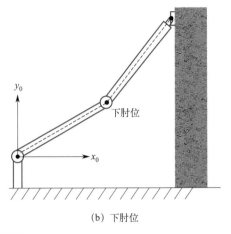

(a) 上肘位　　　　　　　　　　　　　　　(b) 下肘位

图 2.4-15　逆解不唯一

的角速度。采用矩阵方式对公式 2.4-16 和公式 2.4-17 进行重写，可得：

$$\begin{bmatrix} \dot{x} \\ \dot{y} \end{bmatrix} = \boldsymbol{J} \begin{bmatrix} \dot{\theta_1} \\ \dot{\theta_2} \end{bmatrix} \tag{2.4-18}$$

$$\boldsymbol{J} = \begin{bmatrix} -a_1\sin\theta_1 - a_2\sin(\theta_1+\theta_2) & -a_2\sin(\theta_1+\theta_2) \\ a_1\cos\theta_1 + a_2\cos(\theta_1+\theta_2) & a_2\cos(\theta_1+\theta_2) \end{bmatrix} \tag{2.4-19}$$

式中，矩阵 $\boldsymbol{J}$ 被称为机械臂的雅克比矩阵。根据雅克比矩阵和末端执行器的速度，可按下式求得关节速度：

$$\begin{bmatrix} \dot{\theta_1} \\ \dot{\theta_2} \end{bmatrix} = \boldsymbol{J}^{-1} \begin{bmatrix} \dot{x} \\ \dot{y} \end{bmatrix} \tag{2.4-20}$$

$$\boldsymbol{J}^{-1} = \frac{1}{a_1 a_2 \sin\theta_2} \begin{bmatrix} a_2\cos(\theta_1+\theta_2) & a_2\sin(\theta_1+\theta_2) \\ -a_1\cos\theta_1 - a_2\cos(\theta_1+\theta_2) & -a_1\sin\theta_1 - a_2\sin(\theta_1+\theta_2) \end{bmatrix} \tag{2.4-21}$$

从公式 2.4-21 可以看出，当 $\theta_2 = 0°$ 或 $\theta_2 = 180°$ 时，$\boldsymbol{J}^{-1}$ 不存在，我们称机械臂此刻正处于奇异位形。确定奇异位形具有以下几点意义：（1）如图 2.4-16 所示，机械臂处于 $\theta_2 = 0°$ 时，机械臂的末端执行器无法朝着 x_2 方向运动；（2）逆运动学解被奇异位形分割开，即机械臂无法在保证不穿过奇异位形的前提下从一个逆解位置运动到另一个逆解位置。

2.4.3　无人机类

无人机在建筑领域具有广阔的应用潜力，可用于空中搬运、巡检等场景。无人机主要包括固定翼无人机、多旋翼无人机和直升机三大类。目前，在建筑领域应用较多的是多旋翼无人机，本书将着重介绍多旋翼无人机。

多旋翼无人机通常由机架、遥控器接收机、飞行控制器、电调、电机、螺旋桨、电池、云台等组成（图 2.4-17）。机架需要承载无人机的全部设备，应满足轻质、高强度、高刚度的要求，常采用碳纤维材料；电池为无人机的运动提供能量，常用电池类型包括锂

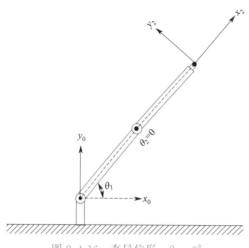

图 2.4-16 奇异位形：$\theta_2 = 0°$

电池和镍电池；云台用于搭载摄影相关的设备。多旋翼无人机的工作原理为：（1）遥控器接收机用于接收地面遥控信号；（2）飞行控制器根据接收的遥控信号和内部信号，生成控制指令并发送给电调；（3）电调接收控制指令后调整电机的转速；（4）电机带动螺旋桨做回转运动；（5）螺旋桨与空气相互作用，驱使无人机飞行。

图 2.4-17 多旋翼无人机

1—机架；2—遥控器接收机；3—飞行控制器；4—电调；5—电机；6—螺旋桨；7—电池；8—云台

螺旋桨与空气相互作用，产生上升拉力 F_T 和反向转矩 M，F_T 和 M 的计算公式为：

$$F_T = C_T \rho (\frac{N}{60})^2 D_p^4 , M = C_M \rho (\frac{N}{60})^2 D_p^4 \tag{2.4-22}$$

式中，C_T 和 C_M 分别为螺旋桨的拉力系数和转矩系数；N 为螺旋桨转速；D_p 为螺旋桨直径。上升拉力 F_T 和反向转矩 M 均是旋翼转速的函数，多旋翼无人机可以通过调整各旋翼的转速，实现垂直运动、偏航运动、侧向运动和前后运动。下面以四旋翼无人机为例，简要介绍各种运动的产生机理。

1. 垂直运动

如图 2.4-18 所示，1♯和 3♯螺旋桨顺时针旋转，2♯和 4♯螺旋桨逆时针旋转，各螺旋桨的转速相同。这种情况下，各反向转矩相互抵消（$\sum M=0$），且四个螺旋桨的合力只有垂直方向的拉力$\sum F_\mathrm{T}$。若$\sum F_\mathrm{T}$大于无人机重力，则无人机垂直上升；若$\sum F_\mathrm{T}$等于无人机重力，则无人机悬停；若$\sum F_\mathrm{T}$小于无人机重力，则无人机垂直下降。

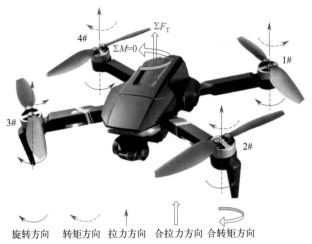

图 2.4-18　垂直运动

2. 偏航运动

如图 2.4-19 所示，1♯、2♯、3♯、4♯螺旋桨均顺时针旋转，且各螺旋桨的转速相同。这种情况下，四个螺旋桨的合力包括反向转矩$\sum M$和垂直方向的拉力$\sum F_\mathrm{T}$。当$\sum F_\mathrm{T}$和无人机重力相等时，无人机将做逆时针旋转，即反偏航运动。反之，若1♯、2♯、3♯、4♯螺旋桨均逆时针旋转，无人机将做正偏航运动。

图 2.4-19　偏航运动

3. 侧向运动和前后运动

如图 2.4-20 所示，当飞机处于悬停状态时，同时同量降低 1♯和 2♯螺旋桨的转速，同时同量提高 3♯和 4♯螺旋桨的转速，会引起无人机发生前右滚转，合拉力$\sum F_\mathrm{T}$会向右倾斜。无人机俯仰一定角度后，调整各旋翼的转速为相同状态，使得倾斜拉力的垂直分量

$\sum F_{Ty}$ 与无人机重量相等，而倾斜拉力的向右分量 $\sum F_{Tx}$ 使得无人机向右运动。同理可得无人机向前、向后和向左运动的机理。

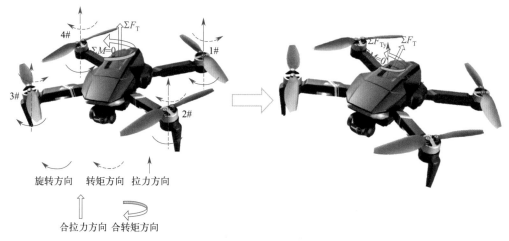

图 2.4-20　向右运动

2.5　技术前沿动态

在驱动机构方面，新型驱动的研制是当前的研究热点，例如人工肌肉驱动、光驱动、聚合物驱动等。针对一款新型驱动机构，国内外学者会研究其驱动机理、运动学模型、动力学模型、控制理论等内容。

在传动机构方面，自适应机构、高负载自重比机构是建筑机器人当前的相对重要的研究方向。国内外学者正在开展面向建造的机构理论，包括评价指标、构型生成、设计方法等内容。

在执行机构方面，建筑工具正在往机电一体化、自动化和智能化等方向发展，未来将会出现一批即插即用的产品。目前，市面上已出现几款基于力控的智能打磨工具。此外，施工工艺和执行器正在快速融合，国内外学者针对不同施工工艺，开发了专用的软件开发工具包。

在机器人本体方面，由移动底盘搭载着机械臂构成的复合机器人本体正成为主流。另外，由多机械臂组成的协作机器人也正成为机器人一个重要的研究方向。单个无人机的负重较小，国内外学者正在开展多无人机运送物料的技术研究。

第三章　建筑机器人电气篇

电路是传感器、控制器、处理器的重要组成部分，起着电能和信号的传输、处理、控制等作用。任何电路都是由最基本的电子元器件组成的，对于建筑机器人而言，常见的电子元器件包括电源、电阻、电容、电感、二极管、三极管、场效应管和继电器。根据电源类型的不同，电路可分为直流电路和交流电路；根据处理信号类型的不同，电路可分为模拟电路和数字电路。实际应用中，模拟信号与数字信号之间需要相互转换，常用到数模转换器或模数转换器。

3.1　电子元器件

3.1.1　电源

电源（直流）包括理想电源、实际电源和受控电源等形式。如图 3.1-1 所示，理想电源包括理想电压源和理想电流源：（1）理想电压源的输入电压 U 不随外部电路变化而改变；（2）理想电流源的输入电流 I 不随外部电路变化而改变。电压源和电流源在电路中的常用符号分别为—〇—和—①—。此外，电源也可用—⊦—进行表示。

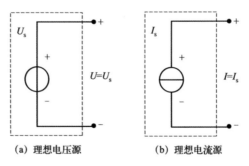

(a) 理想电压源　　　　　**(b) 理想电流源**

图 3.1-1　理想电源

对于实际电源而言，需要精确计算电源内部变化对整个电路的影响。同样地，实际电源包括实际电压源和实际电流源：（1）实际电压源可以用一个理想电压源串联一个内电阻 R 来表示，见图 3.1-2(a)；（2）实际电流源可以用一个理想电流源并联一个内电阻 R 来表示，见图 3.1-2(b)。

对于受控电源而言，输入端的电流或电压受到控制端的影响，三极管和场效应管就是最典型的受控电源。图 3.1-3 给出了受控电源的电路模型，包括电压控制电压源、电压控制电流源、电流控制电压源和电流控制电流源四种。

建筑机器人一般由 24V 或 48V 直流工业蓄电池组进行供电。由于锂离子电池具有能量密度高、寿命长、环保等特点，因此蓄电池组常由多节锂离子电池组成。如图 3.1-4 所

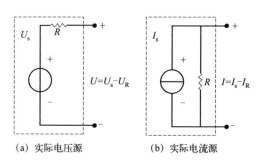

图 3.1-2　实际电源

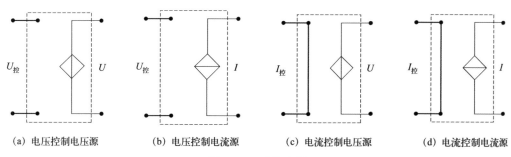

(a) 电压控制电压源　　(b) 电压控制电流源　　(c) 电流控制电压源　　(d) 电流控制电流源

图 3.1-3　受控电源

示，常用的锂离子电池包括三元锂电池和铁锂电池：（1）三元锂容量高，循环寿命长，倍率放电佳，但安全性能不佳，在小型机器人和无人机中广泛使用；（2）铁锂电池价格适中，容量适中，循环寿命长，高温性能好，倍率放电佳，在机器人、汽车行业广泛应用。实际分析时，蓄电池组可视为一个输出恒定电压的电源与一个内电阻的串联。

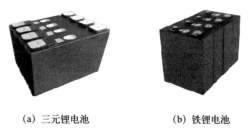

(a) 三元锂电池　　　　　(b) 铁锂电池

图 3.1-4　电池

电池的主要参数为电压和容量：（1）电压根据机器人正常工作的最大电压来选择；（2）电池容量是衡量电池性能的重要性能指标之一，被定义为用设定的电流把电池放电至设定的电压所给出的电量。

3.1.2　电阻

电阻是电路中应用最广泛的一种电子元器件，在电子设备中约占电子元器件总数的30%。电阻的种类有很多，常见的电阻包括碳膜电阻、金属膜电阻、精密绕线电阻和敏感电阻等（图 3.1-5）。碳膜电阻是最普通的电阻，是在陶瓷衬底上涂特殊的碳混合物薄膜而制成的。金属膜电阻用碱金属制成，将金属在真空中加热至蒸发，然后沉积在陶瓷棒或片上。与碳膜电阻相比，金属膜电阻具有更低的温度系数、更低的噪声、更好的线性、更高的精度。精密绕线电阻是非常稳定的高精度电阻，是将镍铬合金线绕在有玻璃质涂层覆盖的陶瓷管上制成的。敏感电阻是指阻值随某些外界条件改变而变化的电阻。敏感电阻种类很多，常见的有热敏电阻、光敏电阻、压敏电阻等。电阻在电路中的常用符号为 ─\/\/\/─，电阻的基本单位为欧姆（Ω）。线性电阻满足欧姆定律：在同一电路中，导体中的电流 I 跟导体两端的电压 U_R 成正比，而跟导体的电阻值 R 成反比。欧姆定律的公式为：

$$I = \frac{U_R}{R} \tag{3.1-1}$$

值得注意的是，欧姆定律不适用于三极管、场效应管等半导体元器件。

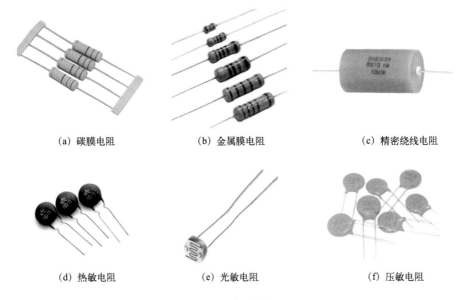

(a) 碳膜电阻   (b) 金属膜电阻   (c) 精密绕线电阻

(d) 热敏电阻   (e) 光敏电阻   (f) 压敏电阻

图 3.1-5   常见的电阻

电阻的主要作用包括降压、限流、分流和分压：（1）如图 3.1-6(a) 所示，电路接入电阻 R 后，电灯泡上的电压从 U 降为 $U-U_R$，通过电灯泡的电流也随之下降，电阻在电路中同时起到降压和限流的作用；（2）如图 3.1-6(b) 所示，由于 R_2 和 R_3 存在，通过 R_1 的电流 I_1 分为 I_2 和 I_3，电阻在电路中起到分流的作用；（3）如图 3.1-6(c) 所示，R_1、R_2 和 R_3 串联在一起，从电源正极出发，每经过一个电阻，电压会降低一次，电阻在电路中起到分压的作用。

电阻的主要参数包括标称阻值、允许误差、额定功率、最大工作电压和温度系数：（1）电阻上标注的电阻值被称为标称阻值；（2）允许误差是指实际阻值与标称阻值之间的最大误差，允许误差包括 ±0.001％、±0.002％、±0.005％、±0.01％、±0.02％、±0.05％和 ±0.1％五个等级；（3）额定功率是指电阻在规定的湿度和温度下长期连续工作而不改变其性能所允许承受的最大功率；（4）最大工作电压是指允许加到电阻两端的最大连续工作电压；（5）温度系数是指温度由标准温度每变化1℃所引起的电阻值相对变化。

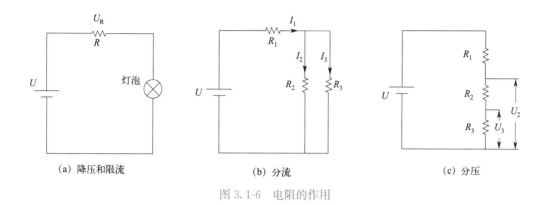

(a) 降压和限流　　　　　　　(b) 分流　　　　　　　　(c) 分压

图 3.1-6　电阻的作用

3.1.3　电容

电容是一种容纳电荷的器件，由两块相距很近且中间隔有绝缘介质的电极板构成（图 3.1-7）。在电容电极板上的电荷量 q 与电容两端电压 U_C 满足线性关系的条件下，电容元件的电容量 C 等于电荷量与电压的比值：

$$C = \frac{q}{U_C} \quad (3.1\text{-}2)$$

当电压与电流取相同方向时，电容上的电流 I_C 有如下关系：

$$I_C = C \frac{dU_C}{dt} \quad (3.1\text{-}3)$$

公式 3.1-3 表明，电容上的瞬时电流是电容上瞬时电压变化率的 C 倍，电压变化越快，电容量越大，电路中的电流就越大。电容在电路中的常用符号为 —| |—，电容量的基本单位为法拉（F）。

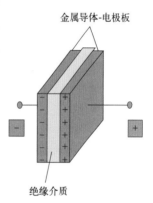

图 3.1-7　电容

电容可分为有极性电容和无极性电容两种（图 3.1-8）。有极性电容又称为电解电容，其引脚有正负极之分，电容的正极与电路中的高电位连接，电容的负极与电路中的低电位连接。若有极电容的正、负极接反，轻则电容不能正常工作，重则电容击穿。有极性电容一般可根据其引脚长度（长脚为正极、短脚为负极）或者表面标注判断正负极性。通常，有极性电容的体积较大，容量多在 $1\mu F$ 以上。根据材料的不同，无极性电容可进一步分为薄膜电容、陶瓷电容和云母电容等：（1）薄膜电容以两片金属箔作为电极板，以涤纶或者聚苯乙烯作为绝缘介质，稳定性较好，适宜作为旁路电容；（2）陶瓷电容以陶瓷基体两面喷涂的银质薄膜作为电极板，以陶瓷作为绝缘介质，具有体积小、耐热性好、损耗小、绝缘电阻高等优点，但容量较小，一般用在高频电路中；（3）云母电容以云母作为绝缘介质，具有损耗小、绝缘电阻大、温度系数小等优点，但体积较大。对于电源滤波、退耦电路和低频耦合、旁路电路，一般选择电解电容；对于中频电路，一般可选择薄膜电容；对于高频电路，应选用高频特性良好的电容，例如陶瓷电容和云母电容。

电容的主要作用是隔直流和通交流。如图 3.1-9（a）所示，电容隔直流作用的具体表现为：（1）当开关 S 闭合时，直流电源对电容进行充电，两电极板上的电荷量逐渐增大，

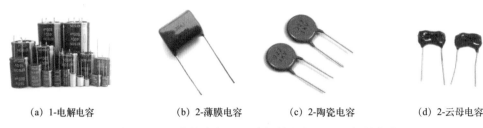

(a) 1-电解电容　　　　(b) 2-薄膜电容　　　　(c) 2-陶瓷电容　　　　(d) 2-云母电容

图 3.1-8　电容的种类（1：有极性电容；2：无极性电容）

电路中形成充电电流，电灯泡变亮；（2）当电容两端电压与电源两端电压相同时，电容充电结束，电路中不再有电流流动，电灯泡熄灭。如图 3.1-9（b）所示，电容通交流作用的具体表现为：（1）当开关 S 闭合时，交流电源的电压从 0 逐步增加至 U_C 的过程中，电容处于正向充电状态，电灯泡随着电压变化率变小而变暗；（2）交流电源的电压从 U_C 逐步降低至 0 的过程中，电容处于正向放电状态，电灯泡随着电压变化率变大而变亮；（3）交流电源的电压从 0 逐步降低至 $-U_C$ 的过程中，电容处于反向充电状态，电灯泡随着电压变化率变小而变暗；（4）交流电源的电压从 $-U_C$ 逐步增加至 0 的过程中，电容处于反向放电状态，电灯泡随着电压变化率变大而变亮；（5）电容不断重复充电和放电，使得电路中的自由电子不断地来回运动，从而形成交变电流。实际生活中，由于交流电的频率很大，灯泡的忽明忽暗现象很难被肉眼察觉，灯泡被认为始终亮着。

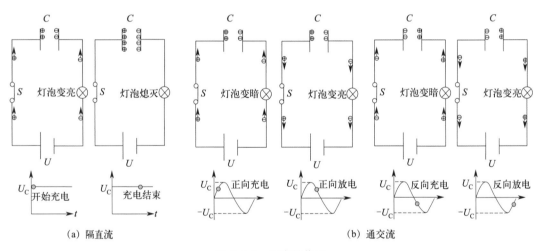

(a) 隔直流　　　　　　　　　　　　　　　　　(b) 通交流

图 3.1-9　电容的作用

　　电容的主要参数包括标称容量、允许误差、额定电压等：（1）电容量表征其储存电荷的能力，电容量大小与相对面积、极板间距和绝缘介质有关；（2）允许误差是指电容的实际容量与标称容量之间的最大误差；（3）电容的额定电压是指在正常条件下电容长时间使用所能承受的最高电压，一旦加到电容两端的电压超过耐压值，两极板之间的绝缘介质就容易被击穿而失去绝缘能力。

3.1.4　电感

　　电感是一种能够实现电能与磁能相互转化的元器件，其主要功能是抑制流过它的电流突然变化：（1）当电流从小到大变化时，电感阻止电流的增大；（2）当电流从大到小变化时，电感阻止电流的减小。最简单的电感为绕制一定匝数（圈数）的导线线圈，通电线圈会产生磁场，磁通量 Φ 与通入电感的电流 I_L 成正比关系，Φ 与 I_L 的比值称为自感系数 L：

$$L = \Phi / I_L \tag{3.1-4}$$

自感系数 L 的大小主要与线圈的匝数（圈数）、绕制方式和磁芯材料等有关。当电路中的电压与电流取相同方向时，根据法拉第电磁感应定律可得：

$$U_L = L \frac{\mathrm{d}I_L}{\mathrm{d}t} \tag{3.1-5}$$

式中，U_L 为电感两端的电压降。电感在电路中的常用符号为-⟋⟋⟋⟋-，电感的基本单位为亨利（H）。

根据构造不同，电感可分为绕线式电感、色环电感和叠层式电感等（图 3.1-10）。根据是否存在磁芯，绕线式电感可进一步分为空心电感和带磁芯电感：（1）空心电感结构非常简单，具有无饱和、无铁损和高频操作等多项优势，但通常尺寸很大，功率损耗较大；（2）带磁芯电感的线圈数少，具有阻值低、体积小和功率损耗小等优点。色环电感外层用环氧树脂处理，成本低廉，适合自动化生产。叠层式电感主要为贴片电感，具有小型化、高品质、高储能和低电阻等特性。叠层式电感的磁路闭合，不会干扰周围的元器件。对于低频电路，通常选用硅钢片铁芯或铁氧体磁芯的电感；对于高频电路，通常选用高频铁氧体磁芯或空心电感。

(a) 空心电感　　　(b) 带磁芯电感　　　(c) 色环电感　　　(d) 叠层式电感

图 3.1-10　电感

电感的主要作用是通直流和阻交流：（1）通直流电的电感产生的感应电动势为零，电感相当于导线；（2）通交流电的电感产生的感应电动势始终阻碍电流变化。

电感的主要参数包括电感量、允许误差和额定电流等。电感量的大小主要与线圈的匝数、绕制方式和磁芯材料等因素有关：（1）线圈的匝数越多，绕制的线圈越密集，电感量就越大；（2）有磁芯的电感比无磁芯的电感具有更大的电感量；（3）磁芯磁导率越高，电感量也越大。允许误差是指实际电感与标称电感之间的最大误差。额定电流是指电感在正常工作时允许通过的最大电流。当流过电感的电流超过额定电流时，电感的性能参数会改变。

3.1.5　二极管

晶体二极管简称二极管，是一种常用的半导体器件，由 P 型和 N 型半导体组合而成。二极管的最大特性是单向导电，图 3.1-11 给出了二极管的工作原理图，具体表现为：（1）

P型半导体由半导体硅掺入微量硼后形成，硼原子和周围硅原子组成共价键，导致晶体中就会多出来一个空穴，空穴可认为是正电荷；（2）N型半导体由半导体硅掺入微量磷后形成，磷原子和周围硅原子组成共价键，导致晶体中就会多出来一个自由电子；（3）当P区一端接电源正极和N区一端接电源负极时（正向偏置），P区的空穴和N区的电子都被电源提供的电场推向PN结，电子和空穴结合，电流通过二极管；（4）当P区一端接电源负极和N区一端接电源正极时（反向偏置），P区的空穴被向左推，N区的电子被向右推，导致PN结出现耗尽区，电流无法通过二极管。

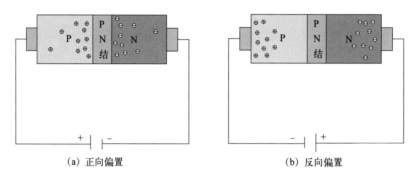

（a）正向偏置　　　　　　　　（b）反向偏置

图 3.1-11　二极管的工作原理

　　二极管应用非常广泛，导致其种类繁多。常见的二极管包括整流二极管、开关二极管、稳压二极管、发光二极管和光电二极管，图 3.1-12 给出了各二极管的实物图和图形符号。

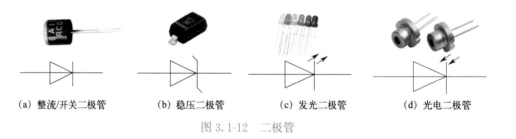

（a）整流/开关二极管　　（b）稳压二极管　　（c）发光二极管　　（d）光电二极管

图 3.1-12　二极管

　　二极管的主要参数包括门槛电压、最高工作频率、最大正向电流以及反向电流：（1）只有当正向偏置电压达到某一个数值以后，二极管才能真正导通，这一电压值被称为门槛电压；（2）最高工作频率表示二极管具有良好的单向导电性的最高工作频率；（3）最大正向电流是指在不损坏二极管的前提下，二极管正常工作时可通过的最大正向电流；（4）反向电流是指给二极管加上规定的反向偏置电压的情况下，通过二极管的反向电流。

3.1.6　三极管

　　三极管是一种具有放大功能的半导体器件，可以把微弱的电信号变成一定强度的信号。如图 3.1-13 所示，三极管是在半导体上制备两个能相互影响的 PN 结，两个 PN 结把半导体分为三部分，中间部分是基区，两边的区域分别是发射区和集电区。基区、发射区和集电区各有一条电极引线，分别叫基极 B、发射极 E 和集电极 C。三极管是以类似水龙头控制水流的方式控制电流，利用加在基极 B 的小电压或小电流控制通过发射极 E 和集电极 C 的大电流。

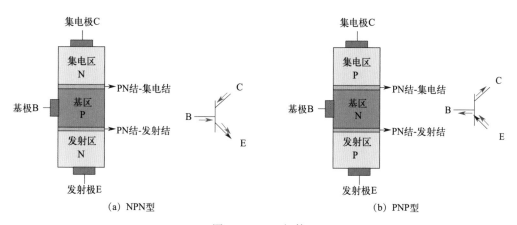

<table>
<tr><td>（a）NPN型</td><td>（b）PNP型</td></tr>
</table>

图 3.1-13 三极管

根据排列方式的不同，三极管可分为 NPN 和 PNP 两种。图 3.1-14 给出了 NPN 型三极管的工作原理，具体表现为：（1）如图 3.1-14(a) 所示，当 B 极没有电压输入时，集电结出现耗尽区，C 极与 E 极之间没有电流通过，三极管处于截止状态；（2）如图 3.1-14(b) 所示，当 B 极输入一个正电压时，发射区的电子被基区空穴吸引而涌向基区，由于基区做得很薄，所以只有一部分电子与空穴碰撞产生基极电流，另外一部分电子则在集电结附近聚集；（3）聚集在集电结的电子穿过集电结后与集电区的空穴碰撞产生集电极电流；（4）基极输入小电流 I_B，集电极就可以得到一个大的电流 I_C，三极管处于放大状态；（5）当基极电流达到一定程度，集电极电流不再升高，三极管处于饱和状态。

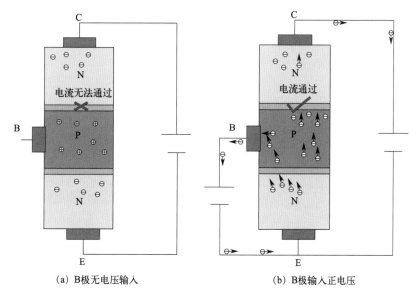

<table>
<tr><td>（a）B极无电压输入</td><td>（b）B极输入正电压</td></tr>
</table>

图 3.1-14 NPN 型三极管的工作原理

图 3.1-15 给出了 PNP 型三极管的工作原理，具体表现为：（1）如图 3.1-15(a) 所示，当 B 极没有电压输入时，集电结出现耗尽区，C 极与 E 极之间没有电流通过，三极管处于截

止状态；（2）如图 3.1-15(b) 所示，当 B 极输入一个负电压时，发射区的空穴被基区电子吸引而涌向基区，由于基区做得很薄，所以只有一部分空穴与电子碰撞产生基极电流，另外一部分空穴则在集电结附近聚集；（3）聚集在集电结的空穴穿过集电结后与集电区的电子碰撞产生集电极电流；（4）基极输入小电流 I_B，集电极就可以得到一个大的电流 I_C，三极管处于放大状态；（5）当基极电流达到一定程度，集电极电流不再升高，三极管处于饱和状态。

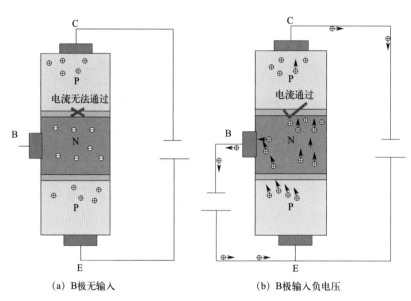

(a) B极无输入　　　　　　　　(b) B极输入负电压

图 3.1-15　PNP 型三极管的工作原理

三极管的种类很多：（1）按照制造材料的不同，三极管可分为硅三极管和锗三极管；（2）按照排列方式的不同，三极管可分为 NPN 型和 PNP 型；（3）按照消耗功率的大小，三极管可分为小功率管和大功率管。三极管常用于开关电源、放大器等电路中，常见的三极管见图 3.1-16。

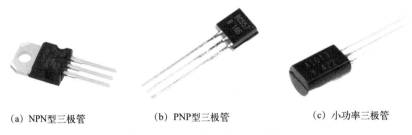

(a) NPN型三极管　　　　　(b) PNP型三极管　　　　　(c) 小功率三极管

图 3.1-16　电路中常见的三极管

三极管的主要参数包括共射放大系数 β、集-射击穿电压 U_{CEO}、集电极最大允许耗散功率 P_{CM} 以及集电极最大允许电流 I_{CM}：（1）共射放大系数 $\beta = I_C / I_B$ 指共射极电路中，三极管对直流电的放大能力，三极管的 β 值为 $50 \sim 150$；（2）集-射击穿电压 U_{CEO} 是指基极开路时，集电极与发射极在指定条件下所能承受的最高反向耐压；（3）集电极最大允许耗散功率 P_{CM} 是指三极管因发热而引起的参数变化不超过规定允许值时，集电极所消耗的最大功率；（4）集电极最大允许电流 I_{CM} 是指在集电极允许耗散功率的范围内，能连续通过发射极的直流电流的最大值。

3.1.7 场效应管

场效应管（FET）是一种常用的半导体器件，可以利用控制输入回路的电场效应来控制输出回路的电流。场效应管是电压控制电流器件，而三极管是电流控制电流器件。场效应管包括结型场效应管（JFET）和绝缘栅场效应管（MOSFET）两大类。按沟道材料的不同，场效应管可分为 N 沟道和 P 沟道，JFET 和 MOSFET 均包含 N 沟道和 P 沟道两种；按导电方式的不同，场效应管可分为耗尽型和增强型，JFET 只包含耗尽型，而MOSFET 包含耗尽型和增强型两种。图 3.1-17 给出了电路中常见的场效应管。

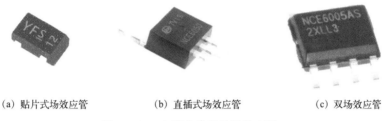

(a) 贴片式场效应管　　　(b) 直插式场效应管　　　(c) 双场效应管

图 3.1-17　电路中常见的场效应管

图 3.1-18 给出了耗尽型、N 沟道结型场效应管的工作原理，具体表现为：（1）在一块 N 型半导体棒的两侧各做一个 P 型区，形成两个 PN 结；（2）两个 P 型区并联在一起，引出一个电极，称为栅极 G；（3）在 N 型半导体棒的两端各引出一个电极，分别称为源极S 和漏极 D；（4）夹在两个 PN 结中间的 N 区是电流的通道，称为 N 沟道；（5）当栅极 G没有加电压时，电子自由地流经中间的 N 沟道；（6）当栅极 G 上接上负电压时，两个 PN结均为反向偏置，导致 N 沟道出现耗尽区，电子难以通过，这称为耗尽型。

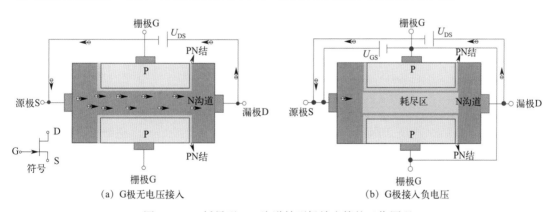

(a) G极无电压接入　　　　　　　　　　　　(b) G极接入负电压

图 3.1-18　耗尽型、N 沟道结型场效应管的工作原理

图 3.1-19 给出了增强型、N 沟道绝缘栅场效应管的工作原理，具体表现为：（1）以一块掺杂浓度较低的 P 型半导体作为衬底，在它上面做两个高掺杂浓度的 N 型区，形成两个 PN 结；（2）两个 N 型区均用金属铝引出一个电极，分别称为源极 S 和漏极 D；（3）在 P 型半导体表面覆盖一层很薄的二氧化硅绝缘层，在漏极和源极之间的绝缘层上再装一个金属铝电机，称为栅极 G；（4）当栅极 G 没有加电压时，总有一个 PN 结处于反向偏置

状态，导致无法形成电流；（5）当栅极 G 接上正电压时，P 型半导体中的空穴在电场作用下远离栅极，形成 N 型的感应沟道，电子顺利通过，这称为增强型。

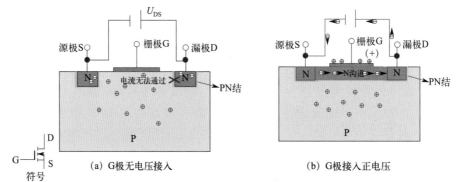

图 3.1-19　增强型、N 沟道绝缘栅场效应管的工作原理

场效应管的主要参数包括夹断电压、开启电压、直流输入电阻、饱和漏电流、击穿电压和跨导：（1）对于结型场效应管或耗尽型绝缘栅场效应管，沟道发生堵塞时所对应的栅源电压 U_{GS} 称为夹断电压；（2）对于增强型绝缘场效应管，沟道导通时所对应的栅源电压 U_{GS} 称为开启电压；（3）直流输入电阻 R_{GS} 是指栅源电压与栅极电流的比值，结型场效应管的 R_{GS} 可达 $10^3 M\Omega$，绝缘栅场效应管的 R_{GS} 可达 $10^7 M\Omega$；（4）对于耗尽型场效应管，当栅源电压 $U_{GS}=0$ 和漏源电压 U_{DS} 足够大时，漏极电流的饱和值称为饱和漏电流 I_{DSS}；（5）当栅源电压一定时，使得漏电流 I_D 开始急剧增加的漏源电压称为漏源击穿电压；（6）当漏源电压一定时，漏电流的微小变化量与引起这一变化量的栅源电压的比值称为跨导 g_m，即 $g_m=\triangle I_D/\triangle U_{GS}$。

3.1.8　继电器

继电器广泛应用于遥控、遥测、通信、自动控制、机电一体化等设备中，是最重要的控制元器件之一。继电器实际上是一种用低电压、小电流控制大电流、高电压的自动开关。对于建筑机器人而言，常利用继电器对低电压的控制电路和高电压、大电流的功率元件进行物理隔离，以便保护控制电路。

下面以电磁继电器为例，对继电器的工作原理进行简要介绍。如图 3.1-20 所示，电磁继电器是利用电磁感应原理实现电路的接通或断开，具体表现为：（1）电磁继电器由电磁铁、动铁片、复位弹簧、动触点和静触点等组成；（2）当开关 S_1 闭合时，缠绕在电磁铁上的线圈有控制电流通过，从而产生电磁效应；（3）动铁片被电磁力吸引而向下运动，从而使得动触点和静触点吸合，电动机启动工作；（4）当开关 S_1 断开时，电磁力也随之消失，动铁片在复位弹簧作用下返回到原位置，从而使得动触点和静触点释放，电动机停止工作。

继电器的分类方法很多：（1）按用途的不同，继电器可分为启动继电器、中间继电器、步进继电器、过载继电器、限时继电器以及温度继电器等；（2）按照动作时间的不同，继电器可分为快速继电器（动作时间小于 50ms）、标准继电器（动作时间 50ms～1s）和延时继电器（动作时间大于 1s）；（3）按照功率的不同，继电器可分为小功率继电器（功率 25W 以下）、中功率继电器（功率 25～100W）和大功率继电器（功率 100W 以上）。图 3.1-21 给出了电路中常用的两种继电器。

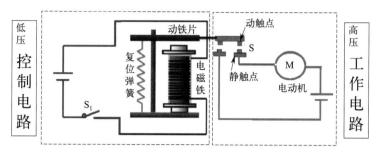

图 3.1-20　电磁继电器的工作原理

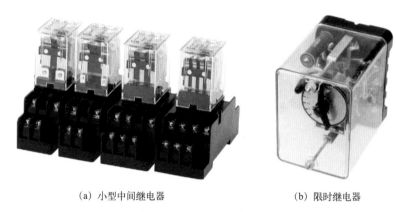

（a）小型中间继电器　　　　　　　　（b）限时继电器

图 3.1-21　常用的继电器

　　继电器的主要参数包括额定工作电压、直流电阻、吸合电流、释放电流、触点切换电压以及触点负载电流：（1）额定工作电压是指继电器正常工作时线圈所需要的电压；（2）直流电阻是指继电器中线圈的直流电阻；（3）吸合电流是指继电器能够产生吸合动作的最小电流；（4）释放电流是指继电器产生释放动作的最大电流；（5）触点切换电压和触点负载电流是指继电器允许加载的电压和电流，决定了继电器能控制电压和电流的大小。

3.2　电路基础

3.2.1　直流电路

　　在直流电路中，电感相当于导线，电容相当于断路。因此，直流电路只关注由电源和电阻组成的电路。如图 3.2-1 所示，含有电感和电容的直流电路可进行简化。

　　基尔霍夫定律是电路中电压和电流所遵循的基本规律，适用于由任何种类元器件组成的电路，包括电流定律和电压定律。为了描述基尔霍夫定律，需要介绍支路、节点和回路的概念：（1）一个元器件就是一条支路，我们常将多个串联的元器件视为一条支路，图 3.2-2 中的 a-R_1-R_2-b、a-R_3-R_4-b 和 b-R_5-BAT_1-a 分别为三条支路；（2）两条以上支路的连接点称为节点，图 3.2-2 中的 a 和 b 均为节点；（3）回路是指由一个或多个支路构成的闭合路径，图 3.2-2 中的 a-R_1-R_2-b-R_5-BAT_1-a、a-R_3-R_4-b-R_5-BAT_1-a 和 a-R_3-R_4-b-R_2-R_1-a 分别为三条回路。基尔霍夫电流定律（KCL）的内容是：对于电路中任一节点，

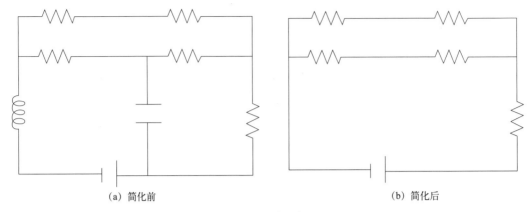

(a) 简化前　　　　　　　　　　　　　　　(b) 简化后

图 3.2-1　电路通直流电

在任意时刻流入节点的电流代数和恒等于 0。KCL 的公式为：

$$\sum_{i=1}^{m} I_i = 0 \tag{3.2-1}$$

式中，I_i 表示第 i 条支路的电流，I_i 指向节点时取正，I_i 背离节点时取负；m 表示与当前节点相连支路的数量。以图 3.2-2 的节点 a 为例，KCL 的具体公式为：

$$-I_1 + I_2 + I_3 = 0 \tag{3.2-2}$$

基尔霍夫电压定律（KVL）的内容是：任意时刻，沿任一回路绕行一周，回路中的各段电压代数和等于 0。KVL 的公式为：

$$\sum_{j=1}^{n} U_j = 0 \tag{3.2-3}$$

式中，U_j 表示元器件 j 的电压，U_j 与设定电流的参考方向一致时取正，U_j 与设定电流的参考方向不一致时取负；n 表示当前回路包含元器件的数量。以图 3.2-2 的回路 a-R_1-R_2-b-R_5-BAT$_1$-a 为例，KVL 的具体公式为：

$$U_1 + U_2 + U_5 - U_{BAT1} = 0 \tag{3.2-4}$$

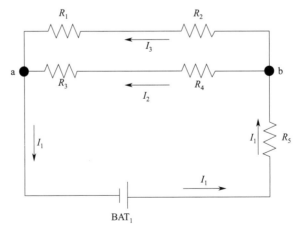

图 3.2-2　节点、支路和回路的概念

当电路过于复杂时，常采用支路电流法进行分析。对于含有 m 个节点和 n 条支路的电路而言，支路电流法的具体步骤为：（1）选定 $m-1$ 个独立节点，列写 KCL 方程；（2）选定 $n-m+1$ 个独立回路，列写 KVL 方程；（3）联合 KCL 和 KVL 方程，求解各支路的电流。

在实际应用中，一个电路中常常存在多个电源的情况，这时可以利用叠加定律。叠加定律的内容是：在任一具有唯一解的线性电路中，任一支路的电流或电压为每一独立电源单独作用于电路时所产生的电流或电压的叠加。应用叠加定律时，常需要将某个或者某几个电源置零：（1）电压源需要置零时，采用短路代替；（2）电流源需要置零时，采用断路代替。

3.2.2　交流电路

任意一个交流电压信号可以通过傅里叶变换分解为若干不同频率的正弦电压信号。在电路中，按正弦规律变化的电压或电流统称为正弦量 $I(t)$，正弦量的数学表达式为：

$$I(t)=I_m\sin(\omega t+\psi_i) \tag{3.2-5}$$

式中，I_m 代表正弦量的振幅；ω 表示正弦量的角频率；$\omega t+\psi_i$ 表示正弦量的相位；ψ_i 表示正弦量的初相位；I_m、ω 和 ψ_i 称为正弦量的三要素。此外，有效值 I_{eff} 也是正弦量常用的要素，用来表征正弦量的做功能力。正弦量的有效值 I_{eff} 等于 $I_m/\sqrt{2}$。

对于任意一个角频率不变的正弦稳态电路而言，所有的正弦量都是同频率的。因此，在正弦稳态电路的分析中，可以忽略角频率 ω 这一要素，仅利用有效值 I_{eff} 和初相位 ψ_i 这两个要素。根据欧拉公式 $e^{j\theta}=\cos\theta+j\sin\theta$，公式 3.2-5 可写成复数形式为：

$$\begin{aligned}
I(t)&=\sqrt{2}\,I_{eff}\sin(\omega t+\psi_i)\\
&=\mathrm{Im}[\sqrt{2}\,I_{eff}\cos(\omega t+\psi_i)+j\sqrt{2}\,I_{eff}\sin(\omega t+\psi_i)]\\
&=\mathrm{Im}[\sqrt{2}\,I_{eff}e^{j(\omega t+\psi_i)}]\\
&=\mathrm{Im}[\sqrt{2}\,I_{eff}e^{j\psi_i}e^{j\omega t}]\\
&=\mathrm{Im}[\sqrt{2}\,I_{eff}e^{j\psi_i}e^{j\omega t}]\\
&=\mathrm{Im}[\sqrt{2}\,\dot{I}e^{j\omega t}]
\end{aligned} \tag{3.2-6}$$

式中，$\mathrm{Im}[\cdot]$ 表示复数的虚部；$\dot{I}=I_{eff}e^{j\psi_i}$ 称为正弦量对应的有效值相量，包含有效值 I_{eff} 和初相位 ψ_i 两个要素。在确定的频率 ω 情况下，相量 $\dot{I}=I_{eff}e^{j\psi_i}$ 与正弦量 $I(t)$ 之间有着一一对应的关系，这也意味着相量 $\dot{I}$ 和正弦量 $I(t)$ 可以相互转换且等价。不同的是，正弦量是时间域的概念，而相量是频域的概念。

下面将以相量形式对电阻、电容和电感的物理规律进行表达。对于电阻而言，根据欧姆定律有：

$$\begin{aligned}
U(t)&=RI(t)\\
&=\sqrt{2}RI_{eff}\sin(\omega t+\psi_i)\\
&=\sqrt{2}U_{eff}\sin(\omega t+\psi_u)
\end{aligned} \tag{3.2-7}$$

由公式 3.2-7 可知，对于电阻两端电压 U 对应的相量 $\dot{U}$ 而言，有效值 U_{eff} 和初相位 ψ_u 分别为 RI_{eff} 和 ψ_i，这意味着电阻两端电压的有效值等于电流有效值与电阻的乘积，电阻两端电压的初相位和电流的初相位相等，可得公式：

$$\dot{U}=U_{\mathrm{eff}}\mathrm{e}^{j\psi_{\mathrm{u}}}=RI_{\mathrm{eff}}\mathrm{e}^{j\psi_{\mathrm{i}}}=R\dot{I} \tag{3.2-8}$$

对于电感而言，根据电磁感应定律有：

$$\begin{aligned}
U(t) &= L\frac{\mathrm{d}I(t)}{\mathrm{d}t}\\
&= L\frac{\mathrm{d}(\sqrt{2}\,I_{\mathrm{eff}}\sin(\omega t+\psi_{\mathrm{i}}))}{\mathrm{d}t}\\
&= \sqrt{2}\,\omega L I_{\mathrm{eff}}\sin(\omega t+\psi_{\mathrm{i}}+\pi/2)\\
&= \sqrt{2}\,U_{\mathrm{eff}}\sin(\omega t+\psi_{\mathrm{u}})
\end{aligned} \tag{3.2-9}$$

由公式 3.2-9 可知，电感两端电压 U 对应的相量 $\dot{U}$ 的有效值 U_{eff} 和初相位 ψ_{u} 分别为 $\omega L I_{\mathrm{eff}}$ 和 $\psi_{\mathrm{i}}+\pi/2$，这意味着电感两端电压的有效值等于电流有效值与 ωL 的乘积，电感两端电压的初相位领先电流的初相位 $\pi/2$，可得公式：

$$\dot{U}=U_{\mathrm{eff}}\mathrm{e}^{j\psi_{\mathrm{u}}}=\omega L I_{\mathrm{eff}}\mathrm{e}^{j(\psi_{\mathrm{i}}+\pi/2)}=j\omega L\dot{I}=jX_{\mathrm{L}}\dot{I} \tag{3.2-10}$$

式中，jX_{L} 表示感抗，单位为 Ω。感抗可以反映电感对正弦交流电的阻碍作用：（1）当角频率 ω 的频率等于 0 时，感抗为零，电感相当于短路；（2）当角频率 ω 的频率越大，感抗越大，电感对交流电的阻碍作用越强。对于电容而言，

$$\begin{aligned}
I(t) &= C\frac{\mathrm{d}U(t)}{\mathrm{d}t}\\
&= C\frac{\mathrm{d}(\sqrt{2}\,U_{\mathrm{eff}}\sin(\omega t+\psi_{\mathrm{u}}))}{\mathrm{d}t}\\
&= \sqrt{2}\,\omega C U_{\mathrm{eff}}\sin(\omega t+\psi_{\mathrm{u}}+\pi/2)\\
&= \sqrt{2}\,I_{\mathrm{eff}}\sin(\omega t+\psi_{\mathrm{i}})
\end{aligned} \tag{3.2-11}$$

由公式 3.2-11 可得，电容两端电压的对应的相量 $\dot{U}$ 的有效值 U_{eff} 和初相位 ψ_{u} 分别为 $I_{\mathrm{eff}}/(\omega C)$ 和 $\psi_{\mathrm{i}}-\pi/2$，这意味着电容两端电压的有效值等于电流有效值与 $1/(\omega C)$ 的乘积，电容两端电压的初相位落后电流的初相位 $\pi/2$，可得公式：

$$\dot{U}=U_{\mathrm{eff}}\mathrm{e}^{j\psi_{\mathrm{u}}}=\frac{I_{\mathrm{eff}}}{\omega C}\mathrm{e}^{j(\psi_{\mathrm{i}}-\pi/2)}=-j\frac{I_{\mathrm{eff}}}{\omega C}\mathrm{e}^{j\psi_{\mathrm{i}}}=-j\frac{1}{\omega C}\dot{I}=-jX_{\mathrm{C}}\dot{I} \tag{3.2-12}$$

式中，$-jX_{\mathrm{C}}$ 表示容抗，单位为 Ω。容抗可以反映电容对正弦交流电的阻碍作用：（1）当角频率 ω 的频率等于 0 时，容抗为无穷大，电容相当于短路；（2）当角频率 ω 的频率越大，容抗越小，电容对交流电的阻碍作用越弱。

通过上文可知，采用相量形式可以对电阻、电容和电感的物理规律进行统一描述：

$$\dot{I}=\dot{U}/Z \tag{3.2-13}$$

式中，$Z=\|Z\|\mathrm{e}^{j\psi}$ 表示复阻抗，复阻抗的模 $\|Z\|$ 表征着电阻、电容和电感等元器件对电流阻碍作用的大小，复阻抗的幅角 ψ 表征着电压与电流相位差的大小。相量形式的基尔霍夫定律表示为：

$$\sum_{i=1}^{m}\dot{I}_i=0 \tag{3.2-14}$$

$$\sum_{j=1}^{n} \dot{U}_j = 0 \tag{3.2-15}$$

对于交流电路，采用相量法进行分析，具体步骤为：（1）将电阻、电感、电容统一用复阻抗进行表示；（2）采用相量形式的基尔霍夫电流定律对节点和回路建立方程；（3）联合方程，求解各支路的电流。

3.3 模拟电路

模拟信号是指在时间和数值上均具有连续性的信号，例如正弦波信号。对模拟信号进行传输、变换、放大、测量等处理的电路称为模拟电路。对于建筑机器人而言，模拟电路主要包括滤波电路、放大电路、电源电路和振荡电路等。

3.3.1 滤波电路

滤波电路是一种允许一定频率的信号通过而阻止或衰减其他频率信号的电路，能通过的频率构成滤波电路的通带，而被衰减的频率则构成滤波电路的阻带。按照通带和阻带在频域内的位置，滤波电路分为低通、高通、带通和带阻。通常，滤波电路由电阻、电容和电感等元器件组成，其利用电容通高频阻低频和电感通低频阻高频的原理来实现滤波功能。

1. 低通滤波电路

低通滤波电路是一种允许低频信号通过而阻止或衰减高频信号的电路。图 3.3-1(a) 给出由电感 L 和电容 C 组成的 LC 低通滤波电路，其工作原理为：（1）输入信号 U_i 包括高频信号和低频信号；（2）高频信号经过电感 L 后被转换成磁能和热能，剩余的高频信号再通过电容 C 接地被滤除；（3）低频信号可通过电感 L，却被电容 C 阻止；（4）被电容 C 阻止的低频信号即为输出信号 U_o。

以上是对 LC 低通滤波电路进行定性分析，还需要按照 3.2.2 的相量法对 LC 低通滤波电路进行定量分析。LC 滤波电路的复阻抗 Z 为：

$$Z = jX_L - j\frac{1}{\omega C} \tag{3.3-1}$$

当滤波电路的输入电压为 $\dot{U}_i$ 时，电路中的电流 $\dot{I}$ 为：

$$\dot{I} = \dot{U}_i / (jX_L - j\frac{1}{\omega C}) \tag{3.3-2}$$

滤波电路的输出电压 $\dot{U}_o$ 可表达为：

$$\dot{U}_o = \dot{U}_i - jX_L \dot{I} \tag{3.3-3}$$

联合公式 3.3-1～公式 3.2-3 就可以求得 $\dot{U}_i$。值得说明的是，$\dot{U}_i$ 是随着输入电压的频率变化而变化的，这种称为电路的频率特性，又称频率响应。通常，利用输出电压和输入电压的比值 $\dot{H}(j\omega)$ 来描述电路的频率特性：

$$\dot{H}(j\omega) = \frac{\dot{U}_{\mathrm{o}}(j\omega)}{\dot{U}_{\mathrm{i}}(j\omega)} \tag{3.3-4}$$

$\dot{H}(j\omega)$ 的模 $\|\dot{H}(j\omega)\|$ 代表着输入电压幅值与输出电压幅值的比值，模与频率的关系称为幅频特性；$\dot{H}(j\omega)$ 的幅角表示输入电压与输出电压的相位差（相移），幅角与频率的关系称为相频特性。在工程应用中，把 $\|\dot{H}(j\omega)\|$ 等于 0.707 处的频率记为 ω_{c}，$\|\dot{H}(j\omega)\|$ 大于 0.707 的频率区为导通区，$\|\dot{H}(j\omega)\|$ 小于 0.707 的频率区为截止区。图 3.3-1（b）给出了 LC 低通滤波电路的幅频特性，从图可以看出，高频信号通过电路后衰减严重，低频信号通过电路后衰减较小。

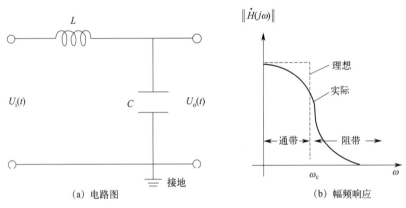

图 3.3-1　低通滤波电路

2. 高通滤波电路

高通滤波电路是一种允许高频信号通过而阻止或衰减低频信号的电路。图 3.3-2（a）给出了由电阻 R 和电感 L 组成的 RL 高通滤波电路，其工作原理为：（1）输入信号 U_{i} 包括高频信号和低频信号；（2）低频信号通过电感 L 接地被滤除，而高频信号被电感 L 阻止；（3）被电感 L 阻止的高频信号即为输出信号 U_{o}。图 3.3-2（b）给出了 RL 高通滤波电路的幅频特性，从图可以看出，低频频信号通过电路后衰减严重，高频信号通过电路后衰减较小。

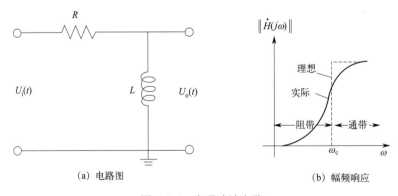

图 3.3-2　高通滤波电路

3. 带通滤波电路与带阻滤波电路

带通滤波电路是一种仅允许特定频率信号通过而阻止或衰减其余频率信号的电路，带阻滤波电路是一种允许大多数频率信号通过而阻止或衰减特定频率信号的电路。图 3.3-3（a）和图 3.3-4(a)分别给出了由电阻R、电感L和电容C组成的RLC带通滤波电路和带阻滤波电路。同样地，采用相量法对带通/带阻滤波电路进行分析，得到相应的幅频特性〔图 3.3-3(b)和图 3.3-4(b)〕。

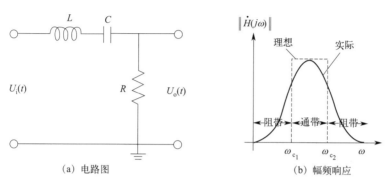

(a) 电路图   (b) 幅频响应

图 3.3-3 带通滤波电路

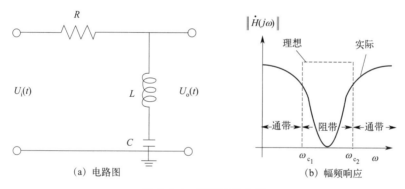

(a) 电路图   (b) 幅频响应

图 3.3-4 带阻滤波电路

3.3.2 放大电路

放大电路是电子设备中最基本的单元电路，其作用是将一个微弱的交流小信号放大为波形相似的交流大信号。通常，放大电路由三极管或场效应管、电阻、电源、电容、负载等构成。放大电路存在两种电源：(1) 一种为直流电源，其作用是为电路提供能量，使三极管或场效应管具备放大条件；(2) 一种为交流电源，其作用是携带需要放大的信号。放大电路包括静态和动态：(1) 静态是指电路无交流信号输入，电流和电压时刻保持稳定；(2) 动态是指电路有交流信号输入，电流和电压时刻变化。放大电路的静态至关重要，直接决定了三极管或场效应管是否能够稳定地工作在放大区。静态和动态密不可分，动态驮载在静态之上，电路分析应遵循先静态后动态的原则。

共射是放大电路中应用最广泛的三极管接法，所谓的共射是指三极管的发射极为共同接地端。图 3.3-5(a) 给出了共射极放大电路，该电路包含基极偏置电阻R_b、集电极负载电阻R_c、隔直耦合电容C_1和隔直耦合电容C_2。当放大电路处于静态时〔图 3.3-5(b)〕，直流电源在电路中产生基极偏置电流 I_B、集电极电流 I_C 和发射极电流 I_E。$I_B=(V_{cc}-U_{be})/R_b$，由于基极和发射极之间的压降 U_{be} 取值为 $0.6\sim0.7V$，因此 $I_B\approx V_{cc}/R_b$。根据三极管特性可知，$I_C=\beta I_B$。实际电路设计时，需要合理设计电阻 R_b 和 R_c，以得到合理的 I_B 和 I_C，从而确保三极管处于放大状态。当放大电路处于动态时[图 3.3-5(c)]，交流电源在电路中产生额外的基极电流 I_{Be}，由 I_{Be} 引起输出电压的变化量为 $-\beta I_{Be}R_c$，这就是放大电路的工作原理。

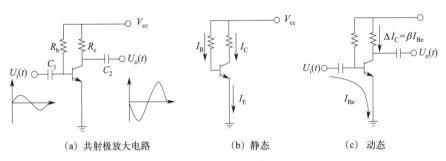

(a) 共射极放大电路　　　(b) 静态　　　(c) 动态

图 3.3-5　放大电路组成与分析

在实际应用中，直接采用运算放大器对信号进行放大，以便简化电路设计。运算放大器是一种具有很高放大倍数的集成电路，是将电阻、电容、二极管、三极管等集成在一小块半导体基片上的完整电路（图 3.3-6）。运算放大器可对输入信号进行加、减、微分和积分等数学运算，因早期应用于模拟计算机的数学运算，故得名"运算放大器"。如图 3.3-7（a）所示，运算放大器具有一个同相输入端、一个反相输入端、两个直流电源引脚（正极和负极）以及一个输出端。为了简化电路，直流电源的正、负极经常被忽略。运算放大器的等效电路见图 3.3-7(b)：（1）等效电压源的电压等于输入端电压差的 A_{uo} 倍；（2）放大倍数 A_{uo} 一般在 10^8 以上；（3）输入阻抗 R_i 一般在 $10M\Omega$ 以上；（4）输出阻抗 R_o 一般在 100Ω 以下，可忽略不计。常用的运算放大器包括单运算放大器、双运算放大器和四运算放大器等，单/双运算放大器的内部结构见图 3.3-8。

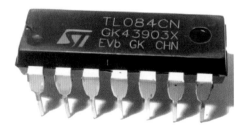

(a) 贴片式运算放大器　　　(b) 直插式运算放大器

图 3.3-6　集成运算放大器的实物图

通用型运算放大器的工作原理很简单：（1）如果反相输入端电压 $U_i^-(t)$ 比同相输入端电压 $U_i^+(t)$ 高，则输出端的电压将趋于电源负极 $-V_{cc}$；（2）如果反相输入端电压 $U_i^-(t)$ 比同相输入端电压 $U_i^+(t)$ 低，则输出端的电压将趋于电源正极 $+V_{cc}$。一个现实的问题是如何基于通用型运算放大器进行电路设计，以满足各种场景的需求。为此，科学家提出利用负反馈实现不同功能、不同性能的运算放大器。负反馈是指将运算放大器输出端的信号

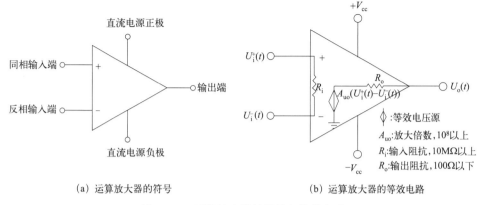

（a）运算放大器的符号　　　　　　（b）运算放大器的等效电路

图 3.3-7　运算放大器的符号与等效电路

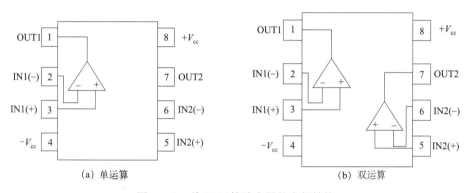

（a）单运算　　　　　　　　　　（b）双运算

图 3.3-8　单/双运算放大器的内部结构

通过反馈网络连接到反相输入端，反馈网络可以是一根导线、一个电阻、一个电容或者一个复杂电路。引入负反馈后，运算放大器的功能和性能即可得到控制，这将电路设计的主动权交到了设计者手上，从而实现放大器生产与电路设计之间的解耦。

带负反馈的运算放大器具有两个重要的特点：（1）一个是虚短，即同相输入端与反相输入端电压相等；（2）一个是虚断，即流进同相输入端、反相输入端的电流为零。运算放大器的放大倍数 A_{uo} 很大，一般在 10^8 以上；而运算放大器的输出电压是有限的，最大为 V_{cc}，一般在 $10\sim14\text{V}$。因此，运算放大器输入端的电压差应小于 V_{cc}/A_{uo}，远小于 1mV，相当于两输入端短路，但又不是真正的短路，故称为"虚短"[图 3.3-9（a）]。运算放大器的输入阻抗 R_i 很大，一般在 $10\text{M}\Omega$ 以上。因此，流入运算放大器输入端的电流 I 往往不足 $1\mu\text{A}$，相当于两输入端断开，但又不是真正的断开，故称为"虚断"[图 3.3-9（b）]。通过使用虚短和虚断，可以简化运算放大电路的分析，帮助理解电路的基本工作原理。值得注意的是，虚短和虚断仅适用于带负反馈的运算放大器。

以图 3.3-10 所示的负反馈电路为例，介绍虚短和虚断用于分析运算放大电路：（1）根据虚短的原则，$U_a = U_b$；（2）根据虚断的原则，电压 $U_a = U_i^+(t) - I_a R_0 = U_i^+(t)$，电压 $U_b = U_o R_1/(R_1 + R_2)$；（3）结合虚短和虚断，可得运算放大器的输出端电压 $U_o = U_i^+(t)(1 + R_2/R_1)$。图 3.3-11 给出了加法器、减法器、微分器和积分器的电路，同样可利用虚短和虚断对电路进行分析。

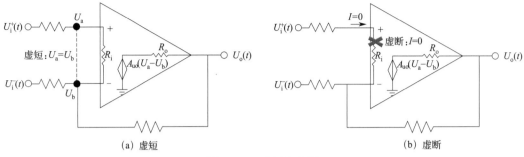

图 3.3-9 虚短和虚断

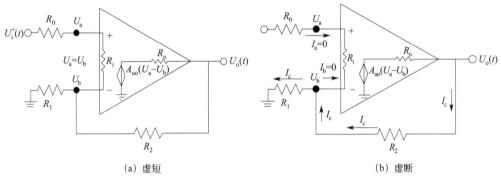

图 3.3-10 运算放大电路的分析

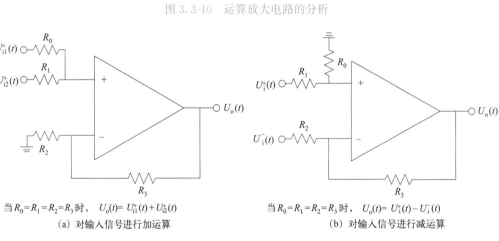

当 $R_0=R_1=R_2=R_3$ 时， $U_o(t)= U_{i1}^+(t)+U_{i2}^+(t)$

(a) 对输入信号进行加运算

当 $R_0=R_1=R_2=R_3$ 时， $U_o(t)= U_i^+(t)-U_i^-(t)$

(b) 对输入信号进行减运算

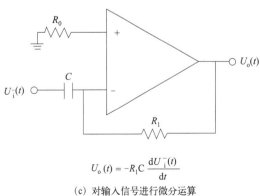

$$U_o(t) = -R_1C\frac{dU_i^-(t)}{dt}$$

(c) 对输入信号进行微分运算

$$U_o(t)=-\frac{1}{R_1C}\int_0^t U_i^-(t)\,dt + u_C(0)$$

(d) 对输入信号进行积分运算

图 3.3-11 运算放大器

3.3.3 电源电路

电源电路是基础，每一个建筑机器人都有一个为其供给能量的电源电路。常用的电源电路包括稳压电路、整流电路、开关电源电路等。

1. 稳压电路

稳压电路是指在输入电压波动或负载（用电设备）发生改变时仍能保持输出电压基本不变的电源电路。稳压电路种类很多，目前市面上有数百种集成稳压器。稳压二极管利用二极管反向击穿时端电压不变的原理来实现稳压限幅、过载保护，图 3.3-12 给出了利用稳压二极管作为核心元器件构成的稳压电路，其工作原理为：（1）当负载电流 I_L 不变和输入电压 U_i 变高时，输出电压 U_o 随着电压 U_i 变高而略升高，稳压管的工作电流 I_D 将增大，使得流过限流电阻 R 的电流 I_R 也增大，电阻 R 上的电压降 U_R 也增大，进而输出电压 $U_o=U_i-U_R$ 降低，从而保证输出电压基本不变；（2）当输入电压 U_i 不变和负载电流 I_L 变大时，电阻 R 上的电压降 U_R 随着负载电流 I_L 变大而增大，输出电压 $U_o=U_i-U_R$ 略降低，稳压管的工作电流 I_D 将减小，从而保证流过限流电阻 R 的电流 I_R 基本不变。稳压二极管构成的稳压电路的优点是电路简单、稳压效果好，但输出电压值不能调整、输出电流小。

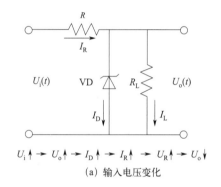 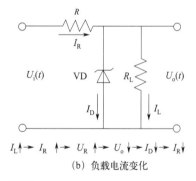

(a) 输入电压变化 (b) 负载电流变化

图 3.3-12 稳压电路

2. 整流电路

整流电路的作用是将交流电压（电流）变换为单向脉动直流电压（电流）。整流二极管具有明显的单向导电性，图 3.3-13 给出了利用整流二极管作为核心元器件构成的桥式整流电路，其工作原理为：（1）当输入电压 U_i 为正半周时，整流二极管 VD_1 和 VD_3 因正向偏置而导通，整流二极管 VD_2 和 VD_4 因反向偏置而截止，电流从电源正极流出，经 VD_1、R_L 和 VD_3 回到电源负极，在负载 R_L 上形成"上正下负"的电压；（2）当输入电压 U_i 为负半周时，整流二极管 VD_2 和 VD_4 因正向偏置而导通，整流二极管 VD_1 和 VD_3 因反向偏置而截止，电流从电源负极流出，经 VD_2、R_L 和 VD_4 回到电源正极，在负载 R_L 上仍形成"上正下负"的电压。

3. 开关电源电路

开关电源是用半导体开关管（三极管或场效应管）作为开关，通过控制开关管开通和关断的时间比率，维持稳定输出电压的一种电源。开关电源电路可分为交流转直流（AC-DC）和直流转直流（DC-DC），也可分为降压式（Buck）和升压式（Boost）。

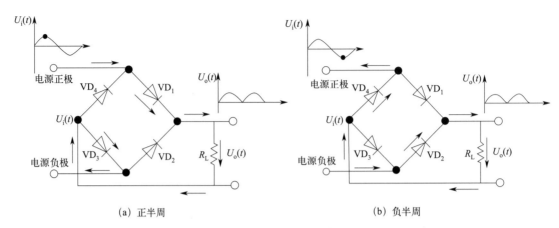

(a) 正半周　　　　　　　　　　　　　　　(b) 负半周

图 3.3-13　整流电路

对于建筑机器人而言，常用的开关电源电路为降压式直流转直流。图 3.3-14 给出了降压式直流转直流电路，其工作原理为：（1）采用 PWM 驱动信号对开关管 Q 进行控制，PWM 是由控制器发出的脉冲宽度调制信号；（2）当 PWM 信号为高电平时，开关管 Q 导通，二极管 VD 因反向偏置而截止，输入电源 U_i 通过储能电感 L 对电容 C 进行充电，电能储存在电感 L 和电容 C 的同时也为外接负载 R 提供电能；（3）当 PWM 信号为低电平时，Q 关断，二极管 VD 因正向偏置而导通，电感 L、负载 R 和二极管 VD 形成回路，电感 L 和电容 C 将储存的电能提供给负载 R。记一周期内高电平和低电平的时长分别为 T_H 和 T_L，根据电感在一个周期内储存电能和释放电能相等：

$$T_H(U_i-U_o)=T_L U_o \tag{3.3-5}$$

式中，U_i-U_o 为电感储存电能时两端电压；U_o 为电感释放电能时两端电压。由公式 3.3-5 可得，$U_o=T_L U_i/(T_H+T_L)$，$T_L/(T_H+T_L)$ 被称为占空比。因此，降压式直流转直流电路利用开关管的通断将输入的恒定电压 U_i 变为与占空比有关的输出电压 U_o。

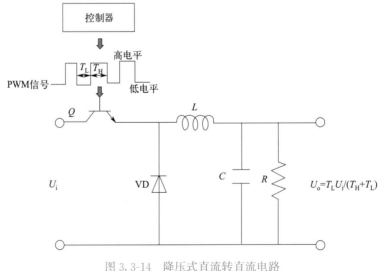

图 3.3-14　降压式直流转直流电路

图 3.3-15 给出了降压式直流转直流电路的应用示例：（1）24V 的锂电池直接给伺服电机供应电能；（2）24V 电压经过一级降压转换为 5V 电压，5V 电压为传感器和继电器供应电能；（3）5V 电压经过二级降压转换为 3.3V 电压，3.3V 电压可为微控制器、电机驱动等供应电能。

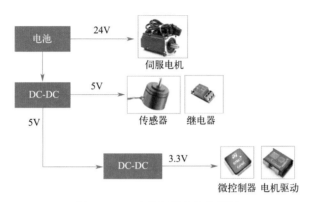

图 3.3-15　建筑机器人的电源树

3.3.4　振荡电路

每个电子设备都有振荡器，它就好比电路的心脏。目前，常见的振荡器包括 RC 振荡器、LC 振荡器和晶体振荡器。由振荡器构成的电路称作振荡电路，它能产生所需形状、频率和幅值的周期性波形（图 3.3-16），用于驱动其他电路。例如，振荡电路产生的方波可以用于数字电路的时钟信号，驱动逻辑运算。

（a）脉冲波　　　　　　　　　　　（b）正弦波

图 3.3-16　振荡电路产生的波形

下面以 RC 正弦振荡电路为例，对振荡电路的工作原理进行简要介绍。如图 3.3-17 所示，RC 正弦振荡电路包括带负反馈的放大电路和选频网络两部分，选频网络包括两部分：（1）一部分是由电阻 R_1 和电容 C_1 组成串联选频网络，（2）一部分是由电阻 R_2 和电容 C_2 组成并联选频网络。此外，选频网络又充当放大电路的正反馈。首先，对带负反馈的放大电路进行分析。根据 3.3.2 节可知，信号 U_i 经过运算放大器后放大 $1+R_3/R_4$ 倍，但相位保持不变，即 $U_o=U_i(1+R_3/R_4)$。然后，采用相量法对选频网络进行分析：

$$\dot{H}(j\omega)=\frac{\dot{U}_i(j\omega)}{\dot{U}_o(j\omega)}=\frac{Z_2}{Z_1+Z_2}=\frac{1}{3+j(\omega/\omega_o-\omega_o/\omega)} \tag{3.3-6}$$

式中，$\omega_o=1/(RC)$；R 表示电阻 R_1 和 R_2 的阻值；C 表示电容 C_1 和 C_2 的电容量；Z_1 表示 R_1 和 C_1 成串联选频网络的复阻抗；Z_2 表示 R_2 和 C_2 成并联选频网络的复阻抗。电路发生自激振荡应满足相位平衡条件，即 $\dot{H}(j\omega)$ 的幅角为零，从而得到 $\omega=\omega_o$，这意味

着仅频率为 ω_o 的信号能使电路发生振荡。$\|\dot{H}(j\omega_o)\|=1/3$，这意味着频率为 ω_o 的信号经过选频网络后衰减 3 倍。振荡电路的起振阶段应满足：

$$(1+R_3/R_4)\times|\dot{H}(j\omega_o)\|>1 \tag{3.3-7}$$

根据公式 3.3-7，可得 $R_3/R_4>2$。振荡电路的稳定阶段应满足：

$$(1+R_3/R_4)\times|\dot{H}(j\omega_o)\|=1 \tag{3.3-8}$$

根据公式 3.3-8，可得 $R_3/R_4=2$。那么，振荡电路是如何从起振阶段过渡到稳定阶段？一种方案是电阻 R_3 采用热敏电阻，R_3 的阻值随着温度的升高而降低，导致 R_3/R_4 逐渐降低为 2，从而实现振荡电路从起振到稳定的过渡。值得说明的是，图 3.3-17 所示的振荡电路是自激式的，振荡电路稳定输出频率为 ω_o 的信号是从噪声信号中筛选得到的，只要频率为 ω_o 的信号不断地被筛选和放大，其余频率的信号则被选频网络滤除。

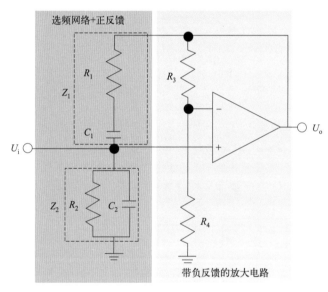

图 3.3-17　RC 正弦振荡电路

3.4　数字电路

机器人是通过控制器发出的数字信号实现各执行机构的控制。与模拟信号不同，数字信号在时间和数值上均具有离散性，例如开关的状态（开和关）、二极管的工作状态（导通和截止）。数字电路是一种传输、控制或变换数字信号的电路。根据逻辑功能的不同，数字电路可分为组合逻辑电路和时序逻辑电路：（1）组合逻辑电路在任何一个时刻的输出信号只取决于当时的输入信号；（2）时序逻辑电路在任何一个时刻的输出信号不仅取决于当时的输入信号，还与电路的原状态有关。

3.4.1　组合逻辑电路

在数字电路中，通常用高（H）、低（L）电平分别表示二值逻辑的真（1）和假（0）

两种状态。用于实现逻辑运算的电路称为门电路，常用的基本门电路包括与门、或门和非门。

与门是指能够实现与逻辑运算的门电路，与门的电路符号见图 3.4-1(a)，与门的关系式为：

$$Y=A \cdot B \tag{3.4-1}$$

式中，A 和 B 表示输入信号；Y 为输出信号。对于与门而言，只要输入信号中有一个"0"时，输出信号即为"0"。表 3.4-1 给出了与门的真值表，所谓的真值表是指反映输入信号和输出信号一一对应的表。

或门是指能够实现或逻辑运算的门电路，或门的电路符号见图 3.4-1(b)，或门的关系式为：

$$Y=A+B \tag{3.4-2}$$

对于或门而言，只要输入信号中有一个"1"时，输出信号即为"1"，表 3.4-2 给出了或门的真值表。

非门是指能够实现非逻辑运算的门电路，非门的电路符号见图 3.4-1(c)，非门的关系式为：

$$Y=\overline{A} \tag{3.4-3}$$

对于非门而言，输出信号总是与输入信号相反，表 3.4-3 给出了非门的真值表。下面以非门为例，介绍门电路的工作原理。如图 3.4-1(d) 所示，非门电路的工作原理为：（1）当输入信号为低电平"0"时，三极管处于截止状态，输出信号为高电平"1"；（2）当输入信号为高电平"1"时，三极管处于导通状态，输出信号为低电平"0"。

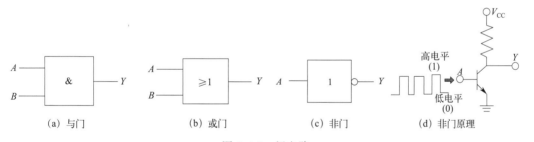

| (a) 与门 | (b) 或门 | (c) 非门 | (d) 非门原理 |

图 3.4-1　门电路

与门的真值表　　　　　　　　或门的真值表　　　　　　　　非门的真值表
表 3.4-1　　　　　　　　　　表 3.4-2　　　　　　　　　　表 3.4-3

输入		输出
A	B	Y
0	0	0
0	1	0
1	0	0
1	1	1

输入		输出
A	B	Y
0	0	0
0	1	1
1	0	1
1	1	1

输入	输出
A	Y
0	1
1	0

组合逻辑电路是将门电路进行连接组合，以实现输入和输出之间特定的逻辑关系。组

合逻辑电路包括分析和设计两部分：（1）组合逻辑电路分析是指根据给定的逻辑电路图，找出电路的逻辑功能；（2）组合逻辑电路设计是组合逻辑电路分析的逆过程，其任务是设计出符合某种逻辑功能的电路。

讲解组合逻辑电路分析和设计之前，我们需要具备一些逻辑代数相关的基础知识。逻辑代数的基本定律有：

（1）交换律：$A \cdot B = B \cdot A$，$A + B = B + A$

（2）结合律：$(AB)C = A(BC)$，$A + (B + C) = (A + B) + C$

（3）0-1律：$1 \cdot A = A$，$1 + A = 1$，$0 \cdot A = 0$，$0 + A = A$

（4）互补律：$A \cdot \overline{A} = 0$，$A + \overline{A} = 1$

（5）重叠律：$A \cdot A = A$，$A + A = A$

（6）还原律：$\overline{\overline{A}} = A$

（7）分配律：$A(B + C) = AB + AC$，$A + BC = (A + B)(A + C)$

（8）反演律：$\overline{A \cdot B} = \overline{A} + \overline{B}$，$\overline{A + B} = \overline{A} \cdot \overline{B}$

同一个逻辑函数可以有不同的表达式，表达式越简单，逻辑关系越明显，所用的门电路也越少。通常，采用卡诺图对逻辑函数进行简化，该方法具有简单、直观、方便的特点。图 3.4-2 给出了卡诺图的示例，卡诺图具有如下特点：（1）卡诺图的方格数量为 2^n，n 为变量数；（2）相邻方格的编号只有一个变量不同（格雷码），保证了相邻方格既是几何相邻又是逻辑相邻；（3）最左边方格与最右边方格是逻辑相邻；（4）最上边方格与最下边方格也是逻辑相邻。

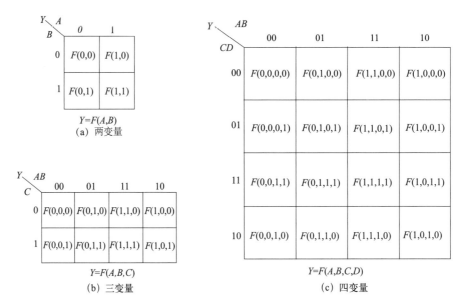

图 3.4-2 卡诺图

下面以 $Y = F(A, B, C, D) = \overline{AB} + A\overline{CD} + A\overline{B}D + AC\overline{D} + \overline{A}BCD$ 为例，分别采用逻辑代数的基本定律和卡诺图对逻辑函数 Y 进行简化。采用逻辑代数的基本定律对 Y 进行简化：

$$Y = F(A, B, C, D) = \overline{AB} + A\overline{CD} + A\overline{B}D + AC\overline{D} + \overline{A}BCD$$

$$=\overline{AB}(C+\overline{C})(D+\overline{D})+\overline{A}CD(B+\overline{B})$$
$$\quad+A\overline{B}D(C+\overline{C})+AC\overline{D}(B+\overline{B})+\overline{A}BC\overline{D} \qquad <互补律和 0\text{-}1\ 律>$$
$$=\overline{ABCD}+\overline{AB}C\overline{D}+\overline{A}B\overline{CD}+\overline{A}BC\overline{D}+A\overline{B}C\overline{D}+A\overline{BCD}$$
$$\quad+A\overline{B}CD+A\overline{B}\overline{C}D+ABC\overline{D}+A\overline{B}C\overline{D}+\overline{A}BC\overline{D} \qquad <分配律>$$
$$=\overline{ABCD}+\overline{AB}C\overline{D}+\overline{A}B\overline{CD}+\overline{A}BC\overline{D}+\overline{A}B\overline{C}D+A\overline{B}CD+A\overline{BCD}+ABC\overline{D}$$
$$\quad+A\overline{B}C\overline{D}+A\overline{B}\overline{C}D+AB\overline{C}D+A\overline{B}\overline{C}D+A\overline{B}C\overline{D}+\overline{A}BC\overline{D} \qquad <重叠律>$$
$$=(\overline{ABCD}+\overline{AB}C\overline{D}+\overline{A}B\overline{CD}+\overline{A}BC\overline{D}+A\overline{B}C\overline{D}+A\overline{B}\overline{C}D+A\overline{B}CD+A\overline{BCD})$$
$$\quad+(ABC\overline{D}+A\overline{B}C\overline{D}+AB\overline{C}D+A\overline{B}\overline{C}D)+(\overline{A}BC\overline{D}+\overline{A}BC\overline{D}) \qquad <结合律>$$
$$=\overline{B}+A\overline{D}+\overline{A}CD \qquad <互补律和 0\text{-}1\ 律> \tag{3.4-4}$$

采用卡诺图简化 Y 的步骤为：（1）画出逻辑函数 Y 的卡诺图，见图 3.4-3；（2）用矩形圈出方格中的 "1"，遵循的原则包括：①每个 "1" 方格都必须包含在某个圈中；② "1" 方格可以被重复圈；③每个圈尽可能大，但包含的 "1" 方格个数必须为 2 的整数次幂；④圈的总个数尽可能少；⑤每个圈中至少有一个其他圈未圈过的 "1" 方格；（3）写出逻辑函数的最简表达式 $Y=\overline{B}+A\overline{D}+\overline{A}CD$。根据上述对比分析可知，卡诺图简化逻辑函数是有效的、直观的和简便的。

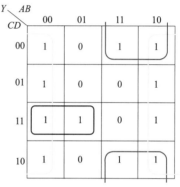

$Y=F(A,B,C,D)=\overline{AB}+A\overline{CD}+A\overline{B}D+AC\overline{D}+\overline{A}BCD$

图 3.4-3 卡诺图简化逻辑函数

掌握了逻辑代数相关的基础知识后，可以开始对组合逻辑电路进行分析和设计。下面以图 3.4-4 给出的逻辑电路图为例，介绍组合逻辑电路的分析，其步骤包括：（1）在逻辑电路图上标出各输出级 T_1、T_2、T_3、T_4、T_5、T_6 和 T_7；（2）写出各级输出的逻辑表达式，$T_1=AB$，$T_2=A+B$，$T_3=(A+B)C$，$T_4=A+B+C$，$T_5=ABC$，$Y_1=AB+AC+BC$，$T_6=\overline{AB+AC+BC}$，$T_7=\overline{AB}\,C+A\overline{BC}+AB\overline{C}$，$Y_2=\overline{A}\overline{B}C+\overline{A}B\overline{C}+A\overline{B}\,\overline{C}+ABC$；（3）列出真值表，见表 3.4-4；（4）分析电路功能：①变量取值多于或等于两个 1 时，Y_1 输出为 1，Y_1 可认为是三变量表决电路；②三个变量取值有奇数个 1 时，Y_2 输出为 1，Y_2 可认为是检验三位二进制码的奇偶性。

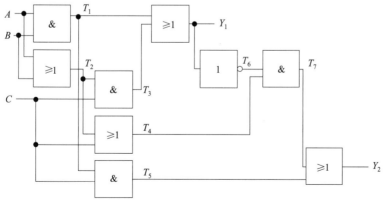

图 3.4-4 组合逻辑电路分析

对应图 3.4-4 的真值表 表 3.4-4

输入			输出	
A	B	C	Y_1	Y_2
0	0	0	0	0
0	0	1	0	1
0	1	0	0	1
0	1	1	1	0
1	0	0	0	0
1	0	1	1	0
1	1	0	1	0
1	1	1	1	1

下面以设计监视交通信号灯工作状态的逻辑电路为例，介绍组合逻辑电路的设计。一组交通信号灯包括红（R）、黄（H）和绿（G）三盏信号灯。交通信号灯正常工作时，只允许有一盏信号灯亮，否则为故障状态，需发出故障信号。逻辑电路设计的步骤为：（1）明确逻辑电路的输入信号，输入信号包括红灯的工作状态 R、黄灯的工作状态 H 和绿灯的工作状态 G，灯亮取值为 1，灯灭取值为 0；（2）明确逻辑电路的输出信号，输出信号 $Y=0$ 表示正常工作，输出信号 $Y=1$ 表示有故障；（3）根据功能需求，列出真值表，见表 3.4-5；（4）画出卡诺图，见图 3.4-5(a)；（5）根据卡诺图，得到逻辑函数的最简表示式 $Y=\overline{RHG}+RH+HG+RG$；（6）画出组合逻辑的电路图，见图 3.4-5(b)。

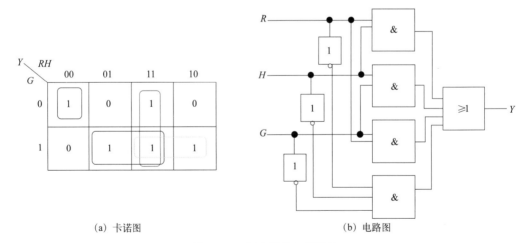

(a) 卡诺图　　　　　　　　　　(b) 电路图

图 3.4-5　组合逻辑电路设计

监视交通信号灯的真值表 表 3.4-5

输入			输出
R	H	G	Y
0	0	0	1
0	0	1	0
0	1	0	0

续表

输入			输出
R	H	G	Y
0	1	1	1
1	0	0	0
1	0	1	1
1	1	0	1
1	1	1	1

3.4.2　时序逻辑电路

不同于组合逻辑电路，时序逻辑电路中任意时刻的输出信号不仅取决于当前的输入信号，还与电路的原状态有关。一个典型的时序逻辑电路是施工升降机的控制电路，当施工升降机处于从下往上运行状态时，施工升降机只响应更高楼层的呼叫按键，而暂时忽略更低楼层的呼叫按键。图 3.4-6 给出了时序逻辑电路的基本结构，它包括两部分：（1）一部分是具有逻辑运算功能的组合电路；（2）一部分是能够记忆电路状态的存储电路。在图 3.4-6 中，X 为输入信号，Z 为输出信号，Q 为电路所处的状态，Y 为存储电路的激励信号。可采用输出方程、激励方程和状态方程对时序逻辑电路进行描述：

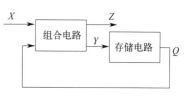

图 3.4-6　时序逻辑电路的基本结构

输出方程：
$$Z = g(X, Q^n) \tag{3.4-5}$$

激励方程：
$$Y = f(X, Q^n) \tag{3.4-6}$$

状态方程：
$$Q^{n+1} = h(Y, Q^n) \tag{3.4-7}$$

式中，Q^n 和 Q^{n+1} 分别表示状态 Q 的现态和次态，次态 Q^{n+1} 代表下一个时刻的电路状态；输出方程、激励方程和状态方程统称为特性方程。为了确保每个存储电路在同一时刻执行动作，每个存储电路均引入一个时钟脉冲作为控制信号，只有当时钟脉冲信号到达时，存储电路才会被触发执行。

JK 触发器是一种时钟脉冲信号触发且能够存储电路状态的器件，常用于时序逻辑电路的存储电路。图 3.4-7 给出了 JK 触发器的电路图、逻辑符号和状态转移图。状态转移图是以图形方式表达状态转移的条件和规律，圆圈内为状态取值，用箭头表示状态之间的转移，箭头由现态指向次态，线上注明的是状态转移条件或输出。JK 触发器的工作原理为：（1）当时钟信号 CLK=0 时，触发器状态保持不变；（2）当时钟信号 CLK=1 时，触发器状态根据输入信号 J 和 K 发生状态转移。JK 触发器的真值表和激励表分别见表 3.4-6 和表 3.4-7，激励表是一种列出已知状态转移和所需要的输入条件的表。根据卡诺图，可得 JK 触发器的状态方程为：

$$Q^{n+1} = J\overline{Q^n} + \overline{K}Q^n \tag{3.4-8}$$

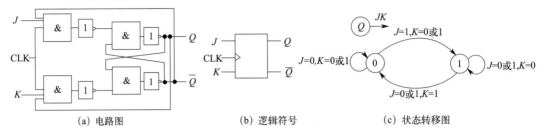

<table>
<tr><td>(a) 电路图</td><td>(b) 逻辑符号</td><td>(c) 状态转移图</td></tr>
</table>

图 3.4-7 JK 触发器

JK 触发器的真值表   表 3.4-6

J	K	Q^{n+1}
0	0	Q^n
0	1	0
1	0	1
1	1	$\overline{Q^n}$

JK 触发器的激励表   表 3.4-7

状态转移		激励输入	
$Q^n \to Q^{n+1}$		J	K
0	0	0	0 或 1
0	1	1	0 或 1
1	0	0 或 1	1
1	1	0 或 1	0

同样地，时序逻辑电路包括分析和设计两部分。下面以图 3.4-8(a) 给出的逻辑电路图为例，介绍时序逻辑电路的分析，其步骤包括：（1）写出特性方程，$J_1 = X$，$K_1 = \overline{XQ_2^n}$，$J_2 = XQ_1^n$，$K_2 = \overline{X}$，$Q_1^{n+1} = J_1\overline{Q_1^n} + \overline{K_1}Q_1^n = X\overline{Q_1^n} + XQ_1^nQ_2^n$，$Q_2^{n+1} = J_2\overline{Q_2^n} + \overline{K_2}Q_2^n = XQ_1^n\overline{Q_2^n} + XQ_2^n$，$Y = XQ_1^nQ_2^n$；（2）根据特性方程，得到电路的真值表，见表 3.4-8；（3）根据真值表，画出状态转移图，见图 3.4-8(b)；（4）由真值表和状态转移图，分析电路功能。可以看出，只要 $X=0$，无论电路原来处于何种状态，都将回到 00 状态，且 $Y=0$；只有连续输入 4 个或 4 个以上的 1 时，才能使 $Y=1$。因此，该时序逻辑电路可称为 1111 序列检测器。时序逻辑电路设计是时序逻辑电路分析的逆过程，其主要步骤为：（1）根据设计需求，确定真值表和状态转移图；（2）选择触发器；（3）根据真值表、状态转移图和触发器，得到特性方程；（4）根据特性方程，画出时序逻辑电路。

对应图 3.4-8（a）的真值表   表 3.4-8

X	Q_1^n	Q_2^n	Q_1^{n+1}	Q_2^{n+1}	Y
0	0	0	0	0	0
0	1	0	0	0	0
0	0	1	0	0	0
0	1	1	0	0	0
1	0	0	1	0	0
1	1	0	0	1	0
1	0	1	1	1	0
1	1	1	1	1	1

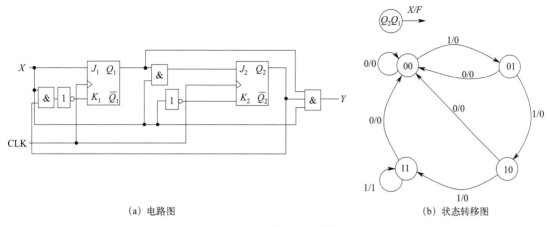

(a) 电路图　　　　　　　　　　　　　(b) 状态转移图

图 3.4-8　时序逻辑电路分析

3.5　数-模转换

数字信号比模拟信号具有更强的抗干扰能力，存储和处理也更方便。因此，在现代控制、通信等领域中，对信号的处理无不广泛地采用数字计算技术。由于信号的来源通常是模拟信号（声音、温度、速度、力等），要使计算机能处理这些信号，必须首先将这些模拟信号转换为数字信号。此外，经过计算机处理后的数字信号也往往需要转换为相应的模拟信号后才能驱动执行机构。因此，需要一种能在模拟信号和数字信号之间起接口作用的电路，即数模转换电路（DAC，Digital to Analog Converter）和模数转换电路（ADC，Analog to Digital Converter）。图 3.5-1 给出了 DAC 和 ADC 的应用案例，具体表现为：（1）麦克风（传感器）对外界的音频模拟信号进行采集；（2）采集到的音频模拟信号经过放大电路和带通滤波电路后到达 ADC 模块；（3）ADC 模块将音频模拟信号变为音频数字信号；（4）计算机对音频数字信号进行处理，例如添加背景音乐、改变声色等；（5）DAC 模块将处理后的音频数字信号转换为音频模拟信号；（6）音频模拟信号经过带通滤波电路和放大电路后到达扬声器；（7）音频模拟信号驱动扬声器，扬声器对外播放音频。

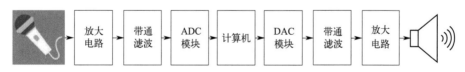

图 3.5-1　数-模转换的应用案例

3.5.1　数模转换

图 3.5-2 给出了权电阻型的数模转换电路，该电路包括运算放大器、开关 $S_1 \sim S_4$ 和电阻。输入的数字信号为 $X_4 X_3 X_2 X_1$，从高位到低位的 X_4、X_3、X_2、X_1 数分别控制模拟开关 S_4、S_3、S_2、S_1。$X_i = 0$ 时，模拟开关 S_i 接到"0"位置；$X_i = 1$ 时，模拟开关 S_i 接到"1"位置。由于电路中的运算放大器为负反馈型，由虚短原则可知，运算放大

器的反相输入端和同相输入端电压相等且均为 0V。因此，无论开关 $S_1 \sim S_4$ 是否闭合，电路的电阻网络均等效为图 3.5-3。由运算放大器的原理可知，输出的模拟信号 U_o 可表达为：

$$U_o = -\frac{U_{ref}}{2^4}(X_4 2^3 + X_3 2^2 + X_2 2^1 + X_1 2^0) \tag{3.5-1}$$

式中，$U_{ref}/2^4$ 称为基准电压；分母 2^4 中的 "4" 为数字信号的位数；分子括号中是二进制的数字信号按权展开的十进制数。

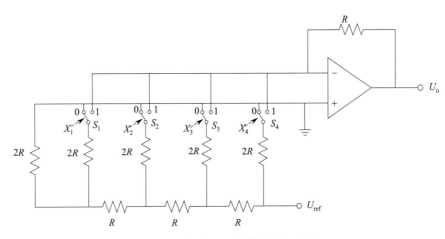

图 3.5-2　权电阻型的数模转换电路

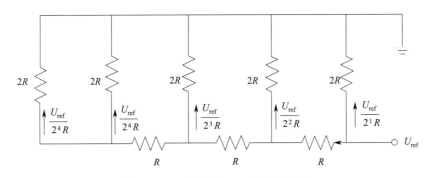

图 3.5-3　权电阻型 DAC 的电阻网络

3.5.2　模数转换

模数转换电路包括取样、保持、量化和编码四个过程。取样的作用是将随时间连续变化的模拟信号转换为时间离散的模拟信号，图 3.5-4 给出了取样过程的示意图，具体表现为：（1）取样开关 T 受取样信号 $X(t)$ 控制；（2）在 $X(t)$ 的脉宽 τ 期间，取样开关 T 闭合，输出信号 $U_o(t)$ 等于输入信号 $U_i(t)$；（3）在 $X(t)$ 的非脉宽 $T_x - \tau$ 期间，取样开关 T 断开，输出信号 $U_o(t)=0$。通常，取样频率需要大于模拟信号最高频率的 2 倍，以确保离散后的模拟信号不丢失特征。取样电路取得的模拟信号转换为数字信号都需要一定时间，为了给后续的量化编码过程一个稳定值，每次取得的模拟信号必须通过保持电路保持一段时间。通常，取样过程和保持过程是同时完成的。图 3.5-5 给出了取样-保持电路的原理图，该电路主要包括存储输入信号的电容 C、取样开关 T 和电压跟随器 A。

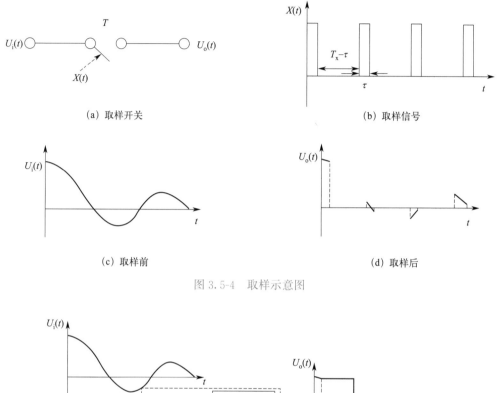

(a) 取样开关 　　　　　　　　　　　　(b) 取样信号

(c) 取样前 　　　　　　　　　　　　(d) 取样后

图 3.5-4　取样示意图

图 3.5-5　取样-保持电路

数字信号不仅在时间上是离散的，而且在幅值上也是不连续的。量化的作用是将取样-保持电路的输出信号，按照某种近似方式归化到与之相应的离散电平上。此外，量化后的数值最后还须通过编码过程用一个代码表示出来。量化过程和编码过程往往也是同时完成的。图 3.5-6 给出了量化-编码电路的原理图，该电路主要包括比较器 $C_1 \sim C_7$、D 触发器 $D_1 \sim D_7$、异或门电路和或门电路。对于 D 触发器而言，次态 Q^{n+1} 等于输入信号。对于异或门电路而言，两输入端信号一致时，输出信号为 0；两输入端信号不一致时，输出信号为 1。对量化-编码电路进行分析，可得到真值表 3.5-1，表中 $X_2 X_3 X_1$ 为输出的数字信号。

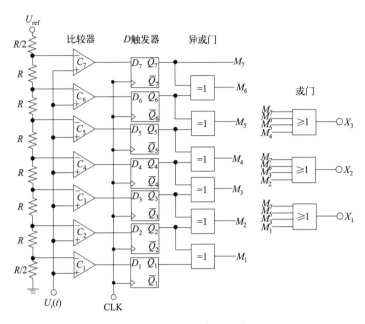

图 3.5-6　量化-编码电路

表 3.5-1

对应图 3.5-6 的真值表

输入模拟信号 $U_i(t)$	比较器输出 $C_7C_6C_5C_4C_3C_2C_1$	输出 $X_3X_2X_1$
$0{\leqslant}U_i(t){<}U_{ref}/14$	0000000	000
$U_{ref}/14{\leqslant}U_i(t){<}3U_{ref}/14$	0000001	001
$3U_{ref}/14{\leqslant}U_i(t){<}5U_{ref}/14$	0000011	010
$5U_{ref}/14{\leqslant}U_i(t){<}7U_{ref}/14$	0000111	011
$7U_{ref}/14{\leqslant}U_i(t){<}9U_{ref}/14$	0001111	100
$9U_{ref}/14{\leqslant}U_i(t){<}11U_{ref}/14$	0011111	101
$11U_{ref}/14{\leqslant}U_i(t){<}13U_{ref}/14$	0111111	110
$13U_{ref}/14{\leqslant}U_i(t){<}U_{ref}$	1111111	111

3.6　技术前沿动态

　　建筑场景复杂，机器人系统需要具备自主感知和智能推理的功能，以便真正具备探索物理世界的能力。因此，需要研发新型的模拟或者数字硬件，开发出能够实时处理边缘端数据的 AI 芯片和智能传感器，真正地提升机器人的智能水平。面向边缘端的 AI 加速芯片可采用新的计算范式，例如模拟计算、随机计算、存内计算等。此外，低功耗也将是面向边缘端的 AI 芯片的重要指标之一。智能传感器被定义为能够执行信号处理（即滤波、线性化和补偿）的先进传感器。智能传感器需具备多重感应、自我校准、自我测试等功能，甚至可以进行内置诊断检查。智能传感器无需将原始数据发送到云端进行计算，可实现边缘端的数据处理和自主决策。这不仅可以降低中央控制器的负荷，而且还能提高机器人的响应速度。

第四章 建筑机器人感知篇

传感器是机器人感知的基础，可为机器人提供内部状态和外部环境的相关信息。然而，单一传感器存在信息有限、信息不完整、不确定性高、容错率低等不足，需要借助多传感器信息融合技术进行弥补。未知环境下，建筑机器人要自主完成施工任务，不仅需要知道自己的实时位置，还需要知道周边环境，这就是同时定位与建图技术所要解决的问题。

4.1 传感器

机器人传感器按其用途可分为内部传感器和外部传感器两大类：（1）内部传感器是测量机器人自身状态的功能元件，建筑机器人常用的内部传感器包括惯性测量单元、编码器、力传感器和限位开关等；（2）外部传感器用来检测施工对象和施工环境，建筑机器人常用的外部传感器包括测距仪、激光雷达、相机、红外热成像仪等。

4.1.1 内部传感器

1. 惯性测量单元

惯性测量单元（IMU，Inertial Measurement Unit）是用来测量惯性物理量的设备，比如测量加速度的加速度计、测量角速度的陀螺仪等。如图 4.1-1(a) 所示，加速度 a 的测量依据是牛顿第二定律，即 $F=ma$，式中 m 表示物体块的质量；F 表示物体所受的外力，可通过压电式器件、压阻式器件、电容式器件等力测量器件确定。如图 4.1-1(b) 所示，角速度 ω 测量是利用科里奥利力 $F_{科}$，$F_{科}=2m(v\times\omega)$，式中 v 表示物体块的线速度，是由设备自身驱动而产生的。在实际产品中，惯性测量单元常采用微机电方法进行实现，即是将物体块、力测量器件、机械结构等直接集成到一个芯片里面。相比于机械式方法，微机电方法具有体积小、使用方便、便于生产等众多优点。图 4.1-2 给出了微机电式

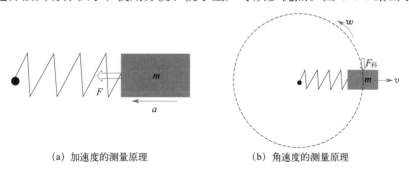

(a) 加速度的测量原理   (b) 角速度的测量原理

图 4.1-1 惯性测量单元的原理

IMU 产品，IMU 产品集成了三轴加速度计和三轴陀螺仪，可用于测量三维空间内机器人本体的加速度和角速度。此外，IMU 产品还会集成磁力计，磁力计的主要用途是协助校核方向漂移。

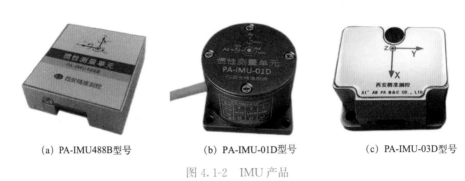

(a) PA-IMU488B型号　　　　(b) PA-IMU-01D型号　　　　(c) PA-IMU-03D型号

图 4.1-2　IMU 产品

2. 编码器

电机是建筑机器人最重要的驱动机构，测量电机输出的运动是实现建筑机器人伺服控制的重要基础。当前，市面上的伺服电机常内置编码器（图 2.1-9），编码器能够测量电机的细微运动。

编码器将要测的位移量转换成脉冲，每个脉冲与单位位移相对应，通过检测脉冲数来完成位移的测量。编码器包括光电编码器、霍尔编码器、碳刷编码器等多种类型。下面将以光电编码器为例，对编码器的工作原理进行介绍。图 4.1-3 给出了增量式光电编码器的工作原理图，具体表现为：（1）为了检测细微的运动，码盘被划分为若干区域，每个区域可以是透光或不透光的；（2）采用发光二极管作为光源，选取光电晶体管作为光信号的检测元件；（3）当光电晶体管接收到光信号时，晶体管导通，输出高电平；（4）当光电晶体管无法接收到光信号时，晶体管断开，输出低电平；（5）随着码盘的转动，编码器就会连续不断地输出脉冲信号，通过对脉冲信号进行计数就可以实现位移的测量。增量式码盘可以测量出电机位置的变化量，在码盘初始位置已知情况下能进一步精确地计算出电机的绝对位置。实际工程应用中，除了测量电机的精确位置，还需要知道电机是正转还是反转。单相的脉冲信号无法确定电机的转向，一般需要相互延迟 1/4 周期的两相脉冲信号进行确

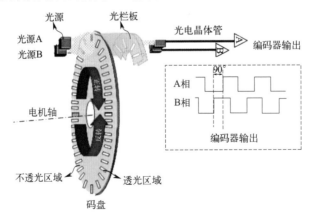

图 4.1-3　增量式光电编码器的工作原理

定。例如，图 4.1-3 中的 A 相脉冲信号延迟 B 相脉冲信号 90°，码盘先达到 B，因此电机判断为正转。

　　相较于增量式编码器，绝对式编码器不需要知道码盘初始位置就可以确定任意时刻电机的精确位置，电机的每一个位置对应着码盘上的一个唯一编码信息。图 4.1-4 给出绝对式编码器的工作原理图，具体表现为：（1）光源平行地投射到由多个同心码道组成的码盘上；（2）沿着码盘径向排列的各检测元件判断对应码道的透光性；（3）透光时，检测元件输出高电平，用"1"表示；不透光时，检测元件输出低电平，用"0"表示；（4）各码道对应的电平组成唯一编码，每一个编码对应着一个电机位置。目前，绝对式编码器的编码方式包括二进制码和格雷码两种（图 4.1-5）。采用二进制码的码盘从当前位置转到前一位置或后一位置时会有多个码道变化，而采用格雷码的码盘从当前位置转到前一位置或后一位置时则只有一个码道变化。

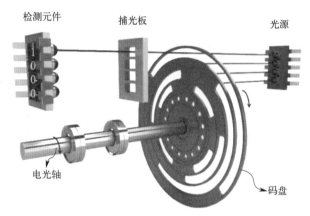

图 4.1-4　绝对式编码器的工作原理

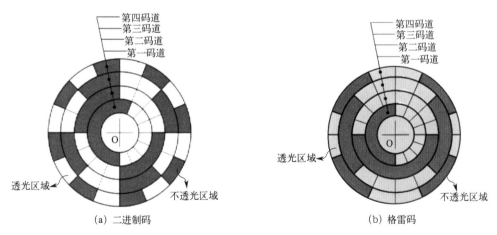

（a）二进制码　　　　　　　　　　　（b）格雷码

图 4.1-5　绝对式码盘

3. 力传感器

　　力传感器是一种将力信号转变为电信号输出的器件。对于建筑机器人而言，力传感器的用途主要有以下几点：（1）检测机器人是否抓取到物料；（2）实现基于力反馈的施工控制，确保施工质量；（3）记录施工过程中的力反馈，实现施工工艺的自主学习；（4）实时监测机器人的受力状态，避免机器人超负荷施工。

按工作机理分类，力传感器可分为电阻应变式、电容式、压电式、电感式等，其中电阻应变式应用最为广泛。如图4.1-6所示，电阻应变式力传感器包括力敏元件、转换元件和电路三部分：（1）力敏元件通常是铝合金、合金钢、不锈钢等弹性体，在外力作用下会发生弹性变形；（2）转换元件是指电阻应变片，粘贴在力敏元件上的电阻应变片跟随变形的力敏元件发生拉伸或压缩，从而将力敏元件的变形量转换为电阻变化；（3）电路的功能就是检测应变片的电阻变化，从而可以测量出外力的大小。

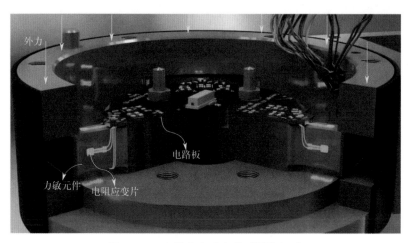

图 4.1-6　电阻应变式力传感器的组成

按功能分类，力传感器分为一维力传感器、三维力传感器和六维力传感器（图4.1-7）。当被测力的作用点不变，且力的方向始终在一条轴线上时，宜采用一维力传感器；当被测力的作用点不变，但力的方向随机变化时，宜采用三维力传感器；当被测力的作用点和方向均随机变化时，宜采用六维力传感器。

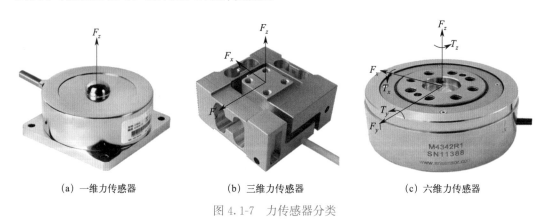

|（a）一维传感器|（b）三维传感器|（c）六维力传感器|

图 4.1-7　力传感器分类

4. 限位开关

限位开关又称行程开关，常用于机器人的行程控制和限位保护。按工作原理分类，限位开关可划分为接触式和非接触式两种。图4.1-8给出了接触式限位开关的示例，该限位开关由滚轮、杠杆、微动开关、复位弹簧等组成，其工作流程为：（1）当滚轮受到外力作用时，杠杆绕着转轴发生转动；（2）杠杆偏离微动开关的按钮一定程度后，微动开关发生触点动作，导致常闭触点分断或常开触点闭合；（3）当外力作用消失后，复位弹簧使得限位开关的各部分恢复原始位置。限位开关包括常闭触点和常开触点两种类型，常闭触点功能是静止通电和动作断电，常开触点功能是静止断电和动作通电，不同接线方式对应着不同类型的触点。

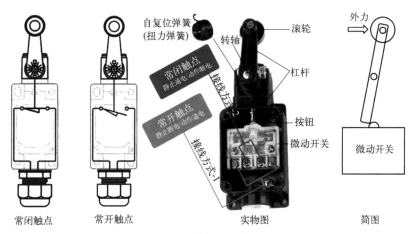

图 4.1-8　接触式限位开关

　　图 4.1-9 给出了一款非接触式限位开关用于线性模组限位的案例，该款非接触式限位开关由分布在 U 形槽两侧的光源和检测元件组成，其工作原理为：（1）当 U 形槽内无遮挡物体通过时，检测元件接收到光信号，控制电路导通；（2）当 U 形槽内有遮挡物体通过时，检测元件无法接收光信号，控制电路断开。在应用案例中，限位开关和遮挡片组成了线性模组的限位装置，限位开关固定在线性模组的底座上，遮挡片固定在线性模组的滑块上。当遮挡片跟着滑块运动到限位开关的 U 形槽内时，控制电路断开，模组的滑块停止运动，从而实现线性模组的限位功能。

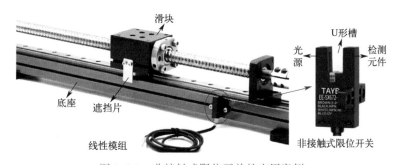

图 4.1-9　非接触式限位开关的应用案例

4.1.2　外部传感器

1. 测距仪

建筑机器人常采用多个测距仪对施工对象进行多点测量，用于判断执行器与施工对象的相对位姿是否满足要求。例如，中建科工研制的 ALC 墙板安装机器人通过执行器端部的测距仪判断执行器与 ALC 墙板是否平行，以便实时调整执行器的姿态（图 4.1-10）。此外，测距仪也常应用于机器人的导航和避障中。

图 4.1-10　ALC 墙板安装机器人

测距仪是一种应用十分广泛的传感器，可以分为超声波测距仪和激光测距仪（图 4.1-11）。通常，超声波测距仪和激光测距仪的测量方法均为飞行时间测距法（TOF）。超声波测距的原理是利用超声波在空气中的传播速度为已知，测量声波在发射后遇到障碍物反射回来的时间，根据发射和接收的时间差计算出发射点到障碍物的实际距离。超声波测距仪利用的是声波发射，障碍物较多时反射回来的声波较多，测量结果易受干扰。超声波测距仪的测量精度是厘米级，价格从几十元到几百元不等。激光测距仪在工作时向目标射出一束很细的激光，由光电元件接收目标反射的激光束，计时器测定激光束从发射到接收的时间，从而计算出从测距仪到目标的距离。激光测距仪利用的是极小的激光束发射，测量结果不易受干扰。激光测距仪的测量精度是毫米级，价格从几百元到几千、几万元不等。

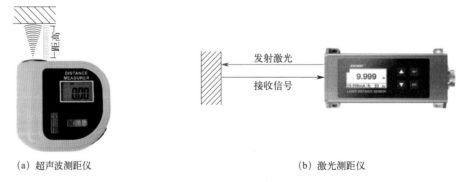

(a) 超声波测距仪　　　　　　　　　　　　　　(b) 激光测距仪

图 4.1-11　测距仪

2. 激光雷达

激光雷达是现代机器人最为常见的传感器之一，它的主要作用是探测机器人周围障碍物的分布状况。按测量原理的不同（图 4.1-12），激光雷达可以分为三角测距雷达和 TOF

测距雷达。对于三角测距而言,激光发射器发出一束红外激光,被物体 A 反射后,照射到图像传感器的 A′位置,这样就形成了一个三角形,通过解算可以求出物体 A 到激光发射器的距离。激光束被不同距离的物体发射后,形成不同的三角形,随着物体距离不断变远,发射激光在图像传感器上的位置变化越来越小,也就是越来越难分辨,因此三角测距不适合远距离测量。对于 TOF 测距而言,激光发射器发出红外激光时,计时器开始计时;激光接收器接收到发射回来的激光时,计时器停止计时,从而得到激光传播的时间后;根据光速和激光传播时间就可以计算出激光发射器到物体的距离。由于光速传播太快,要获取精准的传播时间难度较大,可采用相位差法进行测量。

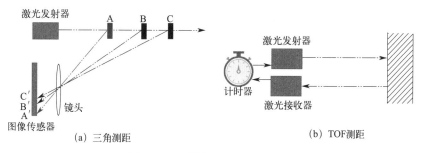

(a) 三角测距   (b) TOF 测距

图 4.1-12 激光雷达的测量原理

按照上述的测量原理,激光雷达只能扫描单个点。因此,需要增加旋转机构才能完成周围环境的 360°扫描,从而形成单线激光雷达(图 4.1-13)。单线激光雷达只能扫描特定垂直高度的周围环境信息,获取的数据很有限。为了克服单线激光的不足,激光雷达在垂直方向同时发射多束激光,从而形成了多线激光雷达(图 4.1-14)。

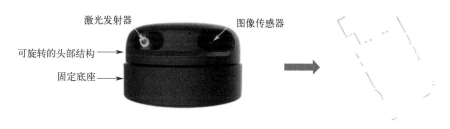

图 4.1-13 单线激光雷达

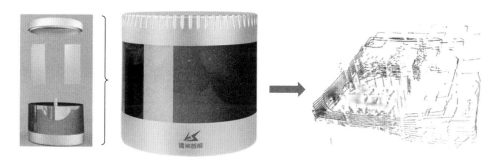

图 4.1-14 多线激光雷达

3. 相机

相机可以提供施工对象或建筑环境的图片数据，是建筑机器人实现视觉控制、视觉检测和视觉巡检的基础。如图 4.1-15 所示，建筑机器人常用的相机包括单目相机、双目相机和 RGB-D 相机。

(a) 单目相机   (b) 双目相机   (c) RGB-D相机

图 4.1-15　相机

单目相机就是通常所说的摄像头。单目相机由镜头和图像传感器构成，外界光经过镜头达到图像传感器，图像传感器将外界光转换成数字图像进行输出，数字图像通常包含每个像素的坐标和 RGB 信息。图 4.1-16 给出了单目相机的成像原理，世界环境中的物体点 P 在相机坐标系下坐标值为 (X, Y, Z)，物体点 P 透过光心 O 在图像传感器上形成点 P′，点 P′在像素坐标下的坐标值为 (U, V)，(X, Y, Z) 和 (U, V) 存在以下关系：

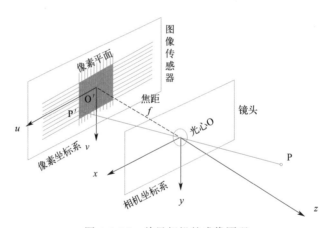

图 4.1-16　单目相机的成像原理

$$\begin{bmatrix} U \\ V \\ 1 \end{bmatrix} = \frac{1}{Z} \begin{bmatrix} f_x & 0 & u_0 \\ 0 & f_y & v_0 \\ 0 & 0 & 1 \end{bmatrix} \begin{bmatrix} X \\ Y \\ Z \end{bmatrix} \tag{4.1-1}$$

式中，f_x、f_y、u_0 和 v_0 为相机的内参；公式 4.1-1 即为相机的无畸变内参模型。实际应用中，相机存在径向畸变和切向畸变，径向畸变是由于镜头加工误差引起的，切向畸变是镜头和图像传感器由于安装误差导致不平行而引起的。通常，相机的畸变内参模型可以表示为：

$$\begin{bmatrix} U \\ V \\ 1 \end{bmatrix} = \frac{1}{Z} \begin{bmatrix} f_x & 0 & u_0 \\ 0 & f_y & v_0 \\ 0 & 0 & 1 \end{bmatrix} \begin{bmatrix} X_{distort} \\ Y_{distort} \\ Z \end{bmatrix} \tag{4.1-2}$$

$$X_{distort} = X(1 + k_1 r^2 + k_2 r^4 + k_3 r^6) + 2p_1 XY + p_2(r^2 + 2X^2) \tag{4.1-3}$$

$$Y_{\text{distort}} = Y(1 + k_1 r^2 + k_2 r^4 + k_3 r^6) + 2p_2 XY + p_1(r^2 + 2Y^2) \tag{4.1-4}$$

$$r^2 = X^2 + Y^2 \tag{4.1-5}$$

式中，k_1、k_1 和 k_3 分别为相机径向畸变的系数；p_1 和 p_2 分别为相机切向畸变的系数。从公式 4.1-2 可以看出，已知物体成像信息 (U, Z)，无法唯一确定物体点的坐标 (X, Y, Z)，即系数 $1/Z$ 是无约束的，这就是说单目相机无法测量物体的深度信息。此外，单目相机使用前需要借助标靶纸或标靶盘进行标定，即确定相机模型中的各个参数。

虽然单目相机无法测量物体点的深度信息，但由两个单目相机组成的双目相机则可以测量深度信息。图 4.1-17 给出了双目相机的工作原理，世界环境中的物体点 P 在左右相机坐标系分别表示为 $\boldsymbol{P}_L = (X_L, Y_L, Z_L)$ 和 $\boldsymbol{P}_R = (X_R, Y_R, Z_R)$，$\boldsymbol{P}_L$ 和 $\boldsymbol{P}_R$ 之间关系式为 $\boldsymbol{P}_R = \boldsymbol{R} \boldsymbol{P}_L + \boldsymbol{t}$。$\boldsymbol{R}$ 和 $\boldsymbol{t}$ 表示双目相机的外参，一旦左右相机位置固定后，$\boldsymbol{R}$ 和 $\boldsymbol{t}$ 就相应地确定。P 在左右相机中的成像点分别为 $\boldsymbol{P}'_L = (U_L, V_L)$ 和 $\boldsymbol{P}'_R = (U_R, V_R)$，$\boldsymbol{P}'_L$ 和 $\boldsymbol{P}'_R$ 被称为像素点对。根据成像原理有：

$$\begin{bmatrix} U_L \\ V_L \\ 1 \end{bmatrix} = \frac{1}{Z_L} \boldsymbol{K}_L \begin{bmatrix} X_L \\ Y_L \\ Z_L \end{bmatrix}, \quad \begin{bmatrix} U_R \\ V_R \\ 1 \end{bmatrix} = \frac{1}{Z_R} \boldsymbol{K}_R \begin{bmatrix} X_R \\ Y_R \\ Z_R \end{bmatrix} \tag{4.1-6}$$

式中，$\boldsymbol{K}_L$ 和 $\boldsymbol{K}_R$ 分别表示左右相机的内参矩阵；如果存在畸变，需要按照公式 4.1-2 对 $\boldsymbol{P}_L$ 和 $\boldsymbol{P}_R$ 进行修正。在已知双目相机的内参 $\boldsymbol{K}_L$、$\boldsymbol{K}_R$ 和外参 $\boldsymbol{R}$、$\boldsymbol{t}$ 的情况下，根据像素点对 $\boldsymbol{P}'_L = (U_L, V_L)$ 和 $\boldsymbol{P}'_R = (U_R, V_R)$ 就可以求出 $\boldsymbol{P}_L$ 和 $\boldsymbol{P}_R$，也就是测量出了物体点的深度信息。

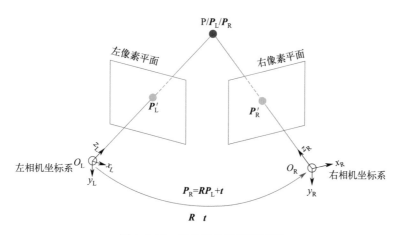

图 4.1-17　双目相机的工作原理

双目相机属于被动测量深度信息的传感器，需要事先找到同一个物体点在左右相机中的成像点对，也就是要先进行像素点匹配。像素点的匹配很容易受到光照强度等环境因素干扰，常常面临失效问题。RGB-D 相机属于主动测量深度信息的传感器，不易受环境干扰。RGB-D 相机一般有 3 个镜头：中间的镜头是普通的摄像头，采集彩色图像；另外两个镜头分别用来发射阵列红外光和接收阵列红外光。如图 4.1-18 所示，RGB-D 相机的工作原理包括结构光原理和 TOF 原理两种。对于结构光原理而言，需要对发射器发射的阵列红外光进行空间编码处理，然后对接收器接收的阵列红外光进行解码处理，从而发射器和接收器之间可实现快速、鲁棒的激光点匹配，最后可通过三角测距原理计算出物体的深度信息。对于 TOF 原理而言，需要对发射器发射的阵列红外光进行时间编码处理，然后对接收器接收的阵列红外光进行解码处理，从而测算出每个激光点的到达时间，最后可通过 TOF 测距原理计算出物体的深度信息。

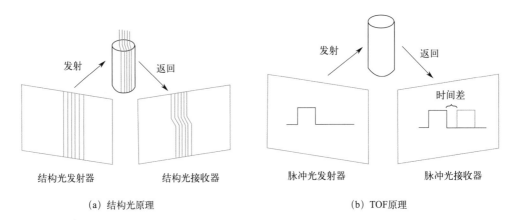

（a）结构光原理　　　　　　　　　　　　（b）TOF原理

图 4.1-18　RGB-D 相机的工作原理

4. 红外热成像仪

当前，红外热成像仪在建筑领域的应用越来越广泛，包括建筑热工缺陷检测、建筑管道气密性检测、建筑采暖系统运行监测、建筑火灾预警等。因此，红外热成像仪常用于建筑巡检机器人中。

红外热成像仪是一种用来探测目标物体的红外辐射，并通过光电转换、电信号处理等手段，将目标物体的温度分布转换成图像的设备。在自然界中，所有温度高于绝对零度（−273℃）的物质都会产生红外线辐射，物体的温度越高，红外辐射峰值波长越短，这就是红外热成像仪测温技术的理论基础。红外热成像仪由红外镜头、红外探测器、信号处理电路、显示器等组成，图 4.1-19 给出了红外热成像仪的工作原理：（1）物体发出的红外辐射线通过红外镜头聚集到红外探测器上；（2）红外探测器将接收到的红外辐射信号转换为电信号并输出；（3）信号处理电路对接收到的电信号进行一系列处理并转换为红外热图；（4）显示器将红外热图进行可视化。

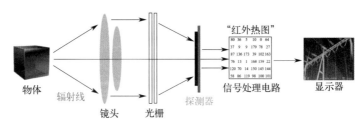

图 4.1-19　红外热成像仪的工作原理

图 4.1-20 给出了一款红外热成像仪产品的实物图。除了基础功能外，该款产品配备了激光相机，这有助于产品快速、准确地进行自动对焦，确保测量结果的精准性；此外，产品还包括"图像冻结"功能，可用来对热成像做暂时冻结，以便使用者仔细查看。

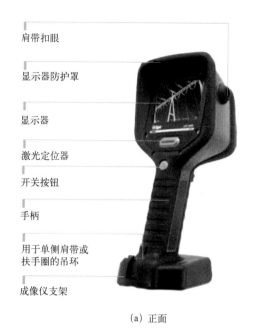

肩带扣眼

显示器防护罩

显示器

激光定位器

开关按钮

手柄

用于单侧肩带或
扶手圈的吊环

成像仪支架

（a）正面

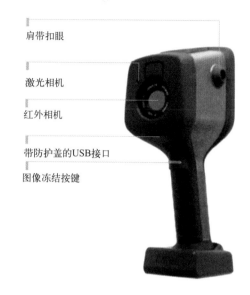

肩带扣眼

激光相机

红外相机

带防护盖的USB接口

图像冻结按键

（b）背面

图 4.1-20 红外热成像仪的示例

4.2 多传感器信息融合

单一传感器存在信息有限、信息不完整、不确定性高、容错率低等不足。多传感器信息融合就是把分布在不同位置、处于不同状态的多个同类型或不同类型的传感器所提供的局部、不完整信息加以综合处理，消除多传感器信息之间可能存在的冗余和矛盾，利用信息互补，降低不确定性，以形成对环境相对完整一致的理解。

4.2.1 技术分类

按信息传递方式的不同，多传感器信息融合可分为串联型信息融合、并联型信息融合和串并联混合型信息融合。图 4.2-1（a）给出了串联型多传感器信息融合的示意图，串联融合是指两个传感器数据进行一次融合，再把融合的结果与下一个传感器数据进行融合，依次进行下去，直到所有的传感器数据都融合完为止。串联融合时，每个传感器既具有接收数据、处理数据的功能，也具有信息融合的功能。图 4.2-1（b）给出了并联型多传感器信息融合的示意图，并联融合是指所有传感器输出的数据同时输入数据融合中心，数据融合中心对各种类型的数据按适当的方式进行综合处理，最后输出结果。串并联混合型多传感器信息融合是串联和并联两种形式的综合，可以先串联后并联，也可以先并联后串联。

按信息融合层次的不同，多传感器信息融合可分为像素层融合、特征层融合和决策层融合。如图 4.2-2（a）所示，像素层融合是指直接在传感器采集到的原始观测信息层上进行融合，然后从融合的信息中进行特征向量的提取，最后进行目标识别和决策。像素层融合要求传感器必须是同质的，即传感器观测的对象是同一物理量或现象。像素层融合的优

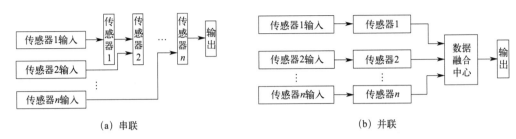

(a) 串联　　　　　　　　　　　　　　　(b) 并联

图 4.2-1　多传感器信息融合结构

点在于它能保持尽可能多的现场数据，提供细微信息，没有信息损失，但存在信息处理量大、抗干扰能力差等不足。如图 4.2-2(b) 所示，特征层融合是指首先对传感器采集到的原始信息提取一组特征信息，然后对一组特征信息进行融合，最后进行目标识别和决策。特征层融合的优点在于实现了可观的信息压缩，有利于实施处理。如图 4.2-2(c) 所示，决策层融合是指首先每个传感器完成对原始信息的特征提取、识别等处理，然后通过各个传感器关联进行决策层的融合处理。决策层融合的优点在于容错性强、实时性强、抗干扰能力强，但存在信息损失大、性能相对较差的不足。

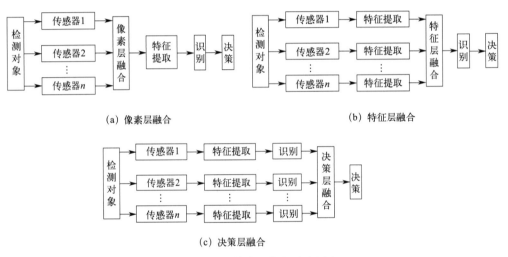

(a) 像素层融合　　　　　　　　　　　　　　(b) 特征层融合

(c) 决策层融合

图 4.2-2　多传感器信息融合层次

　　融合算法是多传感器信息融合技术的重要组成部分之一。目前，多传感器信息融合虽未形成完整的理论体系和有效的融合算法，但不少应用领域根据各自的具体应用背景，已经提出了许多成熟并且有效的融合方法。针对机器人位姿融合，行业中最通用的算法为卡尔曼滤波融合算法。

4.2.2　卡尔曼滤波融合算法

　　如果信号中混入了干扰噪声，可以用滤波器来处理信号，比如低通滤波器、高通滤波器等对特定频率段的噪声进行过滤的经典滤波器。但当信号中混入了像白噪声这种没有明显频率分布特点的干扰时，经典滤波器就不再起效。为了去除类似白噪声的随机性干扰，可以采用统计学的方法对信号进行估计，同时用某种统计准则来衡量估计的误差，只要估计的误差尽可能小，估计结果就是有效的，这就是现代滤波器的基本原理，卡尔曼滤波器就属于现代滤波器的一种。

1. 算法推导

滤波就是加权，滤波的作用就是给不同信号分量以不同的权重。对于复杂的滤波器，需要根据信号的统计知识来设计权重。卡尔曼滤波的核心思想是使用上一次的最优结果预测当前的值，同时使用观测值修正当前值，得到最优结果。

卡尔曼滤波器由状态方程和观测方程组成，具体公式如下：

$$\boldsymbol{x}_k = \boldsymbol{A}_k \boldsymbol{x}_{k-1} + \boldsymbol{B}_k \boldsymbol{u}_k + \boldsymbol{\varepsilon}_k \tag{4.2-1}$$

$$\boldsymbol{z}_k = \boldsymbol{C}_k \boldsymbol{x}_k + \boldsymbol{\delta}_k \tag{4.2-2}$$

式中，$\boldsymbol{x}_k$ 为状态的真实值；$\boldsymbol{z}_k$ 为观测的真实值；$\boldsymbol{A}_k$、$\boldsymbol{B}_k$、$\boldsymbol{C}_k$ 为系统参数；$\boldsymbol{\varepsilon}_k$ 和 $\boldsymbol{\delta}_k$ 分别表示状态转移过程和观测过程的噪声；$\boldsymbol{u}_k$ 表示状态转移控制量。状态方程（公式 4.2-1）描述前一个时刻系统状态 $\boldsymbol{x}_{k-1}$ 到当前时刻系统状态 $\boldsymbol{x}_k$ 的转移过程，观测方程（公式 4.2-2）描述在 $\boldsymbol{x}_k$ 状态时观测 $\boldsymbol{z}_k$ 的过程。在卡尔曼滤波中，$\boldsymbol{\varepsilon}_k$ 和 $\boldsymbol{\delta}_k$ 当成互不相关的零均值高斯白噪声序列来处理，两者的协方差矩阵分别用 $\boldsymbol{Q}_k$ 和 $\boldsymbol{R}_k$ 进行表示。

在无噪声的情况下，依据状态方程，用上一时刻的状态直接推导出当前状态。但由于状态转移噪声的存在，通过状态方程只能得到状态预测值 $\hat{\boldsymbol{x}}'_k$，具体公式如下：

$$\hat{\boldsymbol{x}}'_k = \boldsymbol{A}_k \hat{\boldsymbol{x}}_{k-1} + \boldsymbol{B}_k \boldsymbol{u}_k \tag{4.2-3}$$

式中，$\hat{\boldsymbol{x}}_{k-1}$ 表示上一时刻的状态估计值。

在无噪声的情况下，依据观测方程，用当前观测值反解出当前状态。由于观测过程噪声的存在，通过观测方程只能描述观测的预测值 $\hat{\boldsymbol{z}}'_k$ 和状态的预测值 $\hat{\boldsymbol{x}}'_k$ 的关系，具体公式如下：

$$\hat{\boldsymbol{z}}'_k = \boldsymbol{C}_k \hat{\boldsymbol{x}}'_k \tag{4.2-4}$$

观测的真实值 $\boldsymbol{z}_k$ 是系统已知的，由传感器获得。结合公式 4.2-2 和公式 4.2-4，观测偏差 $\tilde{\boldsymbol{z}}_k$ 可表示如下：

$$\tilde{\boldsymbol{z}}_k = \boldsymbol{z}_k - \hat{\boldsymbol{z}}'_k = \boldsymbol{C}_k \boldsymbol{x}_k + \boldsymbol{\delta}_k - \boldsymbol{C}_k \hat{\boldsymbol{x}}'_k = \boldsymbol{C}_k \tilde{\boldsymbol{x}}_k + \boldsymbol{\delta}_k \tag{4.2-5}$$

由公式 4.2-5 可得，观测值的预测偏差 $\tilde{\boldsymbol{z}}_k$ 和状态值的预测偏差 $\tilde{\boldsymbol{x}}_k$ 存在一个系数 $\boldsymbol{C}_k$ 的关系，即可以用 $\tilde{\boldsymbol{z}}_k$ 对状态的预测值 $\hat{\boldsymbol{x}}'_k$ 做修正，具体修正公式为：

$$
\begin{aligned}
\hat{\boldsymbol{x}}_k &= \hat{\boldsymbol{x}}'_k + \boldsymbol{K}_k \tilde{\boldsymbol{z}}_k \\
&= \hat{\boldsymbol{x}}'_k + \boldsymbol{K}_k (\boldsymbol{z}_k - \boldsymbol{C}_k \hat{\boldsymbol{x}}'_k) \\
&= \underbrace{\boldsymbol{A}_k \hat{\boldsymbol{x}}_{k-1} + \boldsymbol{B}_k \boldsymbol{u}_{k-1}}_{\text{预测过程}} + \underbrace{\boldsymbol{K}_k (\boldsymbol{z}_k - \boldsymbol{C}_k \hat{\boldsymbol{x}}'_k)}_{\text{修正过程}}
\end{aligned} \tag{4.2-6}
$$

公式 4.2-6 就是卡尔曼滤波算法的核心公式，可以看出，公式的核心思路就是：使用上一次的最优结果预测当前的值，同时使用观测值修正当前值，得到最优结果。公式 4.2-6 只包括一个未知数 $\boldsymbol{K}_k$，$\boldsymbol{K}_k$ 被称为卡尔曼增益系数，可利用估计误差最小准则来求 $\boldsymbol{K}_k$。

现在开始讨论误差，首先是状态真实值与预测值之间的误差 $\boldsymbol{e}'_k$ 以及误差对应的协方差矩阵，可表达为：

$$e'_k = x_k - \hat{x}'_k \qquad (4.2\text{-}7)$$

$$P'_k = E[e'_k e'^{\mathrm{T}}_k] = E[(x_k - \hat{x}'_k)(x_k - \hat{x}'_k)^{\mathrm{T}}] \qquad (4.2\text{-}8)$$

然后是状态真实值与估计值之间的误差 e_k 以及误差对应的协方差矩阵，可表达为：

$$
\begin{aligned}
e_k &= x_k - \hat{x}_k \\
&= x_k - [\hat{x}'_k + K_k(z_k - C_k \hat{x}'_k)] \\
&= x_k - [\hat{x}'_k + K_k(C_k x_k + \delta_k - C_k \hat{x}'_k)] \\
&= (I - K_k C_k)(x_k - \hat{x}'_k) - K_k \delta_k \qquad (4.2\text{-}9)
\end{aligned}
$$

$$
\begin{aligned}
P_k &= E[e_k e_k^{\mathrm{T}}] \\
&= E[((I - K_k C_k)(x_k - \hat{x}'_k) - K_k \delta_k)((I - K_k C_k)(x_k - \hat{x}'_k) - K_k \delta_k)^{\mathrm{T}}] \\
&= (I - K_k C_k)E[(x_k - \hat{x}'_k)(x_k - \hat{x}'_k)^{\mathrm{T}}](I - K_k C_k)^{\mathrm{T}} + K_k E[\delta_k \delta_k^{\mathrm{T}}]K_k^{\mathrm{T}} \\
&= (I - K_k C_k)P'_k(I - K_k C_k)^{\mathrm{T}} + K_k R_k K_k^{\mathrm{T}} \\
&= P'_k - K_k C_k P'_k - (K_k C_k P'_k)^{\mathrm{T}} + K_k(C_k P'_k C_k^{\mathrm{T}} + R_k)K_k^{\mathrm{T}} \qquad (4.2\text{-}10)
\end{aligned}
$$

卡尔曼滤波是利用最小均方差准则来求 K_k，而均方差是协方差矩阵 P_k 的迹 $\mathrm{tr}(P_k)$。令 $\mathrm{tr}(P_k)$ 对 K_k 导数为零，即：

$$\frac{\mathrm{d}}{\mathrm{d}K_k}[\mathrm{tr}(P_k)] = -2(C_k P'_k)^{\mathrm{T}} + 2K_k(C_k P'_k C_k^{\mathrm{T}} + R_k) = 0 \qquad (4.2\text{-}11)$$

考虑到 P'_k 是对称矩阵，由公式 4.2-11 可得 K_k 的取值：

$$K_k = P'_k C_k^{\mathrm{T}}(C_k P'_k C_k^{\mathrm{T}} + R_k)^{-1} \qquad (4.2\text{-}12)$$

式中的 P'_k 可进一步表示为：

$$
\begin{aligned}
P'_k &= E[e'_k e'^{\mathrm{T}}_k] = E[(x_k - \hat{x}'_k)(x_k - \hat{x}'_k)^{\mathrm{T}}] \\
&= E[(A_k(x_{k-1} - \hat{x}_{k-1}) + \varepsilon_k)(A_k(x_{k-1} - \hat{x}_{k-1}) + \varepsilon_k)^{\mathrm{T}}] \\
&= E[(A_k e_{k-1})(A_k e_{k-1})^{\mathrm{T}}] + E[\varepsilon_k \varepsilon_k^{\mathrm{T}}] \\
&= A_k P_{k-1} A_k^{\mathrm{T}} + Q_k \qquad (4.2\text{-}13)
\end{aligned}
$$

从公式 4.2-13 可以看出，P'_k 是由前一个时刻的 P_{k-1} 计算得到，也就是 P_k 的值是需要不断递归计算的。将公式 4.2-12 代入公式 4.2-10 就可以得到 P_k 的递归公式：

$$P_k = (I - K_k C_k)P'_k \qquad (4.2\text{-}14)$$

2. 算法总结

图 4.2-3 给出了卡尔曼滤波的工作流程，其主要包括预测和更新两个步骤。预测步骤包含两个核心公式，分别计算状态预测值 $\hat{x}'_k$ 和状态预测值对应的协方差矩阵 P'_k；更新步骤包括三个核心公式，分别计算卡尔曼增益 K_k、状态估计值 $\hat{x}_k$ 和状态

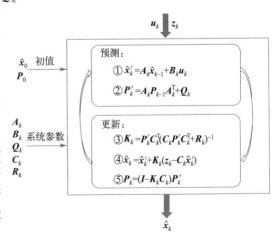

图 4.2-3 卡尔曼滤波的工作流程

估计值对应的协方差矩阵P_k。只要给定初值$\hat{x}_0$和P_0，且系统参数A_k、B_k、Q_k、C_k和R_k已知，输入状态转移控制量u_k和观测量z_k，系统就能通过不断地重复预测和更新两个步骤，源源不断地输出状态估计的结果$\hat{x}_k$。

3. 算法应用

如图4.2-4所示，一轮式移动底盘向右做直线运动，底盘配有IMU和激光测距仪，IMU可以对底盘的加速度进行实时监测，激光测距仪可以对底盘的位置进行实时测量。下面采用卡尔曼滤波算法对IMU和激光测距仪进行融合，以便实现底盘的高精度定位。底盘向右做直线运动时，底盘的位置x、速度v和加速度a满足下列条件：

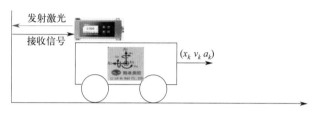

图4.2-4　做直线运动的底盘

$$x_k = x_{k-1} + v_{k-1}\Delta t + \frac{1}{2}a_{k-1}\Delta t^2 \tag{4.2-15}$$

$$v_{k-1} = v_{k-1} + a_{k-1}\Delta t \tag{4.2-16}$$

式中，Δt表示采样时间间隔。公式4.2-15和公式4.2-16可转化为：

状态方程：
$$\begin{bmatrix} x_k \\ v_k \end{bmatrix} = \begin{bmatrix} 1 & \Delta t \\ 0 & 1 \end{bmatrix}\begin{bmatrix} x_{k-1} \\ v_{k-1} \end{bmatrix} + \begin{bmatrix} \Delta t^2/2 \\ \Delta t \end{bmatrix}a_{k-1} + \varepsilon_k \tag{4.2-17}$$

观测方程：
$$z_k = \begin{bmatrix} 1 & 0 \end{bmatrix}\begin{bmatrix} x_k \\ v_k \end{bmatrix} + \delta_k \tag{4.2-18}$$

基于公式4.2-17和公式4.2-18，根据图4.2-3所示的工作流程，可得x和v的估计值。图4.2-5给出了卡尔曼滤波的结果，验证了卡尔曼滤波的有效性。

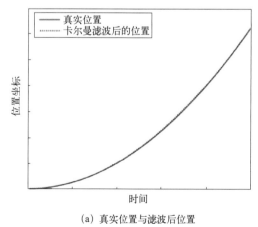
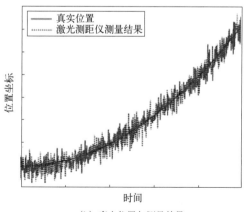

(a) 真实位置与滤波后位置　　　　(b) 真实位置与测量结果

图4.2-5　卡尔曼滤波的结果

4.3　同时定位与建图

4.3.1　技术简介

定位问题是确定机器人的位姿，位姿包括位置和姿态两部分；建图问题是构建环境地图，地图的种类包括栅格地图、点云地图、路标特征地图、拓扑地图、语义地图等。最初，机器人定位问题和机器人建图问题是被看成两个独立的问题来研究的。机器人定位问题，是在已知全局地图的条件下，通过机器人传感器测量环境，利用测量信息与地图之间存在的关系求解机器人在地图中的位姿。定位问题的关键是必须事先给定环境地图，比如数字化工厂中地面粘贴的二维码路标就是人为提供机器人的环境地图，机器人只需要识别二维码并进行简单推算就能求解出当前所处的位姿。机器人建图问题，是在已知机器人全局位姿的条件下，通过机器人传感器测量环境，利用机器人位姿和测量信息求解观测到的地图路标点坐标值。建图问题的关键是必须事先给定机器人观测时刻的全局位姿，比如GNSS可为测绘飞机提供全局定位信息，测绘飞机基于GNSS定位信息可完成地形图的拼接。

显然，实际应用时常常面对的是未知环境，全局地图难以事先已知。此外，GNSS提供的定位信息存在精度低、室内空间失效等问题，难以用于室内建筑机器人的精准定位。因此，机器人的精准定位需要依靠地图，而机器人构建环境地图又需要定位。为了解决定位和建图所面临的"鸡和蛋"问题，机器人同时定位与建图（SLAM，Simultaneous Localization and Mapping）技术逐步发展起来。

如图4.3-1所示，机器人在环境中运动，用x_k表示机器人位姿；用m_i表示环境中的路标点；机器人在运动轨迹上的每个位姿都能观测到对应的一些路标特征，例如$z_{k-1,i+2}$表示机器人在x_{k-1}处观测到路标特征m_{i+2}；运动轨迹上的相邻两个位姿可以用u_k表示其运动量。理想情况下，运动量u和观测量z均是无噪声的，运动轨迹上的机器人位姿可以用运动量精确计算，路标特征的坐标也可以用观测量精确计算。实际情况下，运动量u一般由轮式里程计或者IMU反馈得到，观测量z通常由搭载在机器人上的激光雷达或相机获取，u和z都存在误差。因为误差渗透到各个地方，所以机器人位姿和路标坐标的真实值是无法直接通过运动信息和观测信息得到的，SLAM就是一项用于估计机器人位姿和路标坐标的技术。SLAM技术通过机器人运动过程和观测过程所提供的信息，利用统计手段逐步减少状态估计量与真实值的偏差，从而完成对机器人位姿和路标点的估计。

按照求解方法的不同，SLAM技术可分为滤波方法和优化方法两大类。滤波方法是一种增量式算法，能实时在线更新机器人位姿和地图路标点，属于在线SLAM。滤波方法只针对当前时刻进行状态估计，需要实时获取每一时刻的信息，并把信息分解到贝叶斯网络的概率分布中去。滤波方法的计算信息存储在平均状态矢量以及对应的协方差矩阵中，协方差矩阵的规模随地图路标数量呈二次方增长，且协方差矩阵在机器人每次观测后都执行一次更新计算。当地图规模很大时，滤波方法的计算将无法进行下去。优化方法是非增量式算法，利用之前所有时刻累积的全局性信息离线计算机器人的轨迹和路标点，属于离线SLAM。优化方法的计算信息储存在各个待估计变量之间的约束中，利用这些约束条件构

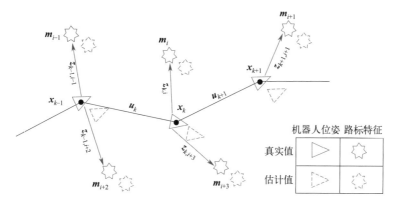

图 4.3-1　SLAM 问题

建目标函数并进行优化求解。优化方法的困境在于存储，每次计算时需要将所有历史积累信息载入内存，对内存容量提出了巨大的要求。随着稀疏性、位姿图的引入，优化方法的计算实时性得到了有效的提高。此外，闭环检测能有效降低机器人位姿的累计误差，对提高计算精度有很大帮助。因此，优化方法在现今 SLAM 研究中已经占据了主导地位。

4.3.2　数学基础

1. 概率运动模型

如图 4.3-2 所示，可以利用发送给底盘的控制命令（$u_k=[v_x,v_y,\omega_z]$，相对机器人自身坐标系）来预测底盘的运动情况。机器人底盘以速度 u_k 在很短时间 Δt 内做匀速运动，机器人从 x_{k-1} 运动到 x_k。在不考虑速度误差的情况下，运动方程表示为：

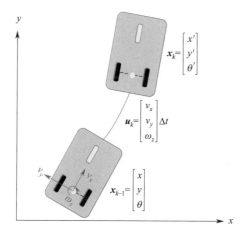

图 4.3-2　速度运动模型

$$x_k=\begin{bmatrix}x'\\y'\\\theta'\end{bmatrix}=g(x_{k-1},u_k)=\begin{bmatrix}x\\y\\\theta\end{bmatrix}+\begin{bmatrix}\cos\theta&-\sin\theta&0\\\sin\theta&\cos\theta&0\\0&0&1\end{bmatrix}\begin{bmatrix}v_x\\v_y\\\omega_z\end{bmatrix}\Delta t \tag{4.3-1}$$

在实际情况中，需要考虑运动过程产生的误差，则运动方程改写为：

$$\boldsymbol{x}_k = \begin{bmatrix} x' \\ y' \\ \theta' \end{bmatrix} = g(\boldsymbol{x}_{k-1}, \boldsymbol{u}_k) + \boldsymbol{\varepsilon}_k \qquad (4.3\text{-}2)$$

式中，$\boldsymbol{\varepsilon}_k$ 为运动噪声。由于噪声的存在，运动具有不确定性，运动的概率形式为：

$$P(\boldsymbol{x}_k \mid \boldsymbol{x}_{k-1}, \boldsymbol{u}_k) \qquad (4.3\text{-}3)$$

2. 概率观测模型

工程中常用的观测模型是基于特征的。在考虑误差情况下，观测过程可用下式进行表示：

$$\boldsymbol{z}_k = h(\boldsymbol{x}_k, \boldsymbol{m}) + \boldsymbol{\delta}_k \qquad (4.3\text{-}4)$$

式中，$\boldsymbol{\delta}_k$ 为观测噪声；$\boldsymbol{m} = \{\boldsymbol{m}_1, \boldsymbol{m}_2, \cdots, \boldsymbol{m}_i\}$；$\boldsymbol{z}_k = [\boldsymbol{z}_{k,1}, \boldsymbol{z}_{k,2}, \cdots, \boldsymbol{z}_{k,i}]$，$\boldsymbol{z}_{k,i}$ 包括特征与机器人之间的相对位置 $r_{k,i}$、特征与机器人之间的相对角度 $\varphi_{k,i}$ 和特征标志 $s_{k,i}$ 三项信息。对于二维地图，机器人位姿 $\boldsymbol{x}_k = [x, y, \theta]$，地图特征 $\boldsymbol{m}_i = [m_{ix}, m_{iy}]$，观测值 $\boldsymbol{z}_{k,i}$ 可按下式计算：

$$\boldsymbol{z}_{k,i} = \begin{bmatrix} r_{k,i} \\ \varphi_{k,i} \\ s_{k,i} \end{bmatrix} = h(\boldsymbol{x}_k, \boldsymbol{m}_i) + \boldsymbol{\delta}_k = \begin{bmatrix} \sqrt{(m_{ix}-x)^2 + (m_{iy}-y)^2} \\ \arctan2(m_{iy}-y, m_{ix}-x) - \theta \\ s_{k,i} \end{bmatrix} + \boldsymbol{\delta}_k \qquad (4.3\text{-}5)$$

由于噪声的存在，观测具有不确定性，观测的概率形式为：

$$P(\boldsymbol{z}_k \mid \boldsymbol{x}_k, \boldsymbol{m}) \qquad (4.3\text{-}6)$$

3. 概率图模型

在概率理论中，用一种联合概率分布表达随机变量之间的关系；在图论中，以图结构的形式表达各数据之间的关系。概率图模型是概率理论和图论结合的产物，可以有效地描述概率运动模型与概率观测模型之间的关系。

在概率图模型中，将随机变量之间的概率关系用图结构表示，图结构使各个随机变量之间的关系变得更为直观，也使复杂的概率计算过程得以简化。图结构由节点和边组成，每个节点都代表一个随机变量，连接节点的边代表随机变量之间的概率依赖关系。图4.3-3 给出了概率图模型的分类情况：（1）如果连接节点的边有方向，图结构就是有向图，也被称为贝叶斯网络；（2）如果连接节点的边没有方向，图结构就是无向图，也被称为马尔可夫网络。当然，贝叶斯网络和马尔可夫网络可以互相转化，读者可参考相关资料。

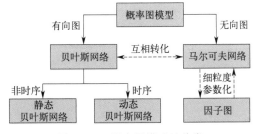

图 4.3-3　概率图模型的分类

1）贝叶斯网络

如图 4.3-4 所示，贝叶斯网络是有向无环图，所谓的无环是指箭头指向的路径不能闭合，箭头的含义可以理解为两个随机变量之间的依赖关系是因果关系。根据随机变量集的属性，贝叶斯网络可分为静态和动态。在静态贝叶斯网络中，随机变量集 $X = \{A, B, C, D, E, F, G\}$ 中的各个随机变量都对应一个特定的事件，网络结构描述各个事件的因果关系；在动态贝叶斯网络中，随机变量集 $X = \{s_0, s_1, \cdots, s_k\}$ 是由随机变量 s 的时序状态构成，每个状态 s_k 产生对应的观测 l_k，两个状态节点之间的箭头表示运动过程，状态节点和观测节点之间的箭头表示观测过程。很显然，动态贝叶斯网络可以描述机器人的同时定位与构图问题。

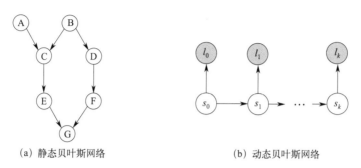

(a) 静态贝叶斯网络　　　　　　　　(b) 动态贝叶斯网络

图 4.3-4　贝叶斯网络

2）马尔可夫网络

在很多实际问题中，随机变量之间的显式因果关系是很难知晓的，往往只知道两个随机变量之间具有某种相关性，具体怎么相关却不得而知，马尔可夫网络的边正是描述这种非直观相关关系。如图 4.3-5 所示，马尔可夫网络细粒度参数化后可得到因子图，因子图除了引入随机变量节点，还引入因子节点，因子节点与随机变量节点用边连接，各个因子函数对随机变量间的概率分布关系描述得更为详细。当然，马尔可夫细粒度参数化的方式有多种。

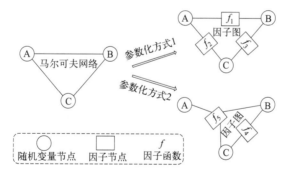

图 4.3-5　马尔可夫网络细粒度参数化

4. 基于贝叶斯网络的状态估计

如图 4.3-6 所示，动态贝叶斯网络可用于表示 SLAM 问题，图中的运动量 u_k 和观测量 z_k 均是可以被观测的。然而，图中的环境路标 m_i 和机器人位姿 x_k 不能直接被观测，需要借助贝叶斯网络推理得到。在线 SLAM 只对环境路标特征 $m = \{m_1, m_2, \cdots, m_i\}$ 和机器人当前位姿状态 x_k 进行估计，该估计问题的概率表达为：

$$P(x_k, m \mid z_{1:k}, u_{1:k}, x_0) \tag{4.3-7}$$

式中，x_0 表示机器人的初始位姿，是一个已知量，可以忽略。为了后面讨论方便，将后验概率分布 $P(x_k, m \mid z_{1:k}, u_{1:k})$ 用符号 $bel(x_k)$ 替代。$bel(x_k)$ 常被称为置信度，利用贝叶斯准则对 $bel(x_k)$ 进行分解：

$$bel(x_k) = P(x_k, m \mid z_{1:k}, u_{1:k})$$

$$= \frac{P(z_k | x_k, m, z_{1:k-1}, u_{1:k}) P(x_k, m | z_{1:k-1}, u_{1:k})}{P(z_k | z_{1:k-1}, u_{1:k})} \qquad (4.3\text{-}8)$$

式中的 $P(z_k | z_{1:k-1}, u_{1:k})$ 与估计量无关，由测量数据直接计算得到，是一个常数值。因此，公式 4.3-8 可简化为：

$$bel(x_k) = \eta_t P(z_k | x_k, m, z_{1:k-1}, u_{1:k}) P(x_k, m | z_{1:k-1}, u_{1:k}) \qquad (4.3\text{-}9)$$

式中的 η_t 是归一化常数，保证 $bel(x_k)$ 是一个求和为 1 的概率分布。由贝叶斯网络性质可知，除了直接指向某节点的原因节点外，其他所有节点与该节点都是条件独立的，可得：

$$P(z_k | x_k, m, z_{1:k-1}, u_{1:k}) = P(z_k | x_k, m) \qquad (4.3\text{-}10)$$

利用公式 4.3-10 可对公式 4.3-9 进行简化：

$$bel(x_k) = \eta_t P(z_k | x_k, m) \overline{bel(x_k)} \qquad (4.3\text{-}11)$$

$$\overline{bel(x_k)} = P(x_k, m | z_{1:k-1}, u_{1:k}) \qquad (4.3\text{-}12)$$

利用边缘概率法则、链式法则和条件独立性对 $\overline{bel(x_k)}$ 进行化简：

$$
\begin{aligned}
\overline{bel(x_k)} &= P(x_k, m | z_{1:k-1}, u_{1:k}) \\
&= \int P(x_k, m, x_{k-1} | z_{1:k-1}, u_{1:k}) \mathrm{d}x_{k-1} \\
&= \int P(x_k | m, x_{k-1}, z_{1:k-1}, u_{1:k}) P(m, x_{k-1} | z_{1:k-1}, u_{1:k}) \mathrm{d}x_{k-1} \\
&= \int P(x_k | m, x_{k-1}, z_{1:k-1}, u_{1:k}) P(m, x_{k-1} | z_{1:k-1}, u_{1:k-1}) \mathrm{d}x_{k-1} \\
&= \int P(x_k | x_{k-1}, u_k) P(m, x_{k-1} | z_{1:k-1}, u_{1:k-1}) \mathrm{d}x_{k-1} \\
&= \int P(x_k | x_{k-1}, u_k) bel(x_{k-1}) \mathrm{d}x_{k-1} \qquad (4.3\text{-}13)
\end{aligned}
$$

整理上述一系列公式，可得后验概率分布 $P(x_k, m | z_{1:k}, u_{1:k})$ 的计算过程包含预测和更新两个步骤：

预测步骤： $$\overline{bel(x_k)} = \int P(x_k | x_{k-1}, u_k) bel(x_{k-1}) \mathrm{d}x_{k-1} \qquad (4.3\text{-}14)$$

更新步骤： $$bel(x_k) = \eta_t P(z_k | x_k, m) \overline{bel(x_k)} \qquad (4.3\text{-}15)$$

式中，$P(x_k | x_{k-1}, u_k)$ 表示运动模型的概率分布；$P(z_k | x_k, m)$ 表示观测模型的概率分布。在已知机器人初始位姿 x_0 的置信度后，利用运动数据 $P(x_k | x_{k-1}, u_k)$ 和前一时刻置信度 $bel(x_{k-1})$ 预测出当前状态置信度 $\overline{bel(X_k)}$，这个过程称为预测步骤；因为预测存在较大误差，还需要利用观测数据 $P(z_k | x_k, m)$ 对预测置信度 $\overline{bel(x_k)}$ 进行修正，修正后的置信度为 $bel(x_k)$，这个过程称为更新步骤。很显然，上述计算是一个递归过程，这个算法也称为递归贝叶斯滤波。由于 $P(x_k, m | z_{1:k}, u_{1:k})$ 没有给定确切的形式，因此递归贝叶斯滤波是一种通用框架。

给定不同形式的 $P(x_k, m | z_{1:k}, u_{1:k})$，递归贝叶斯滤波采用不同形式的算法实现。当 $P(x_k, m | z_{1:k}, u_{1:k})$ 假设为高斯分布：（1）运动模型函数 g 和观测模型的函数 h 为线性，常采用卡尔曼滤波算法，详见 4.2.2 节；（2）运动模型函数 g 和观测模型的函数 h 为非线性，常采用拓展卡尔曼滤波算法，该算法首先采用一阶泰勒展开对 g 和 h 进行线性化处

理，然后再采用卡尔曼滤波算法。当 $P(\boldsymbol{x}_k,\boldsymbol{m}\mid \boldsymbol{z}_{1:k},\boldsymbol{u}_{1:k})$ 为非高斯分布时，常采用粒子滤波算法，该算法是一种思想，其核心是用一系列通过后验概率分布采样的粒子近似表示后验概率分布，采样后的粒子直接参与预测和更新两大步骤。卡尔曼滤波算法和拓展卡尔曼滤波算法属于参数化实现，其本质是对高斯分布的均值和方差两大参数进行闭式递归计算，而粒子滤波算法属于非参数化实现，其本质是对粒子进行直接计算，实现状态的非参数化估计。

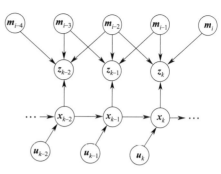

图 4.3-6　动态贝叶斯网络表示 SLAM 问题

5. 基于因子图的状态估计

针对图 4.3-6 表示的 SLAM 问题，离线 SLAM 是对环境路标特征 $\boldsymbol{m}=\{\boldsymbol{m}_1,\boldsymbol{m}_2,\cdots,\boldsymbol{m}_i\}$ 和机器人当前及过去所有位姿状态 $\boldsymbol{x}_{1:k}=\{\boldsymbol{x}_1,\boldsymbol{x}_2,\cdots,\boldsymbol{x}_k\}$ 进行估计，该估计问题的概率表述为：

$$P(\boldsymbol{x}_{1:k},\boldsymbol{m}\mid \boldsymbol{z}_{1:k},\boldsymbol{u}_{1:k},\boldsymbol{x}_0) \tag{4.3-16}$$

式中，$\boldsymbol{x}_0$ 表示机器人的初始位姿，是一个已知量，可以忽略。目前，优化方法是求解该估计问题的典型方法，优化方法首先将贝叶斯网络表示的 SLAM 问题转化为马尔可夫网络的因子图。针对一个小规模的 SLAM 问题，图 4.3-7 给出了动态贝叶斯网络转化为因子图的示例。为了表达方便，因子图中连线上的因子节点直接省略，每条连线就直接代表一个约束，约束的具体表达式为：

$$\|\boldsymbol{x}_k-g(\boldsymbol{x}_{k-1},\boldsymbol{u}_k)\|_{\boldsymbol{Q}_k^{-1}}^2=[\boldsymbol{x}_k-g(\boldsymbol{x}_{k-1},\boldsymbol{u}_k)]^{\mathrm{T}}\boldsymbol{Q}_k^{-1}[\boldsymbol{x}_k-g(\boldsymbol{x}_{k-1},\boldsymbol{u}_k)] \tag{4.3-17}$$

$$\|\boldsymbol{z}_k-h(\boldsymbol{x}_k,\boldsymbol{m})\|_{\boldsymbol{R}_k^{-1}}^2=[\boldsymbol{z}_k-h(\boldsymbol{x}_k,\boldsymbol{m})]^{\mathrm{T}}\boldsymbol{R}_k^{-1}[\boldsymbol{z}_k-h(\boldsymbol{x}_k,\boldsymbol{m})] \tag{4.3-18}$$

式中，$\boldsymbol{Q}_k$ 和 $\boldsymbol{R}_k$ 分别表示运动噪声 $\boldsymbol{\varepsilon}_k$ 和观测噪声 $\boldsymbol{\delta}_k$ 的协方差矩阵。公式 4.3-17 和公式 4.3-18 所表达的约束实质上是马氏距离，马氏距离不受量纲的影响且可以排除变量之间的相关性干扰。

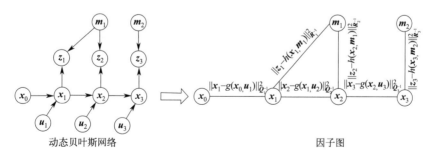

图 4.3-7　动态贝叶斯网络转化因子图

采用滤波方法进行状态估计是基于最大后验估计，采用优化方法进行状态估计是基于最小二乘估计，贝叶斯网络中的最大后验估计和因子图中的最小二乘估计可以相互转化且相互等效：

最大后验估计：
$$\underset{\boldsymbol{x},\boldsymbol{m}}{\arg\max}P(\boldsymbol{x}_{1:k},\boldsymbol{m}\mid \boldsymbol{z}_{1:k},\boldsymbol{u}_{1:k},\boldsymbol{x}_0) \tag{4.3-19}$$

$$最小二乘估计：\underset{\boldsymbol{x},\boldsymbol{m}}{\operatorname{argmin}}(\sum_{i=1}^{k}\|\boldsymbol{x}_i-g(\boldsymbol{x}_{i-1},\boldsymbol{u}_i)\|_{\boldsymbol{Q}_i^{-1}}^2+\sum_{i=1}^{k}\|\boldsymbol{z}_i-h(\boldsymbol{x}_i,\boldsymbol{m})\|_{\boldsymbol{R}_i^{-1}}^2)$$

$$(4.3\text{-}20)$$

实际应用中，常采用梯度下降算法、高斯-牛顿算法、列文伯格-马夸尔特算法等求解最小二乘问题，这些算法已有大量的代码库。

4.3.3 激光 SLAM

激光 SLAM 的输入是激光雷达获取的数据，激光雷达具有数据稳定性好、测距精度高、扫描范围广等优点，但存在价格昂贵、数据信息量等不足。视觉 SLAM 的输入是相机获取的数据，相机具有价格便宜、数据信息量大等优点，但存在数据稳定性差、精度较低等不足。相较于视觉 SLAM，激光 SLAM 研究时间更久，在理论、技术和产品落地上更成熟。下面将只介绍两种流行的激光 SLAM 算法：基于粒子滤波的 Gmapping 算法和基于优化的 Cartographer 算法。感兴趣的读者，可以查阅更多的激光 SLAM 算法和视觉 SLAM 算法的相关资料。

1. Gmapping 算法

如公式 4.3-21 所示，Gmapping 算法将 SLAM 中的定位和建图问题分开处理：$P(\boldsymbol{x}_{1:k}|\boldsymbol{z}_{1:k},\boldsymbol{u}_{1:k})$ 表示是机器人定位问题；$P(\boldsymbol{m}|\boldsymbol{x}_{1:k}\boldsymbol{z}_{1:k})$ 表示已知机器人位姿进行地图构建的问题。已知机器人位姿的地图构建是个简单问题，所以机器人位姿的估计是一个重点问题。

$$P(\boldsymbol{x}_{1:k},\boldsymbol{m}|\boldsymbol{z}_{1:k},\boldsymbol{u}_{1:k})$$
$$=P(\boldsymbol{x}_{1:k}|\boldsymbol{z}_{1:k},\boldsymbol{u}_{1:k})P(\boldsymbol{m}|\boldsymbol{x}_{1:k},\boldsymbol{z}_{1:k},\boldsymbol{u}_{1:k})$$
$$=\underset{\text{定位}}{P(\boldsymbol{x}_{1:k}|\boldsymbol{z}_{1:k},\boldsymbol{u}_{1:k})}\underset{\text{建图}}{P(\boldsymbol{m}|\boldsymbol{x}_{1:k}\boldsymbol{z}_{1:k})} \qquad (4.3\text{-}21)$$

Gmapping 算法是采用粒子滤波器求解机器人定位问题，机器人每条可能的轨迹都可以用一个粒子序列 $\boldsymbol{x}_{1:k}^{(i)}$ 表示，每个粒子点 $\boldsymbol{x}_k^{(i)}$ 都携带一张地图 $\boldsymbol{m}_k^{(i)}$。每条轨迹的重要性权重 $w_k^{(i)}$ 可按下式进行计算：

$$w_k^{(i)}=\frac{P(\boldsymbol{x}_{1:k}^{(i)}|\boldsymbol{z}_{1:k},\boldsymbol{u}_{1:k})}{\pi(\boldsymbol{x}_{1:k}^{(i)}|\boldsymbol{z}_{1:k},\boldsymbol{u}_{1:k})} \qquad (4.3\text{-}22)$$

式中，$P(\boldsymbol{x}_{1:k}^{(i)}|\boldsymbol{z}_{1:k},\boldsymbol{u}_{1:k})$ 表示粒子序列的目标分布；$\pi(\boldsymbol{x}_{1:k}^{(i)}|\boldsymbol{z}_{1:k},\boldsymbol{u}_{1:k})$ 表示粒子序列的建议分布。如图 4.3-8 所示，$w_k^{(i)}$ 反映了目标分布与建议分布的差异性，也是后续进行重采样的依据。$w_k^{(i)}$ 越大，其对应的粒子序列 $\boldsymbol{x}_{1:k}^{(i)}$ 被采样概率越高。随着时间的推移，轨迹将变得很长，按公式 4.3-22 计算轨迹权重所需的计算量会越来越大，可以通过贝叶斯准则、全概率公式和条件独立性对公式 4.3-22 进行化简，从而得到轨迹权重的递归计算公式：

$$w_k^{(i)}=\frac{P(\boldsymbol{x}_{1:k}^{(i)}|\boldsymbol{z}_{1:k},\boldsymbol{u}_{1:k})}{\pi(\boldsymbol{x}_{1:k}^{(i)}|\boldsymbol{z}_{1:k},\boldsymbol{u}_{1:k})}$$
$$=\frac{P(\boldsymbol{z}_k|\boldsymbol{x}_{1:k}^{(i)},\boldsymbol{z}_{1:k-1})P(\boldsymbol{x}_{1:k}^{(i)}|\boldsymbol{z}_{1:k-1},\boldsymbol{u}_{1:k})/P(\boldsymbol{z}_k|\boldsymbol{z}_{1:k-1},\boldsymbol{u}_{1:k})}{\pi(\boldsymbol{x}_k^{(i)}|\boldsymbol{x}_{1:k-1}^{(i)},\boldsymbol{z}_{1:k},\boldsymbol{u}_{1:k})\pi(\boldsymbol{x}_{1:k-1}^{(i)}|,\boldsymbol{z}_{1:k-1},\boldsymbol{u}_{1:k-1})}$$

$$=\frac{P(z_k\,|\,x_{1:k}^{(i)},z_{1:k-1})P(x_k^{(i)}\,|\,x_{k-1}^{(i)},u_k)P(x_{1:k-1}^{(i)}\,|\,z_{1:k-1},u_{1:k-1})\eta_{\mathrm{t}}}{\pi(x_k^{(i)}\,|\,x_{1:k-1}^{(i)},z_{1:k},u_{1:k})\pi(x_{1:k-1}^{(i)},z_{1:k-1},u_{1:k-1})}$$

$$\propto\frac{P(z_k\,|\,m_{k-1}^{(i)},x_k^{(i)})P(x_k^{(i)}\,|\,x_{k-1}^{(i)},u_k)}{\pi(x_k^{(i)}\,|\,x_{1:k-1}^{(i)},z_{1:k},u_{1:k})}w_{k-1}^{(i)} \tag{4.3-23}$$

式中，$\eta_{\mathrm{t}}=1/P(z_k\,|\,z_{1:k-1},u_{1:k})$，是一个常量。对于 Gmapping 算法而言，建议分布是采用运动模型得到的，则公式 4.3-23 进一步化简为：

$$w_k^{(i)}\propto\frac{P(z_k\,|\,m_{k-1}^{(i)},x_k^{(i)})P(x_k^{(i)}\,|\,x_{k-1}^{(i)},u_k)}{\pi(x_k^{(i)}\,|\,x_{1:k-1}^{(i)},z_{1:k},u_{1:k})}w_{k-1}^{(i)}$$

$$=\frac{P(z_k\,|\,m_{k-1}^{(i)},x_k^{(i)})P(x_k^{(i)}\,|\,x_{k-1}^{(i)},u_k)}{P(x_k^{(i)}\,|\,x_{1:k-1}^{(i)},z_{1:k},u_{1:k})}w_{k-1}^{(i)}$$

$$=\frac{P(z_k\,|\,m_{k-1}^{(i)},x_k^{(i)})P(x_k^{(i)}\,|\,x_{k-1}^{(i)},u_k)}{P(x_k^{(i)}\,|\,x_{k-1}^{(i)},u_{1:k})}w_{k-1}^{(i)}$$

$$=P(z_k\,|\,m_{k-1}^{(i)},x_k^{(i)})w_{k-1}^{(i)} \tag{4.3-24}$$

式中的当前时刻粒子点 $x_k^{(i)}$ 是由上个时刻粒子点 $x_{k-1}^{(i)}$ 依据运动模型产生，即：

$$x_k^{(i)}\sim P(x_k\,|\,x_{k-1}^{(i)},u_k) \tag{4.3-25}$$

公式 4.3-24 和公式 4.3-25 的物理意义是首先采用运动模型得到 $x_k^{(i)}$，再通过观测模型对粒子序列 $x_{1:k}^{(i)}$ 的权重进行更新。

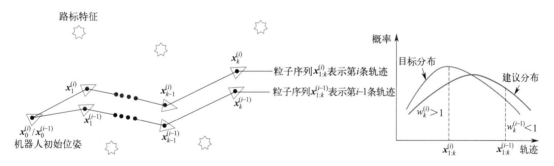

图 4.3-8　粒子点及其重要性权重

采用运动模型得到的建议分布存在一定局限性。如图 4.3-9 所示，当观测数据可靠性比较低时（即观测分布的区间 $L^{(i)}$ 比较大），利用运动模型 $x_k^{(i)}\sim P(x_k\,|\,x_{k-1}^{(i)},u_k)$ 采样生成的新粒子落在区间 $L^{(i)}$ 内的概率比较高；当观测数据可靠性比较高时（即观测分布的区间 $L^{(i)}$ 比较小），利用运动模型 $x_k^{(i)}\sim P(x_k\,|\,x_{k-1}^{(i)},u_k)$ 采样生成的新粒子落在区间 $L^{(i)}$ 内的概率比较低。由于粒子滤波是采用有限个粒子点近似表示连续空间的分布情况，当观测分布的区间内粒子点较少时，粒子滤波的精度会降低。为了克服上述问题，Gmapping 算法采用的处理方式是：（1）当观测可靠性低时，采用 $x_k^{(i)}\sim P(x_k\,|\,x_{k-1}^{(i)},u_k)$ 生成新粒子点，按公式 4.3-24 计算权重；（2）当观测可靠性高时，直接从观测分布的区间 $L^{(i)}$ 内随机采样出固定数量的点集 $\{x_M\}$，利用点集 $\{x_M\}$ 计算出高斯分布的参数 $\mu_k^{(i)}$ 和 $\Sigma_k^{(i)}$，最后依据高斯分布采样生成新粒子点 $x_k^{(i)}$ 以及计算对应的权重。判断观测可靠度高低的方式比较简单，首先利用运动模型推算粒子点的新位姿 $x_k^{'(i)}$，然后在 $x_k^{'(i)}$ 附近区域搜索，计

算观测 z_k 与已有地图的匹配度，当搜索区域存在 $\hat{x}_k^{(i)}$ 使得匹配度很高时，就可以认为观测可靠性高。

当观测可靠性高时，$x_k^{(i)}$ 和 $w_k^{(i)}$ 具体计算过程为：

$$x_M \sim \{x_j \| x_j - \hat{x}_k^{(i)} \| < \Delta\} \tag{4.3-26}$$

$$\mu_k^{(i)} = \frac{1}{\eta^{(i)}} \sum_{j=1}^{M} x_j P(z_k \mid m_{k-1}^{(i)}, x_j) P(x_j \mid x_{k-1}^{(i)}, u_k) \tag{4.3-27}$$

$$\Sigma_k^{(i)} = \frac{1}{\eta^{(i)}} \sum_{j=1}^{M} (x_j - \mu_k^{(i)})(x_j - \mu_k^{(i)})^{\mathrm{T}} P(z_k \mid m_{k-1}^{(i)}, x_j) P(x_j \mid x_{k-1}^{(i)}, u_k) \tag{4.3-28}$$

$$\eta^{(i)} = \sum_{j=1}^{M} P(z_k \mid m_{k-1}^{(i)}, x_j) P(x_j \mid x_{k-1}^{(i)}, u_k) \tag{4.3-29}$$

$$x_k^{(i)} \sim N(\mu_k^{(i)}, \Sigma_k^{(i)}) \tag{4.3-30}$$

$$w_k^{(i)} = w_{k-1}^{(i)} \eta^{(i)} \tag{4.3-31}$$

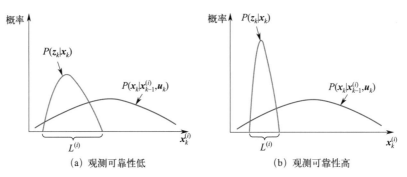

(a) 观测可靠性低   (b) 观测可靠性高

图 4.3-9　观测的可靠性

得到了 $\{<x_k^{(i)}, w_k^{(i)}, m_k^{(i)}>\}$ 后，就可以进行重采样，重采样是指新生成的粒子点需要利用重要性权重进行替换，经过重采样后粒子点的权重都变成一样。由于粒子点总量保持不变，当权重比较小的粒子点被删除后，权重大的粒子点需要进行复制以保持粒子点总量不变。如果每更新一次粒子点都要进行重采样，会导致粒子多样性的丢失。因此，采用参数 N_{eff} 来判断是否进行重采样，N_{eff} 定义：

$$N_{\mathrm{eff}} = \frac{1}{\sum_{i=1}^{N} (\widetilde{w}^{(i)})^2} \tag{4.3-32}$$

式中，$\widetilde{w}^{(i)}$ 表示粒子的归一化权重。当 $\widetilde{w}^{(i)}$ 之间差异足够大时，即参数 N_{eff} 小于预设阈值 N_{thres}，执行重采样。

Gmapping 算法实现相对简洁，非常适合初学者入门学习。图 4.3-10 给出了 Gmapping 算法的流程图。如图 4.3-11 所示，Gmapping 算法可以实时构建室内环境地图，且构建的地图精度较高。但随着环境的增大，Gmapping 算法构建地图所需的内存和计算量就会变得巨大，因此 Gmapping 算法不适合大场景构图。

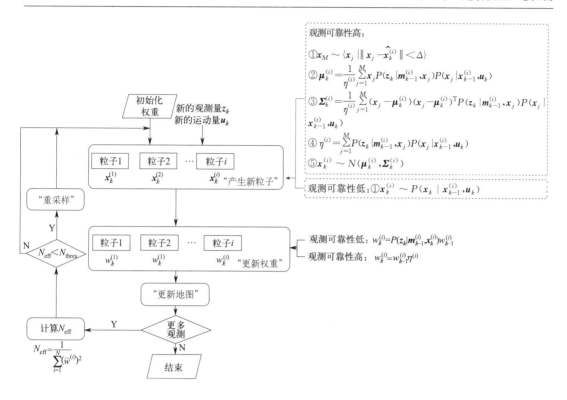

观测可靠性高：
① $x_M \sim \langle x_j \mid \| x_j - \hat{x_k^{(i)}} \| < \Delta \rangle$

② $\mu_k^{(i)} = \dfrac{1}{\eta^{(i)}} \sum\limits_{j=1}^{M} x_j P(z_k \mid m_{k-1}^{(i)}, x_j) P(x_j \mid x_{k-1}^{(i)}, u_k)$

③ $\Sigma_k^{(i)} = \dfrac{1}{\eta^{(i)}} \sum\limits_{j=1}^{M} (x_j - \mu_k^{(i)})(x_j - \mu_k^{(i)})^{\mathrm{T}} P(z_k \mid m_{k-1}^{(i)}, x_j) P(x_j \mid x_{k-1}^{(i)}, u_k)$

④ $\eta^{(i)} = \sum\limits_{j=1}^{M} P(z_k \mid m_{k-1}^{(i)}, x_j) P(x_j \mid x_{k-1}^{(i)}, u_k)$

⑤ $x_k^{(i)} \sim N(\mu_k^{(i)}, \Sigma_k^{(i)})$

观测可靠性低：① $x_k^{(i)} \sim P(x_k \mid x_{k-1}^{(i)}, u_k)$

观测可靠性低：$w_k^{(i)} = P(z_k \mid m_{k-1}^{(i)}, x_k^{(i)}) w_{k-1}^{(i)}$
观测可靠性高：$w_k^{(i)} = w_{k-1}^{(i)} \eta^{(i)}$

$N_{\mathrm{eff}} = \dfrac{1}{\sum\limits_{i=1}^{N} (\tilde{w}^{(i)})^2}$

图 4.3-10　Gmapping 算法的流程图

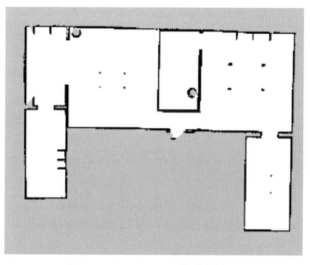

图 4.3-11　Gmapping 算法的效果

2. Cartographer 算法

如图 4.3-12 所示，基于优化方法的 SLAM 系统通常采用局部建图、闭环检测和全局优化的框架。

1）局部建图

图 4.3-13 给出了 Cartographer 算法中的地图结构，若干个激光雷达扫描帧（scan）

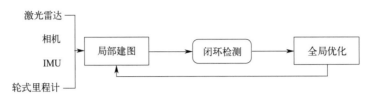

图 4.3-12 基于优化方法的 SLAM 系统框架

构成一个局部子图（submap），若干个局部子图组成全局地图（submaps）。一个激光雷达扫描帧被称为一个 scan，一个 scan 包含雷达扫描一圈得到的点集 $H=\{\boldsymbol{h}_{1,k}\}$。Cartographer 算法中，submap 为概率栅格地图，所谓的概率栅格地图就是连续二维空间被分成一个个离散的栅格，栅格的边长为地图的分辨率，用概率描述栅格是否存在障碍物，概率值越大说明栅格存在障碍物的可能性越高。

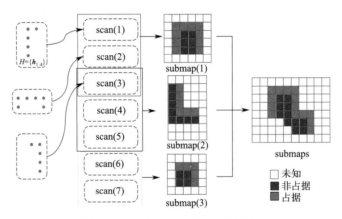

图 4.3-13 Cartographer 地图结构

　　图 4.3-14 给出了一个 scan 栅格化的示意图，每个栅格存在 3 种状态：占据（hit）、非占据（miss）和未知。扫描点所覆盖的栅格自然为占据状态（hit）；扫描光束起点与终点之间区域内肯定没有障碍物，扫描光束所覆盖的栅格就应该为非占据状态（miss）；因雷达扫描分辨率和量程限制，未被扫描点和扫描光束所覆盖的栅格为未知状态。当一个 scan 转换到 submap 时，需要对 submap 进行更新。当 scan 中占据栅格和非占据栅格覆盖的是 submap 的未知栅格，按下式进行更新：

$$M_{\text{new}}(x)=\begin{cases}P_{\text{hit}} & \text{占据栅格覆盖时}\\ P_{\text{miss}} & \text{非占据栅格覆盖时}\end{cases}\qquad(4.3\text{-}33)$$

式中，$M_{\text{new}}(x)$ 表示 submap 中栅格 x 更新后的概率；P_{hit} 为占据概率初值，取值大于 0.5；P_{miss} 为非占据概率初值，取值小于 0.5。当 scan 中占据栅格和非占据栅格覆盖的是 submap 的非未知栅格，按下式进行更新：

$$M_{\text{new}}(x)=\begin{cases}clamp(odds^{-1}(odds(M_{\text{odd}}(x)odds(P_{\text{hit}}))) & \text{占据栅格覆盖时}\\ clamp(odds^{-1}(odds(M_{\text{odd}}(x)odds(P_{\text{miss}}))) & \text{非占据栅格覆盖时}\end{cases}$$

$$(4.3\text{-}34)$$

式中，$M_{\text{odd}}(x)$ 表示 submap 中栅格 x 更新前的概率；$odds^{-1}$ 是 $odds$ 的反函数，

$odds(p)=p/(1-p)$；$clamp$ 是区间限定函数，限制自变量的最大值和最小值。值得说明的是，$odds(p)$ 被称为赔率，由于一个栅格会被多个 scan 所覆盖，$odds(P_{hit}>0.5)>1$ 意味着叠加占据栅格会提高栅格的占据概率，$odds(P_{miss}<0.5)<1$ 意味着叠加非占据栅格会降低栅格的占据概率。上述的栅格更新机制可以有效降低环境中动态障碍物的干扰。比如，前一时刻栅格 x 上出现行人，$M_{new}(x)$ 被赋予概率初值 P_{hit}；而在后续的多个时刻，由于人的位置发生了变化，栅格 x 的概率会不断叠加非占据栅格，$M_{new}(x)$ 会逐渐趋近于 0。

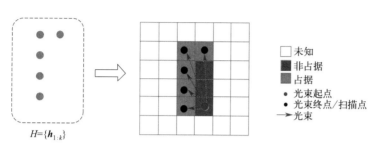

图 4.3-14 scan 栅格化

上文未给出 scan 转换到 submap 的方法，在此进行补充。如图 4.3-15 所示，每个 scan 都对应着一个全局地图坐标系下的位姿，例如 $\xi_j^s=[\xi_{j;x}^s,\xi_{j;y}^s,\xi_{j;\theta}^s]$ 就表示第 j 个 scan 在二维全局地图坐标系下的位姿。每个 submap 也都对应着一个全局地图坐标系下的位姿，例如 $\xi_i^m=[\xi_{i;x}^m,\xi_{i;y}^m,\xi_{i;\theta}^m]$ 就表示第 i 个 submap 在二维全局地图坐标系下的位姿。每个 scan 所包含的点集 $H=\{h_{1;k}\}$ 是建立在自身局部坐标系 ξ^s 下的，每个 submap 所包含的栅格也是建立在自身局部坐标系 ξ^m 下的。用 $\xi_{ij}=[\xi_{ij;x},\xi_{ij;y},\xi_{ij;\theta}]$ 表示第 j 个 scan 转换到第 i 个 submap 的位姿，则第 j 个 scan 所包含的点集 $H=\{h_{1;k}\}$ 可通过下式转换成第 i 个 submap 中的 $H'=\{h'_{1;k}\}$：

$$h'_k = \begin{bmatrix} \cos\xi_{ij;\theta} & -\sin\xi_{ij;\theta} \\ \sin\xi_{ij;\theta} & \cos\xi_{ij;\theta} \end{bmatrix} h_k + \begin{bmatrix} \xi_{ij;x} \\ \xi_{ij;y} \end{bmatrix} \tag{4.3-35}$$

H' 应以最小误差加入 submap 中，即 ξ_{ij} 可通过下式进行求解：

$$\underset{\xi_{ij}}{\mathrm{argmin}} \sum_{t=1}^{k} (1-M_{smooth}(h'_t))^2 \tag{4.3-36}$$

式中，M_{smooth} 表示转换后 scan 与平滑后 submap 之间的匹配度，平滑处理的目的包括：（1）为了方便采用梯度下降法对公式 4.3-36 进行求解；（2）克服栅格地图低分辨率的影响，获得更高精度的位姿。优化公式 4.3-36 时会给一个初始位姿，采纳 IMU 的角速度积分作为初始姿态，采纳里程计的线速度积分作为初始平移。由上可得，求解公式 4.3-36 的过程本质是先采用运动模型预测 ξ_{ij}，然后通过观测更新 ξ_{ij}。若干个 scan 最优姿态加入 submap 中，即可完成一张 submap，也就是完成局部建图。

2）闭环检测

由于误差的累计，机器人的当前位姿与其之前走过的同一地方的位姿并不重合，这常常会导致构建地图出现重影现象[图 4.3-16（a）]。借助闭环检测技术，可以检测到机器人位姿闭环这一情况，然后将闭环约束加入到整个建图中，最后对全局位姿进行优化，从而

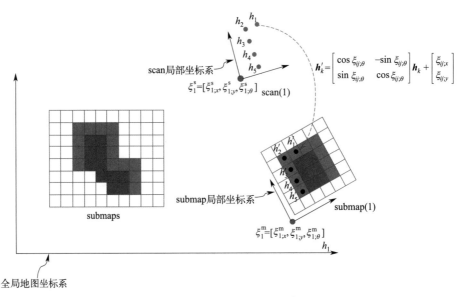

图 4.3-15　scan 转换到 submap

有效克服地图重影问题[图 4.3-16(b)]。

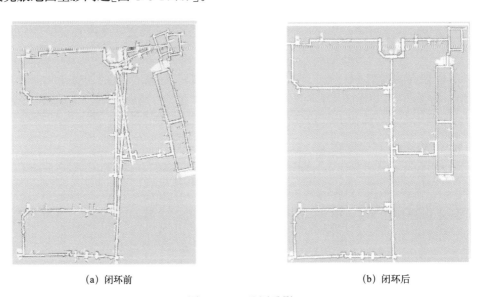

(a) 闭环前　　　　　　　　　　　　　　(b) 闭环后

图 4.3-16　地图重影

　　Cartographer 算法中，每新增一个 scan 就会执行一次闭环检测。所谓的闭环检测，就是将新增的 scan 和全局地图进行匹配，以便确定机器人之前是否经过了当前位置。由于全局地图规模较大，采用暴力搜索进行闭环检测显然行不通。为此，Cartographer 算法采用分支定界法来提高闭环检测过程的搜索匹配效率。如图 4.3-17 所示，新增的 scan 与高分辨率地图的匹配得分为 3，而与低分辨率地图的匹配得分为 4，这说明低分辨率地图得分更高。简单而言，分支定界法用于闭环检测的步骤为：（1）首先将整个地图中的一个区域展开到底，计算该区域的匹配得分 S_m，S_m 代表该区域的得分下界；（2）选取其他任一

未展开的区域 M_i，计算区域 M_i 的匹配得分 S_n，S_n 表示区域 M_i 的得分上界；（3）如果 $S_m > S_n$，则无需对区域 M_i 进行展开，从而大大地提高搜索匹配效率；（4）如果 $S_m < S_n$，则需要对区域 M_i 进行展开，计算区域 M_i 的匹配得分 S_k，将 S_k 作为新的得分下界。

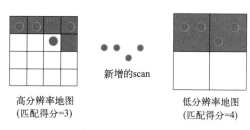

高分辨率地图
（匹配得分=3）

新增的scan

低分辨率地图
（匹配得分=4）

图 4.3-17　匹配得分

3）全局优化

当闭环检测中匹配得分超过设定阈值就判定闭环，此时将闭环约束加入位姿图中（图 4.3-18），位姿图属于前文所述的因子图。对于 Cartographer 算法而言，图结构的节点包括 scan 的全局位姿和 submap 的全局位姿，图结构的边代表着 scan 和 submap 的相对位姿 ξ_{ij}，ξ_{ij} 由公式 4.3-36 得到。全局优化就是寻找合适的 $\{\xi_i^m\}$ 和 $\{\xi_j^s\}$ 使得图结构中相对位姿的误差最小，数学表达为：

$$\underset{\{\xi_j^s\},\{\xi_i^m\}}{\operatorname{argmin}} \frac{1}{2}\sum_{ij}\rho(\|e(\xi_i^m,\xi_j^s,\xi_{ij})\|_{\Sigma_{ij}^{-1}}^2) \tag{4.3-37}$$

$$e(\xi_i^m,\xi_j^s,\xi_{ij})=\xi_{ij}-\begin{bmatrix}\begin{bmatrix}\cos\xi_{i;\theta}^m & \sin\xi_{i;\theta}^m \\ -\sin\xi_{i;\theta}^m & \cos\xi_{i;\theta}^m\end{bmatrix}\begin{bmatrix}\xi_{i;x}^m-\xi_{j;x}^s \\ \xi_{i;y}^m-\xi_{j;y}^s\end{bmatrix} \\ \xi_{i;\theta}^m-\xi_{j;\theta}^s\end{bmatrix} \tag{4.3-38}$$

式中，Σ_{ij} 表示 ξ_{ij} 的协方差矩阵；ρ 表示 Huber 损失函数；与公式 4.3-17 相同，$\|e(\xi_i^m,\xi_j^s,\xi_{ij})\|_{\Sigma_{ij}^{-1}}^2$ 同样表示马氏距离。公式 4.3-37 同样也是最小二乘问题，可采用现有代码库进行求解。

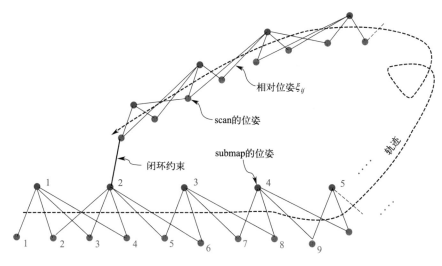

相对位姿ξ_{ij}

scan的位姿

submap的位姿

轨迹

闭环约束

图 4.3-18　位姿图

Cartographer 算法的开发团队来自谷歌公司，代码的工程稳定性较好，依赖库很少，支持 2D 和 3D 激光雷达的输入。图 4.3-19 给出了 Cartographer 算法用于德国国家博物馆的地图构建。

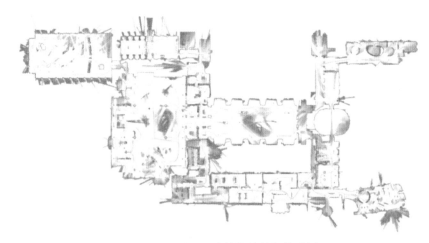

图 4.3-19　德国国家博物馆的栅格地图

4.4　技术前沿动态

建筑行业中存在许多非结构化或者传感器失效的场景，为机器人实现低成本的感知带来许多挑战。首先，建筑场景存在一些激光或者相机传感器退化的场景区域，例如：（1）三维激光在玻璃幕墙等场景无法提供反射物信息；（2）GNSS 会在桥下、隧道等场景中因遮挡无法为机器人提供定位；（3）相机在非结构化场景中因缺乏特征点而匹配失效。其次，当前的 SLAM 系统都高度依赖 IMU 和轮速编码器提供的初始位姿输入，然而极端环境下传感器数据出现异常会为机器人系统带来定位偏差。最后，发电站、矿井、建筑工地等场景常面临通行路线单一的问题，无法形成有效的回环，导致 SLAM 轨迹累计的误差难以调整。针对上述情况，需要合理地设计相应的策略，以保证机器人的定位。

此外，建筑机器人需要对场景的动态变化进行感知，以保证长期稳定地工作。机器人定位依赖于导航地图，真实环境发生变化会导致定位过程的感知数据无法与导航地图建立有效的匹配，以至于长期运行会导致定位漂移和定位丢失。基于端到端的学习方法是一种有效的解决方法，可利用神经网络的泛化性应对环境的动态变化。

第五章　建筑机器人控制篇

控制技术是机器人系统中的核心技术，它可确保机器人能够快速、准确地完成预期任务。控制基础是控制技术的基石，包括经典控制理论和现代控制理论。对于建筑机器人而言，控制技术包括电机控制、机器人本体控制和集群机器人控制三个不同层次。电机控制是最低层次的控制；机器人本体控制实质上是多电机控制，但需要结合机器人的运动学；集群机器人控制实质上是多机器人控制，但需要结合控制结构。

5.1　控制基础

5.1.1　控制系统简介

一般而言，控制系统由动态系统和控制器组成。动态系统是指状态随时间变化的系统，其特点在于系统的状态变量是时间的函数。对光滑平面上一辆小车施加一个随时间变化的外力 $u(t)$，这便构成了一个动态系统。根据牛顿第二定律，可对动态系统进行建模：

$$u(t) = m \frac{\mathrm{d}^2 x(t)}{\mathrm{d}t^2} \tag{5.1-1}$$

式中，m 表示小车的质量；$x(t)$ 表示小车的位置，它是系统的状态变量；$u(t)$ 和 $x(t)$ 分别定义为动态系统的输入和输出。当掌握了动态系统输入和输出的关系之后，就可以设计控制器来调节动态系统的输入，使得动态系统的输出符合预期。如图 5.1-1（a）所示，控制器根据参考值 $r(t)$ 来决定 $u(t)$，这种控制方式称为开环控制。当动态系统建模准确且无外界扰动时，开环控制可以完美地达成控制目标。在实际应用场景中，动态系统的输入输出模型难以精确给出，而且扰动无处不在。因此，开环控制大多只能应用在简单的、精度要求不高的场景中。如图 5.1-1（b）所示，控制器根据参考值 $r(t)$ 与系统实际输出

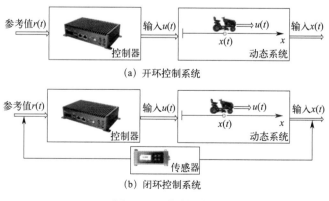

（a）开环控制系统

（b）闭环控制系统

图 5.1-1　控制系统

$x(t)$ 的差来决定 $u(t)$，这种控制方式称为闭环控制。闭环控制可以实现高精度的控制，同时补偿由于外界扰动或动态系统建模不准确而引起的偏差。

5.1.2 经典控制理论

在经典控制理论中，使用传递函数来表示系统输入与输出的关系。传递函数只能反映系统的外部特性，不能反映系统内部的动态变化。

1. 拉普拉斯变换

拉普拉斯变换是经典控制理论中重要的数学工具，利用拉普拉斯变换可以方便地求解微分方程。拉普拉斯变换可以把一个时域上的函数 $f(t)$ 转换成一个复数域上的函数 $F(s)$，数学表达式为：

$$F(s) = L[f(t)] = \int_0^\infty f(t)\mathrm{e}^{-st}\,\mathrm{d}t \tag{5.1-2}$$

式中，复数 $s = \sigma + j\omega$。当 $\sigma = 0$ 时，拉普拉斯变换退化为傅里叶变换。通常 $\sigma > 0$，拉普拉斯变换可直观地理解为带衰减的傅里叶变换，这使得一些发散性函数也可以进行拉普拉斯变换。

下面介绍拉普拉斯变换的性质。第一个性质为线性性质，数学表达式为：

$$L[af(t) + bg(t)] = aF(s) + bG(s) \tag{5.1-3}$$

线性性质的证明过程为：

$$
\begin{aligned}
L[af(t) + bg(t)] &= \int_0^\infty [af(t) + bg(t)]\mathrm{e}^{-st}\,\mathrm{d}t \\
&= a\int_0^\infty f(t)\mathrm{e}^{-st}\,\mathrm{d}t + b\int_0^\infty g(t)\mathrm{e}^{-st}\,\mathrm{d}t \\
&= aF(s) + bG(s)
\end{aligned}
\tag{5.1-4}
$$

第二性质为微分性质，数学表达式为：

$$L\left[\frac{\mathrm{d}f(t)}{\mathrm{d}t}\right] = sF(s) - f(0) \tag{5.1-5}$$

微分性质的证明过程为：

$$
\begin{aligned}
L\left[\frac{\mathrm{d}f(t)}{\mathrm{d}t}\right] &= \int_0^\infty \frac{\mathrm{d}f(t)}{\mathrm{d}t}\mathrm{e}^{-st}\,\mathrm{d}t \\
&= f(t)\mathrm{e}^{-st}\,|_0^\infty - \int_0^\infty f(t)(-s\mathrm{e}^{-st})\,\mathrm{d}t \quad <\text{分部积分公式}> \\
&= \lim_{t\to\infty} f(t)\mathrm{e}^{-st} - f(0)\mathrm{e}^0 + s\int_0^\infty f(t)\mathrm{e}^{-st}\,\mathrm{d}t \\
&= sF(s) - f(0)
\end{aligned}
\tag{5.1-6}
$$

式 5.1-6 成立的条件是 $s > 0$，这个限制条件称为拉普拉斯变换的收敛域。第三性质为积分性质，数学表达式为：

$$L\left[\int_0^t f(\tau)\mathrm{d}\tau\right] = \frac{F(s)}{s} \tag{5.1-7}$$

积分性质的证明过程为：

$$L\left[\int_0^t f(\tau)\mathrm{d}\tau\right]=\int_0^\infty\left[\int_0^t f(\tau)\mathrm{d}\tau\right]\mathrm{e}^{-st}\mathrm{d}t$$

$$=\left[-\frac{\mathrm{e}^{-st}}{s}\int_0^t f(\tau)\mathrm{d}\tau\right]_0^\infty+\frac{1}{s}\int_0^\infty f(t)\mathrm{e}^{-st}\mathrm{d}t \quad <\text{分部积分公式}> \quad (5.1\text{-}8)$$

$$=\frac{F(s)}{s}$$

同样地，式 5.1-8 成立的条件是 $s>0$。为了便于后续的讲解，表 5.1-1 给出了常见的拉普拉斯变换公式。

常见的拉普拉斯变换公式　　　　　　　　　　表 5.1-1

原函数	拉普拉斯变换	收敛域
$f(t)=L^{-1}[F(s)]$	$F(s)=L[f(t)]$	
1	$1/s$	$s>0$
e^{-at}	$1/(s+a)$	$s>-a$
$\sin(at)$	$a/(s^2+a^2)$	$s>0$
$\cos(at)$	$s/(s^2+a^2)$	$s>0$

拉普拉斯逆变换是将一个复数域上的函数 $F(s)$ 转换为一个时域上的函数 $f(t)$，即：

$$f(t)=L^{-1}[F(s)] \tag{5.1-9}$$

下面以两个例子对拉普拉斯逆变换进行简要介绍。第一个例子是：已知 $F(s)=(-s+5)/(s^2+5s+4)$，求 $f(t)$。首先，对 $F(s)$ 进行处理：

$$F(s)=\frac{-s+5}{s^2+5s+4}$$

$$=\frac{-s+5}{(s+4)(s+1)} \tag{5.1-10}$$

$$=\frac{-3}{s+4}+\frac{2}{s+1}$$

根据表 5.1-1 中的 $L^{-1}[1/(s+a)]=\mathrm{e}^{-at}$，可得：

$$f(t)=L^{-1}[F(s)]$$

$$=L^{-1}\left[\frac{-3}{s+4}+\frac{2}{s+1}\right] \tag{5.1-11}$$

$$=-3\mathrm{e}^{-4t}+2\mathrm{e}^{-1t}$$

可以发现，使得 $F(s)$ 分母部分等于 0 的两个解 $s_1=-4$ 和 $s_2=-1$ 刚好是 $f(t)$ 指数部分的系数。s_1 和 s_2 也称为 $F(s)$ 的根。由于 s_1 和 s_2 均为负值，所以 $f(t)$ 随着时间的增加而趋于零。一旦 s_1 或 s_2 为正值，$f(t)$ 随着时间的增加而趋于无穷大。第二个例子是：已知 $F(s)=(4s+8)/(s^2+2s+5)$，求 $f(t)$。首先，对 $F(s)$ 进行处理：

$$F(s)=\frac{4s+8}{s^2+2s+5}$$

$$=\frac{4s+8}{(s+1+2j)(s+1-2j)} \tag{5.1-12}$$

$$=\frac{j+2}{s+1+2j}+\frac{-j+2}{s+1-2j}$$

根据表 5.1-1 中的 $L^{-1}[1/(s+a)]=\mathrm{e}^{-at}$，可得：

$$
\begin{aligned}
f(t)&=L^{-1}[F(s)]\\
&=L^{-1}\left[\frac{j+2}{s+1+2j}+\frac{-j+2}{s+1-2j}\right]\\
&=(j+2)\mathrm{e}^{(-1-2j)t}+(-j+2)\mathrm{e}^{(-1+2j)t}\\
&=\mathrm{e}^{-t}(2\sin2t+4\cos2t)
\end{aligned}
\tag{5.1-13}
$$

可以发现，使得 $F(s)$ 分母部分等于 0 的两个解 $s_1=-1-2j$ 和 $s_2=-1+2j$ 刚好是 $f(t)$ 指数部分的系数。由于 s_1 和 s_2 均为复数，所以 $f(t)$ 就会存在振动。综合以上两个例子，我们可以发现，通过分析 $F(s)$ 的根可以了解原函数 $f(t)$ 的时间表现。

2. 传递函数

传递函数 $G(s)$ 是经典控制理论的基础，其定义是：在零初始条件下，系统输出的拉普拉斯变换 $X(s)$ 与系统输入的拉普拉斯变换 $U(s)$ 之间的比值，即：

$$
G(s)=\frac{X(s)}{U(s)}
\tag{5.1-14}
$$

公式 5.1-14 可以用框图 $\xrightarrow{U(s)}\boxed{G(s)}\xrightarrow{X(s)}$ 进行表示。利用拉普拉斯变换求解动态系统的微分方程，可以得到动态系统的传递函数。例如，对于公式 5.1-1 的两边进行拉普拉斯变换，可得：

$$
L[u(t)]=L\left[m\frac{\mathrm{d}^2x(t)}{\mathrm{d}t^2}\right]
\tag{5.1-15}
$$

利用拉普拉斯变换的微分性质和零初始条件，公式 5.1-15 可简化为：

$$
L[u(t)]=L\left[m\frac{\mathrm{d}^2x(t)}{\mathrm{d}t^2}\right]=s^2X(s)
\tag{5.1-16}
$$

因此，公式 5.1-1 所对应动态系统的传递函数为：

$$
G(s)=\frac{X(s)}{U(s)}=\frac{X(s)}{L[u(t)]}=\frac{X(s)}{s^2X(s)}=\frac{1}{s^2}
\tag{5.1-17}
$$

3. 基于传递函数的控制器设计

在掌握了动态系统的传递函数 $G(s)$ 之后，便可以着手设计控制器来调节动态系统的输出响应。图 5.1-2(a) 给出了开环控制系统的框图，$R(s)$ 表示参考值的拉普拉斯变换，$C(s)$ 表示控制器，$G(s)$ 为动态系统的传递函数。开环控制系统的输出为：

$$
X(s)=U(s)G(s)=R(s)C(s)G(s)
\tag{5.1-18}
$$

若将输出 $X(s)$ 反馈到输入端，则可以形成闭环控制系统 [图 5.1-2(b)]。闭环控制系统的输出为：

$$
X(s)=U(s)G(s)=E(s)C(s)G(s)=[R(s)-X(s)]C(s)G(s)
\tag{5.1-19}
$$

对公式 5.1-19 进行分析，可得：

$$
X(s)=\frac{R(s)C(s)G(s)}{1+C(s)G(s)}
\tag{5.1-20}
$$

由上文可知，通过分析 $X(s)$ 的根可以了解原函数 $x(t)$ 的时间表现。因此，为了保证 $x(t)$ 收敛，需要合理设计控制器 $C(s)$，使得 $X(s)$ 的根在复平面的左半边。实际设计控制器时，还需要考虑稳定时间、稳态误差等因素。

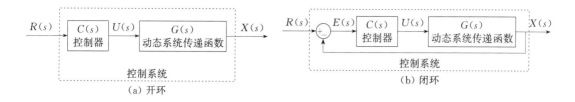

图 5.1-2　控制系统框图

4. PID 控制器

PID 控制器是技术最为成熟、应用最为广泛的一种控制器。PID 控制是对偏差信号 $e(t)$ 进行比例、积分和微分运算得到的一种控制规律，数字表达式为：

$$u(t)=K_{\mathrm P}e(t)+K_{\mathrm I}\int_0^t e(\tau)\mathrm{d}\tau+K_{\mathrm D}\frac{\mathrm{d}e(t)}{\mathrm{d}t} \tag{5.1-21}$$

$$e(t)=r(t)-x(t) \tag{5.1-22}$$

式中，$K_{\mathrm P}$、$K_{\mathrm I}$ 和 $K_{\mathrm D}$ 分别为比例增益、积分增益和微分增益。依据拉普拉斯的微分性质和积分性质，公式 5.1-21 所对应的拉普拉斯变换为：

$$U(s)=\left(K_{\mathrm P}+K_{\mathrm I}\frac{1}{s}+K_{\mathrm D}s\right)E(s) \tag{5.1-23}$$

根据公式 5.1-23 可知，PID 控制框图如图 5.1-3 所示。

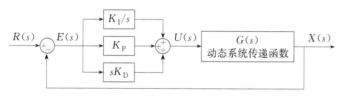

图 5.1-3　PID 控制框图

下面以无人机悬停为例，对 PID 控制原理进行直观的介绍。如图 5.1-4（a）所示，控制目标是让无人机悬停在距地面 15m 高的位置，即 $r(t)=15$。无人机通过搭载的气压高度传感器来获得当前高度 $x(t)$，从而可计算出当前高度和目标高度的误差 $e(t)=r(t)-x(t)$。PID 控制器的控制量 $u(t)$ 为无人机螺旋桨转速的大小，螺旋桨转速越快，无人机获得升力越大。对于比例控制而言，控制量 $u(t)=K_{\mathrm P}e(t)$，比例增益和误差越大，无人机获得的升力就越大，无人机的响应就越快。可见，比例控制可以使得无人机快速减小误差。随着无人机逐渐靠近目标高度，$e(t)$ 逐渐减小。当控制量 $u(t)$ 小于一定值时，螺旋桨提供的升力不足以让无人机上升而保持现有高度，造成了所谓的稳态误差 [图 5.1-4（b）]。因此，我们就需要积分控制来消除稳态误差。积分控制会不断地累计误差，使得控制量 $u(t)=K_{\mathrm I}\int_0^t e(\tau)\mathrm{d}\tau$ 增加，从而无人机可以继续上升，直至 $e(t)=0$。对于微分控制而言，控制量 $u(t)=K_{\mathrm D}\frac{\mathrm{d}e(t)}{\mathrm{d}t}$。简单分析可知，微分控制始终阻止误差 $e(t)$ 的改变，它相当于阻尼的作用，可以减轻无人机的振荡。简而言之，比例控制可实现快速响应，积分控制可实现精准控制，微分控制可实现稳定控制。因此，PID 的控制效果可概括为"快、准、稳"。值得说明一提的是，PID 控制器对模型的依赖性不强，但不适合非线性系统。

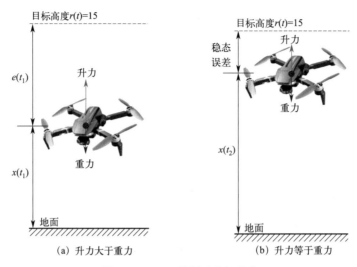

（a）升力大于重力 （b）升力等于重力

图 5.1-4 PID 控制无人机悬停

5.1.3 现代控制理论

在现代控制理论中，使用状态空间方程来描述系统。状态空间方程不仅能够反映系统的外部特性，还能够反映出系统内部的动态变化，是对系统的一种完全描述。

1. 状态空间方程

状态空间方程是现代控制理论的基础，它以矩阵的形式表达系统状态变量、输入以及输出之间的关系。状态空间方程的一般形式为：

$$\frac{\mathrm{d}z(t)}{\mathrm{d}t} = Az(t) + Bu(t) \tag{5.1-24}$$

$$y(t) = Cz(t) + Du(t) \tag{5.1-25}$$

式中，$z(t)$ 是状态变量，是一个 n 维向量，$z(t) = [z_1(t), z_2(t), \cdots, z_n(t)]^\mathrm{T}$；$y(t)$ 是系统输出，是一个 m 维向量，$y(t) = [y_1(t), y_2(t), \cdots, y_m(t)]^\mathrm{T}$；$u(t)$ 是系统输入，是一个 p 维向量，$u(t) = [u_1(t), u_2(t), \cdots, u_p(t)]^\mathrm{T}$；矩阵 A 是 $n \times n$ 矩阵，表示状态变量之间的关系，称为状态矩阵；矩阵 B 是 $n \times p$ 矩阵，表示输入对状态变量的影响，称为输入矩阵；矩阵 C 是 $m \times n$ 矩阵，表示输出与状态变量之间的关系，称为输出矩阵；矩阵 D 是 $m \times p$ 矩阵，表示输入直接作用在输出的部分，称为直接传递矩阵。如图 5.1-5 所示，状态空间方程也可以用框图进行表达。

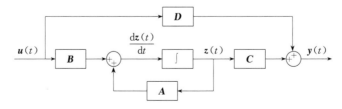

图 5.1-5 状态空间方程的框图

下面以图 5.1-6 所示的弹簧质量阻尼系统为例，介绍状态空间方程的建立。弹簧质量阻尼系统的微分方程为：

$$m\frac{d^2 x(t)}{dt^2}+b\frac{dx(t)}{dt}+kx(t)=f(t) \tag{5.1-26}$$

式中，$x(t)$ 是位移；m 是质量；b 是阻尼系数；k 是弹簧系数；$f(t)$ 是外力。为了建立状态空间方程，我们选取合适的状态变量，使得二阶系统转化为一系列的一阶系统。根据这个要求，选取两个状态变量 $z_1(t)$ 和 $z_2(t)$：

$$z_1(t)=x(t) \tag{5.1-27}$$

$$z_2(t)=\frac{dz_1(t)}{dt}=\frac{dx(t)}{dt} \tag{5.1-28}$$

对 $z_2(t)$ 进行时间求导，可得：

$$\begin{aligned}\frac{dz_2(t)}{dt}&=\frac{d^2 x(t)}{dt}\\&=\frac{1}{m}\left[f(t)-b\frac{dx(t)}{dt}-kx(t)\right]\\&=\frac{1}{m}[f(t)-bz_2(t)-kz_1(t)]\end{aligned} \tag{5.1-29}$$

一般而言，系统输入为控制量，系统输出为传感器的观测量。因此，弹簧质量阻尼系统的输入 $u(t)$ 和输出 $y(t)$：

$$u(t)=f(t) \tag{5.1-30}$$

$$y(t)=x(t)=z_1(t) \tag{5.1-31}$$

结合公式 5.1-27～公式 5.1-31，可得状态空间方程：

$$\frac{d}{dt}\begin{bmatrix}z_1(t)\\z_2(t)\end{bmatrix}=\begin{bmatrix}0&1\\-\frac{k}{m}&-\frac{b}{m}\end{bmatrix}\begin{bmatrix}z_1(t)\\z_2(t)\end{bmatrix}+\begin{bmatrix}0\\\frac{1}{m}\end{bmatrix}[u(t)] \tag{5.1-32}$$

$$y(t)=\begin{bmatrix}1&0\end{bmatrix}\begin{bmatrix}z_1(t)\\z_2(t)\end{bmatrix}+[0][u(t)] \tag{5.1-33}$$

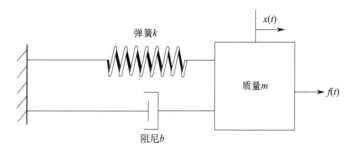

图 5.1-6　弹簧质量阻尼系统的示意图

2. 基于状态空间方程的控制器设计

当外界输入 $u(t)$ 为零时，公式 5.1-24 可退化为：

$$\frac{\mathrm{d}z(t)}{\mathrm{d}t}=Az(t)=\begin{bmatrix} a_{11} & a_{12} & \cdots & a_{1n} \\ a_{21} & a_{22} & \cdots & a_{2n} \\ \cdots & \cdots & \cdots & \cdots \\ a_{n1} & a_{n2} & \cdots & a_{nn} \end{bmatrix}\begin{bmatrix} z_1(t) \\ z_2(t) \\ \cdots \\ z_n(t) \end{bmatrix} \tag{5.1-34}$$

即：

$$\frac{\mathrm{d}z_1(t)}{\mathrm{d}t}=a_{11}z_1(t)+a_{12}z_2(t)+\cdots+a_{1n}z_n(t)$$

$$\frac{\mathrm{d}z_2(t)}{\mathrm{d}t}=a_{21}z_1(t)+a_{22}z_2(t)+\cdots+a_{nn}z_n(t) \tag{5.1-35}$$

$$\cdots$$

$$\frac{\mathrm{d}z_n(t)}{\mathrm{d}t}=a_{n1}z_1(t)+a_{n2}z_2(t)+\cdots+a_{nn}z_n(t)$$

公式 5.1-35 代表着一个耦合系统，即一个状态变量的变化需要同时考虑多个变量的影响，这不利于微分方程的求解。为此，我们需要对公式 5.1-35 进行解耦处理。首先，对矩阵 A 进行特征值分解：

$$A=P\Lambda P^{-1} \tag{5.1-36}$$

$$\Lambda=\begin{bmatrix} \lambda_1 & & & \\ & \lambda_2 & & \\ & & \cdots & \\ & & & \lambda_n \end{bmatrix} \tag{5.1-37}$$

$$P=\begin{bmatrix} w_1 & w_2 & \cdots & w_n \end{bmatrix} \tag{5.1-38}$$

式中，Λ 为对角矩阵，λ_1、λ_2、$\cdots$、λ_n 分别为 A 的 n 个特征值；P 为单位正交矩阵；w_1、w_2、$\cdots$、w_n 分别为对应于特征值 λ_1、λ_2、$\cdots$、λ_n 的特征向量。将公式 5.1-36 代入公式 5.1-34，可得：

$$\frac{\mathrm{d}z(t)}{\mathrm{d}t}=P\Lambda P^{-1}z(t) \tag{5.1-39}$$

对公式 5.1-39 进一步简化：

$$\frac{\mathrm{d}P^{-1}z(t)}{\mathrm{d}t}=\Lambda P^{-1}z(t) \tag{5.1-40}$$

令 $\bar{z}(t)=P^{-1}z(t)$，则公式 5.1-40 可简化为：

$$\frac{\mathrm{d}\bar{z}(t)}{\mathrm{d}t}=\Lambda\bar{z}(t) \tag{5.1-41a}$$

即：

$$\frac{\mathrm{d}\bar{z}_1(t)}{\mathrm{d}t}=\lambda_1\bar{z}_1(t)$$

$$\frac{\mathrm{d}\bar{z}_2(t)}{\mathrm{d}t}=\lambda_2\bar{z}_2(t) \tag{5.1-41b}$$

$$\cdots$$

$$\frac{\mathrm{d}\bar{z}_n(t)}{\mathrm{d}t}=\lambda_2\bar{z}_n(t)$$

公式 5.1-41b 表明，系统的耦合关系得到解除。现对各个微分方程进行求解：

$$\overline{z}_1(t) = C_1 e^{\lambda_1 t}$$
$$\overline{z}_2(t) = C_2 e^{\lambda_2 t}$$
$$\cdots$$
$$\overline{z}_n(t) = C_n e^{\lambda_n t}$$

$(5.1\text{-}42)$

式中，C_1、C_2、$\cdots$、C_n 均为常数，与初始条件有关。根据 $z(t) = P\overline{z}(t)$，可得：

$$z_1(t) = w_{11} C_1 e^{\lambda_1 t} + w_{21} C_2 e^{\lambda_2 t} + \cdots + w_{n1} C_n e^{\lambda_n t}$$
$$\overline{z}_2(t) = w_{12} C_1 e^{\lambda_1 t} + w_{22} C_2 e^{\lambda_2 t} + \cdots + w_{n2} C_n e^{\lambda_n t}$$
$$\cdots$$
$$\overline{z}_n(t) = w_{1n} C_1 e^{\lambda_1 t} + w_{2n} C_2 e^{\lambda_2 t} + \cdots + w_{nn} C_n e^{\lambda_n t}$$

$(5.1\text{-}43)$

观察公式 5.1-43 可以发现，矩阵 A 的特征值正好为时域函数指数部分的系数。为了得到稳定的系统，需要矩阵 A 的特征值均在复平面的左半边。当矩阵 A 的特征值不满足要求时，需要合理设计控制器，改变系统的特性。

对于一些场景而言，只依靠输出反馈控制不能满足设计要求，需要考虑状态反馈控制，图 5.1-7 给出状态反馈控制的框图。对于状态反馈控制器，输入 $u(t)$ 为：

$$u(t) = -Kz(t)$$

$(5.1\text{-}44)$

式中，K 为需要设计的矩阵。将公式 5.1-44 代入公式 5.1-24，可得：

$$\frac{dz(t)}{dt} = Az(t) - BKz(t) = (A - BK)z(t)$$

$(5.1\text{-}45)$

为了得到稳定的系统，需要合理设计 K，使得矩阵 $A - BK$ 的特征值在复平面的左半边。我们知道，满足上述条件的矩阵 K 存在很多，现在的问题是如何选取矩阵 K，实现最优控制？为此，我们需要引入代价函数 J：

$$J = \int_0^\infty \left[z^\mathrm{T}(t)Qz(t) + u^\mathrm{T}(t)Ru(t) \right] dt$$

$(5.1\text{-}46)$

式中，矩阵 Q 和矩阵 R 分别为状态变量和控制量的权重矩阵，均为正定的对称矩阵。代价函数中的 $J = \int_0^\infty z^\mathrm{T}(t)Qz(t)dt$ 是为了让系统最短时间稳定，代价函数中的 $J = \int_0^\infty u^\mathrm{T}(t)Ru(t)dt$ 是为了使输入能量最小。调节 Q 和 R 可得到不同代价函数，实现最小代价函数 J 的矩阵 K 即为最优控制。目前，很多软件都包含求解 K 的功能包。

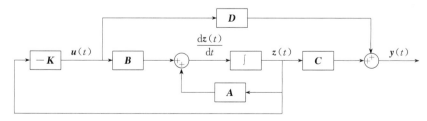

图 5.1-7　状态反馈控制框图

当输入的控制量 $u(t)$ 按公式 5.1-44 计算时，系统的状态变量 $z(t)$ 最终稳定在

$[0,0,\cdots,0]$。然而，一些场景要求系统的状态变量 $z(t)$ 稳定在一个非零的目标值 z_d。为了实现上述目标，需要使用带前馈的状态反馈控制器（图 5.1-8）。对于带有前馈的状态反馈控制器而言，输入的控制量 $u(t)$ 包括两部分：（1）Fz_d 部分称为前馈，让系统的状态变量 $z(t)$ 到达 z_d；（2）$K_ee(t)$ 部分让系统的状态变量稳定在 z_d。定义误差 $e(t)=z_d-z(t)$，$e(t)$ 对时间求导：

$$\frac{de(t)}{dt}=\frac{dz_d}{dt}-\frac{dz(t)}{dt}=-\frac{dz(t)}{dt} \tag{5.1-47}$$

联立公式 5.1-24 和公式 5.1-47，可得：

$$\begin{aligned}\frac{de(t)}{dt}&=-Az(t)-Bu(t)\\&=Ae(t)-Az_d-Bu(t)\\&=Ae(t)-Az_d-B[Fz_d+K_ee(t)]\\&=(A-BK_e)e(t)-(A+BF)z_d\end{aligned} \tag{5.1-48}$$

现需要合理设计 K_e 和 F，让 $e(t)$ 稳定在 $[0,0,\cdots,0]$。K_e 和 F 的设计准则为：（1）矩阵 $A-BK_e$ 的特征值在复平面的左半边；（2）$A+BF$ 为零矩阵。当然，K_e 的取值可进一步设计，以便实现最优控制。

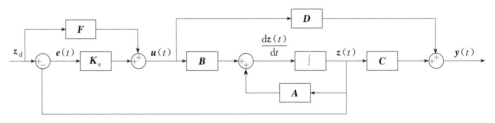

图 5.1-8 带前馈的状态反馈控制框图

3. 观测器设计

在很多情况下，传感器无法安装到我们需要测量的地方，这会导致一些状态变量 $z(t)$ 不可观测。为此，需要设计一个观测器，通过系统的输出 $y(t)$ 来估计状态变量 $z(t)$。一个最直接、最简单的观测器为龙伯格观测器，数学表达式为：

$$\frac{d\hat{z}(t)}{dt}=A\hat{z}(t)+Bu(t)+L[y(t)-\hat{y}(t)] \tag{5.1-49}$$

$$\hat{y}(t)=C\hat{z}(t)+Du(t) \tag{5.1-50}$$

式中，$\hat{z}(t)$ 代表状态变量的估计值；$\hat{y}(t)$ 是根据估计值 $\hat{z}(t)$ 计算出的估计输出；输出 $y(t)$ 是可测的；输入 $u(t)$ 是可控的；L 为待设计的观测矩阵。龙伯格观测器的核心理念是"猜"。当"猜"的 $\hat{z}(t=0)$ 准确时，即 $\hat{z}(t=0)$ 与 $z(t=0)$ 相等，那么 $\hat{y}(t)$ 和 $y(t)$ 也会相等，进而公式 5.1-49 退化为：

$$\frac{d\hat{z}(t)}{dt}=A\hat{z}(t)+Bu(t) \tag{5.1-51}$$

由于公式 5.1-24 和公式 5.1-51 相同，且 $\hat{z}(t=0)$ 与 $z(t=0)$ 相等，因此后续时刻 $\hat{z}(t)$ 始终保持与 $z(t)$ 相等。当"猜"的 $\hat{z}(t=0)$ 很不准确时，即 $\hat{z}(t=0)$ 与 $z(t=0)$

相差很大，那么 $\hat{\boldsymbol{y}}(t)$ 和 $\boldsymbol{y}(t)$ 之间也会有很大偏差，系统将偏差反馈到观测器中，这样就形成了一个闭环系统。现需要合理设计观测矩阵 $\boldsymbol{L}$，使得 $\hat{\boldsymbol{z}}(t)$ 随着时间的增加趋近于 $\boldsymbol{z}(t)$。定义观测误差 $\tilde{\boldsymbol{z}}(t)=\boldsymbol{z}(t)-\hat{\boldsymbol{z}}(t)$，$\tilde{\boldsymbol{z}}(t)$ 对时间求导：

$$\frac{\mathrm{d}\tilde{\boldsymbol{z}}(t)}{\mathrm{d}t}=\frac{\mathrm{d}\boldsymbol{z}(t)}{\mathrm{d}t}-\frac{\mathrm{d}\hat{\boldsymbol{z}}(t)}{\mathrm{d}t} \tag{5.1-52}$$

联立公式 5.1-24、公式 5.1-25、公式 5.1-49、公式 5.1-50 和公式 5.1-52，可得：

$$
\begin{aligned}
\frac{\mathrm{d}\tilde{\boldsymbol{z}}(t)}{\mathrm{d}t}&=\frac{\mathrm{d}\boldsymbol{z}(t)}{\mathrm{d}t}-\frac{\mathrm{d}\hat{\boldsymbol{z}}(t)}{\mathrm{d}t}\\
&=\boldsymbol{A}\boldsymbol{z}(t)+\boldsymbol{B}\boldsymbol{u}(t)-\boldsymbol{A}\hat{\boldsymbol{z}}(t)-\boldsymbol{B}\boldsymbol{u}(t)-\boldsymbol{L}\left[\boldsymbol{y}(t)-\hat{\boldsymbol{y}}(t)\right]\\
&=\boldsymbol{A}\left[\boldsymbol{z}(t)-\hat{\boldsymbol{z}}(t)\right]-\boldsymbol{L}\left[\boldsymbol{y}(t)-\hat{\boldsymbol{y}}(t)\right]\\
&=\boldsymbol{A}\tilde{\boldsymbol{z}}(t)-\boldsymbol{L}\left[\boldsymbol{y}(t)-\hat{\boldsymbol{y}}(t)\right]\\
&=\boldsymbol{A}\tilde{\boldsymbol{z}}(t)-\boldsymbol{L}\left[\boldsymbol{C}\boldsymbol{z}(t)-\boldsymbol{D}\boldsymbol{u}(t)-\boldsymbol{C}\hat{\boldsymbol{z}}(t)-\boldsymbol{D}\boldsymbol{u}(t)\right]\\
&=(\boldsymbol{A}-\boldsymbol{L}\boldsymbol{C})\tilde{\boldsymbol{z}}(t)
\end{aligned}
\tag{5.1-53}
$$

因此，需要合理设计 $\boldsymbol{L}$，使得矩阵 $\boldsymbol{A}-\boldsymbol{L}\boldsymbol{C}$ 的特征值在复平面的左半边，才能保证 $\hat{\boldsymbol{z}}(t)$ 随着时间的增加趋近于 $\boldsymbol{z}(t)$。图 5.1-9 给出了观测器的框图，可以看出，观测器相当于在"后台"同步运行一套动态系统，可依据系统的输入 $\boldsymbol{u}(t)$ 和输出 $\boldsymbol{y}(t)$ 估计系统的状态变量 $\boldsymbol{z}(t)$。除了龙伯格观测器，4.2 节的卡尔曼滤波器也可以当作观测器使用。如图 5.1-10 所示，结合观测器和控制器，可以解决状态变量不可测系统的控制问题。

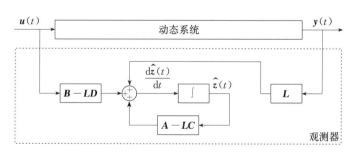

图 5.1-9　观测器框图

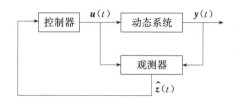

图 5.1-10　控制器与观测器的结合

4. 模型预测控制器

模型预测控制器（MPC，Model Predictive Control）是一种广泛应用于控制领域的高级控制策略，对模型精度要求不高。MPC 的基本流程包括：（1）利用当前时刻系统的状态及约束条件，对未来一段时间内的状态进行预测，并求解出一组最优的控制输入序列；（2）MPC 只选取最优控制序列中的第一项，将其应用于系统中；（3）在下一个时刻，重复同样的操作，得到新的最优控制序列，直至系统达到期望状态。

MPC 包括模型、状态预测和滚动优化三大块。通常，MPC 处理的是离散系统，则需对公式 5.1-24 进行离散化：

$$z_{k+1} = (A+I)z_k + Bu_k = A_1 z_k + Bu_k \qquad (5.1\text{-}54)$$

式中，$A_1 = A+I$。公式 5.1-54 是离散型状态空间方程，也是 MPC 的模型。系统从 k 时刻开始，对状态进行预测：

$$z_{k+1|k} = A_1 z_k + Bu_{k|k}$$
$$z_{k+2|k} = A_1 z_{k+1|k} + Bu_{k+1|k} = A_1^2 z_k + A_1 Bu_{k|k} + Bu_{k+1|k} \qquad (5.1\text{-}55)$$
$$\cdots$$
$$z_{k+p|k} = A_1^p z_k + \sum_{i=0}^{p-1} A_1^i Bu_{k+p-1-i|k}$$

式中，z_k 为初始状态；$z_{k+i|k}$ 为 k 时刻预测得到的 $k+i$ 时刻状态；p 为预测区间；$\{u_{k|k}, u_{k+1|k}, u_{k+p-1|k}\}$ 为控制序列，是待优化的变量。对于调节问题，MPC 的优化目标 J 定义为：

$$J = z_{k+p|k}^{\mathrm{T}} S z_{k+p|k} + \sum_{i=0}^{p-1} (z_{k+i|k}^{\mathrm{T}} Q z_{k+i|k} + u_{k+i|k}^{\mathrm{T}} R u_{k+i|k}) \qquad (5.1\text{-}56)$$

式中，矩阵 S、Q 和 R 分别表示系统的末端代价、运行代价以及控制量代价的权重矩阵，用户根据实际需求对权重矩阵进行调节。联合公式 5.1-55 和公式 5.1-56，采用动态规划算法可求解到最优控制系列 $\{u_{k|k}, u_{k+1|k}, u_{k+p-1|k}\}$，使得 J 最小。之后，只对系统施加 $u_{k|k}$ 而舍去其余控制序列。在 $k+1$ 时刻，系统将重复 k 时刻的操作，这就是 MPC 的滚动优化。

5.2 电机控制

5.2.1 控制信号

电机的控制信号一般为脉冲信号。步进电机是一个简单、准确的开环控制系统，它是通过控制脉冲的个数来控制转动的角度，一个脉冲对应着一个步距角。因此，步进电机的转速是与输入脉冲的频率成正比。如图 5.2-1 所示，脉冲波频率越高，波形越密集，步进

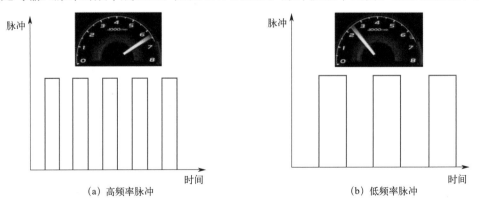

(a) 高频率脉冲   (b) 低频率脉冲

图 5.2-1　步进电机的控制信号

电机的转速越大；脉冲波频率越低，波形越稀疏，步进电机的转速越小。伺服电机是一个闭环控制系统，它一般通过脉冲宽度调制（PWM）信号来改变电机的电流/电压，从而间接调控电机的转速。PWM 信号改变电流/电压的原理可参见章节 3.3.3 的内容。PWM信号的重要参数是占空比，占空比的定义为高电平的时间（T_H）与一个周期内总时间（$T=T_H+T_L$）的比值。如图 5.2-2 所示，脉冲波占空比越高，电机的电流/电压越大，电机的转速越大；脉冲波占空比越低，电机的电流/电压越小，电机的转速越小。

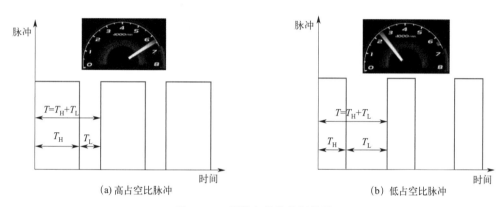

(a) 高占空比脉冲　　　　　　　　　　　　(b) 低占空比脉冲

图 5.2-2　伺服电机的控制信号

5.2.2　电机系统

下面以直流有刷电机为例，详细介绍电机系统。如图 5.2-3（a）所示，定子产生一个磁通量为 Φ 的磁场，当转子中流过电流 i 时，则转子上会产生一个扭矩 T_m：

$$T_m = K_1 \Phi i \tag{5.2-1}$$

式中，K_1 是一个物理常量。由于磁通量恒定，令 $K_1\Phi = K_m$。此外，转子在磁场中旋转时，其两端会产生一个反电动势 U_b：

$$U_b = K_2 \Phi \frac{\mathrm{d}\theta_m}{\mathrm{d}t} \tag{5.2-2}$$

式中，K_2 是一个比例常数；θ_m 表示转子的转角。由于磁通量恒定，令 $K_2\Phi = K_b$。图 5.2-3(b)给出了直流有刷电机的电路图，图中的 L 和 R 分别表示转子绕组的等效电感和等效电阻，电压 U 为控制输入，由电路原理可知：

$$L \frac{\mathrm{d}i}{\mathrm{d}t} + Ri = U - U_b \tag{5.2-3}$$

对于电机转角 θ_m 而言，电机系统的运动方程为：

$$J_m \frac{\mathrm{d}^2\theta_m}{\mathrm{d}t^2} + B_m \frac{\mathrm{d}\theta_m}{\mathrm{d}t} = T_m - T_l \tag{5.2-4}$$

式中，J_m 是电机的总惯量；B_m 是电机的阻力系数；T_l 是负载扭矩。合并公式 5.2-1 和公式 5.2-4 后，再进行拉普拉斯变换：

$$(J_m s^2 + B_m s)\Theta_m(s) = K_m I(s) - T_l(s) \tag{5.2-5}$$

合并公式 5.2-2 和公式 5.2-3 后，再进行拉普拉斯变换：

$$(Ls + R)I(s) = U(s) - K_b s\Theta_m(s) \tag{5.2-6}$$

根据公式 5.2-5 和公式 5.2-6，可得到直流有刷电机的系统框图，如图 5.2-3(c) 所示。

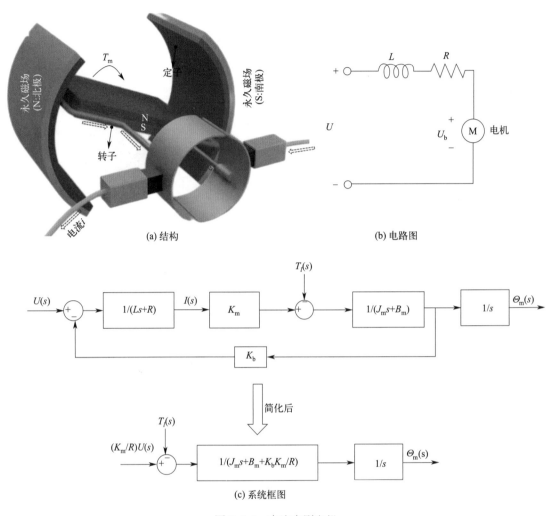

图 5.2-3　直流有刷电机

当 $T_l=0$ 时，从 $U(s)$ 到 $\Theta_\mathrm{m}(s)$ 的传递函数为：

$$\frac{\Theta_\mathrm{m}(s)}{U(s)}=\frac{K_\mathrm{m}}{s\left[(Ls+R)(J_\mathrm{m}s+B_\mathrm{m})+K_\mathrm{b}K_\mathrm{m}\right]} \tag{5.2-7}$$

当 $U=0$ 时，从负载扭矩 $T_l(s)$ 到 $\Theta_\mathrm{m}(s)$ 的传递函数为：

$$\frac{\Theta_\mathrm{m}(s)}{T_l(s)}=\frac{-(Ls+R)}{s\left[(Ls+R)(J_\mathrm{m}s+B_\mathrm{m})+K_\mathrm{b}K_\mathrm{m}\right]} \tag{5.2-8}$$

对于多数电机而言，L/R 可设定为零，则公式 5.2-7 和公式 5.2-8 可简化为：

$$\frac{\Theta_\mathrm{m}(s)}{U(s)}=\frac{K_\mathrm{m}/R}{s\left[J_\mathrm{m}s+B_\mathrm{m}+K_\mathrm{b}K_\mathrm{m}/R\right]} \tag{5.2-9a}$$

$$\frac{\Theta_\mathrm{m}(s)}{T_l(s)}=\frac{-1}{s\left[J_\mathrm{m}s+B_\mathrm{m}+K_\mathrm{b}K_\mathrm{m}/R\right]} \tag{5.2-9b}$$

根据叠加原理，可得：

$$\Theta_{\mathrm{m}}(s) = \frac{(K_{\mathrm{m}}/R)U(s) - T_l(s)}{s[J_{\mathrm{m}}s + B_{\mathrm{m}} + K_{\mathrm{b}}K_{\mathrm{m}}/R]} \tag{5.2-10}$$

令 $B = B_{\mathrm{m}} + K_{\mathrm{b}}K_{\mathrm{m}}/R$，$B$ 代表着等效阻尼；$U_{\mathrm{e}}(s) = (K_{\mathrm{m}}/R)U(s)$，$U_{\mathrm{e}}(s)$ 代表着等效控制输入。根据公式 5.2-10，可得简化后的系统框图，如图 5.2-3(c) 所示。

5.2.3　反馈控制

为了实现机器人的精准控制，需要利用具有反馈控制的伺服电机。一般而言，反馈控制包括电流反馈控制、速度反馈控制、位置反馈控制、力反馈控制等。下面以直流有刷电机为例，对位置反馈控制进行简要介绍。对于其他类型的反馈控制，感兴趣的读者可参考相关文献。

通常，电机系统难以精准建模，因此可采用不依赖模型的 PID 控制器。图 5.2-4 给出了基于 PID 控制器的电机位置反馈控制，等效控制输入 $U_{\mathrm{e}}(s)$ 的数学表达式为：

$$U_{\mathrm{e}}(s) = \left(K_{\mathrm{P}} + K_{\mathrm{I}}\frac{1}{s} + K_{\mathrm{D}}s\right)E(s) \tag{5.2-11}$$

应用 PID 控制器的主要工作是"调试"，也就是选取合适的比例、微分和积分的增益系数。PID 的调参口诀：参数整定找最佳，从小到大顺序查；先是比例后积分，最后再把微分加；曲线振荡很频繁，比例度盘要放大；曲线漂浮绕大弯，比例度盘往小扳；曲线偏离回复慢，积分时间往下降；曲线波动周期长，积分时间再加长；曲线振荡频率快，先把微分降下来；动差大来波动慢，微分时间应加长；理想曲线两个波，前高后低四比一；一看二调多分析，调节质量不会低。图 5.2-5 给出了不同的 PID 参数所对应的电机响应。

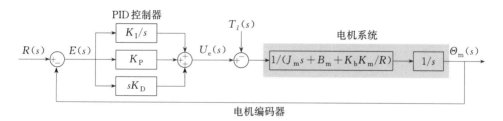

图 5.2-4　基于 PID 控制器的电机位置反馈控制

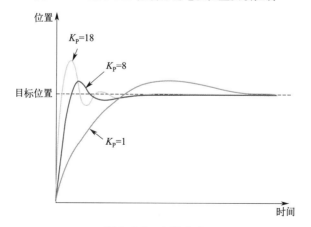

图 5.2-5　电机响应

5.3 机器人本体控制

机器人本体控制包括路径规划、避障规划、轨迹规划和轨迹跟踪四部分：（1）路径规划是寻找一条从起始点到达目标点的无碰撞路径，路径规划只考虑静态障碍物；（2）避障规划是寻找一条从当前位置到局部目标点的无碰撞路径，避障规划需要考虑未知或者动态的障碍物；（3）轨迹规划是确定机器人通过路径时所需的速度和加速度；（4）轨迹跟踪是机器人基于真实轨迹与参考轨迹的偏差不断调整自身运动的过程，是一种基于误差反馈的闭环控制。

5.3.1 路径规划

机器人常用的路径规划算法包括 Dijkstra 算法、A^* 算法、D^* 算法、PRM 算法、RRT 算法、遗传算法、蚁群算法、粒子群算法等。一般而言，路径规划算法可划分为三大类：（1）基于图结构的路径搜索算法，例如 Dijkstra 算法、A^* 算法和 D^* 算法；（2）基于采样的路径搜索算法，例如 PRM 算法和 RRT 算法；（3）基于智能算法的路径搜索算法，例如遗传算法、蚁群算法和粒子群算法。为简便起见，每类路径规划算法只介绍一种。

1. A^* 算法

A^* 算法是一种静态路网中求解最短路径的直接搜索方法，被广泛应用于路径规划领域。以二维栅格地图为例，A^* 算法的基本思想是以当前节点 n 为中心，扩展节点 n 所在方格周围 8 个方格的中心点为下一步待选节点，通过评价函数计算各个待选节点的代价值，选择代价最小的节点作为下一步节点 $n+1$。A^* 算法的评价函数 $F(n)$ 为：

$$F(n)=G(n)+H(n) \tag{5.3-1}$$

式中，$G(n)$ 表示从起始点到当前点的实际代价；$H(n)$ 表示从当前点到终止点的最短路径的估计代价，一般取值为当前点到终止点的曼哈顿距离。图 5.3-1 给出了 A^* 算法的流程图，图中的 OpenList 用于存放候选检查的节点，图中的 ClosedList 用于存放已经检查过的节点。

为了便于理解，现举例说明 A^* 算法。如图 5.3-2(a) 所示，绿色格子是起点（S），红色格子是终点（D），蓝色格子是障碍物，灰色格子是可通过区域。首先，我们设定一些约束条件：（1）如图 5.3-2(b) 所示，一个格子可以朝周围 8 个方向移动，朝上、下、左、右移动的代价为 1，朝左下、左上、右下、右上移动的代价为 1.4（$\sqrt{2}$ 的近似值）；（2）如图 5.3-2(c) 所示，不能朝障碍物所在格子移动；（3）如图 5.3-2(d) 所示，如果右边和上边两个格子都是障碍物，则不能朝右上方的格子移动。

接下来，开始找路：（1）把起点 S 加入待检查节点列表 OpenList 中，找出 S 周围所有可移动的格子（邻居），算出从 S 移动到该格子的总成本 G，并将 S 设为其父节点，如图 5.3-3(a) 所示；（2）将上一步找到的邻居都加入 OpenList 中，将 S 从 OpenList 中移除，并将其加入已检查节点列表 ClosedList 中，如图 5.3-3(b) 所示，橙色边框代表待检查节点，黑色边框代表已检查节点；（3）计算每一个待检查节点与终点之间的曼哈顿距离 H，值得注意的是，计算 H 时要忽略所有障碍物，G 和 H 相加即为格子的 F 值，如图 5.3-3(c) 所示；（4）从 OpenList 中选出 F 值最小的节点，对节点周围 8 个格子执行检

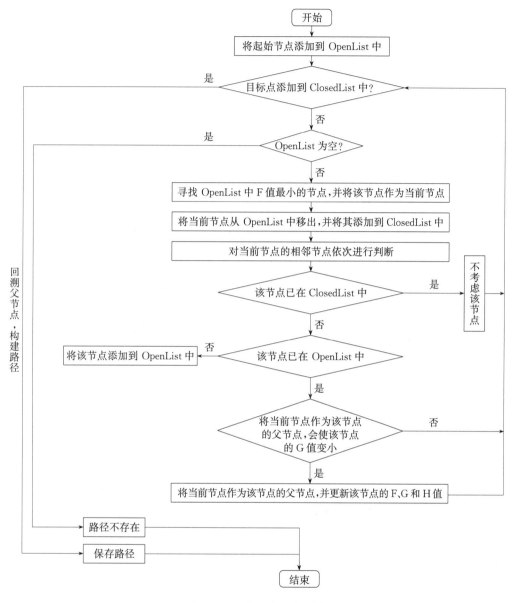

图 5.3-1　A* 算法的流程图

查，但需要注意几点：①如果当前格子已经在 ClosedList 中，则直接忽略；②如果当前格子不在 OpenList 中，计算当前格子的 G、H 和 F，设置父节点，并将其加入 OpenList 中；③如果当前格子在 Openlist 中，计算从当前节点移动到当前格子是否能使其得到更小的 G 值，如果能，则把当前格子的父节点重设为当前节点，并更新当前格子的 G 和 F；（5）完成检查后，把当前节点从 OpenList 中移除，并将其加入 ClosedList 中，如图 5.3-3(d) 所示；（6）重复步骤（4）和（5），直至到达终点 D，如图 5.3-3(e) 所示；（7）最后，从终点 D 开始，回溯父节点，直到回到起点 S，从而完成路径的构建，如图 5.3-3(f) 所示。

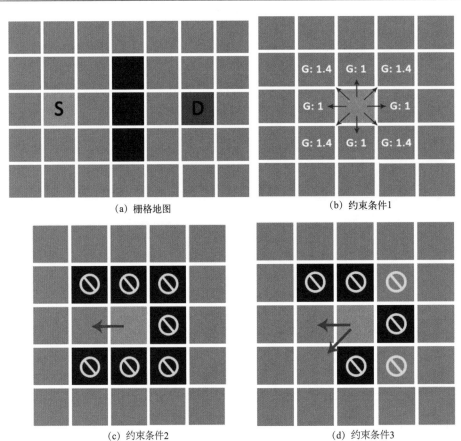

(a) 栅格地图　　　　　　　　(b) 约束条件1

(c) 约束条件2　　　　　　　　(d) 约束条件3

图 5.3-2　栅格地图和约束条件

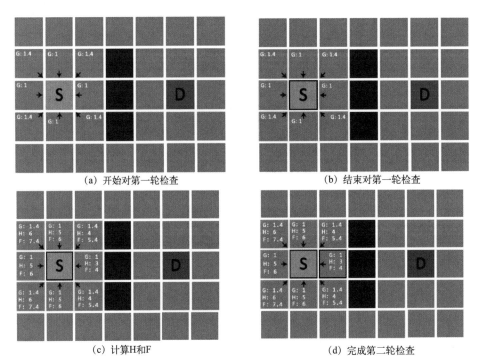

(a) 开始对第一轮检查　　　　　　　　(b) 结束对第一轮检查

(c) 计算H和F　　　　　　　　(d) 完成第二轮检查

图 5.3-3　A* 算法的示例（一）

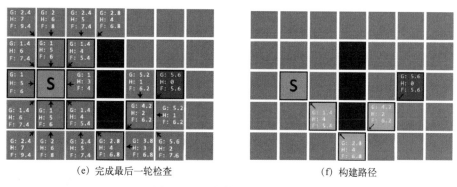

(e) 完成最后一轮检查　　　　　　　　(f) 构建路径

图 5.3-3　A* 算法的示例（二）

2. RRT 算法

快速搜索随机树算法（RRT，Rapidly-exploring Random Trees）是一种用于探索未知空间的随机搜索算法。RRT 算法复杂度小，尤其适用于高维多自由度的系统。对于 RRT 算法而言，连通图采用树结构进行表示。所谓树结构是从树根开始生长出树枝，然后在树枝上继续生长出新的树枝。RRT 算法的基本思想是快速扩展树结构以探索空间的大部分区域，伺机找到可行的路径。

如图 5.3-4 所示，RRT 算法的流程为：（1）以机器人的初始状态 q_{init} 为根节点，建立搜索树；（2）在状态空间中，随机采样一个状态 q_{rand}，用于引导搜索树的扩张；（3）在现有的搜索树上查找与 q_{rand} 距离最近的节点 q_{near}；（4）以 q_{rand} 和 q_{near} 构建新的输入 u；（5）以 q_{near} 为当前状态 x，根据系统状态方程 $\dot{x}=f(x,u)$，得到下一个状态 q_{new}，值得说明的是，引入系统状态方程是为了考虑机器人的运动执行能力；（6）对 q_{new} 进行碰撞检测，如果无冲突，则将 q_{new} 加入搜索树中，实现扩张；（7）重复步骤（2）~（6），直至树结构扩张到机器人的目标状态 q_{goal}；（8）最后，从 q_{goal} 回溯到 q_{init}，从而完成路径规划。

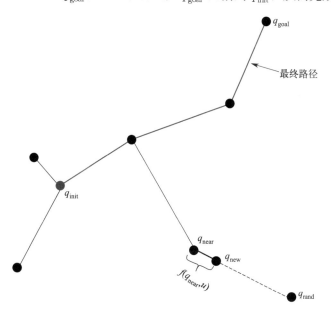

图 5.3-4　RRT 算法的示意图

RRT 算法特别适用于高维多自由度的系统，常被应用于机械臂的路径规划。如图 5.3-5 所示，六自由度的机械臂借助 RRT 算法，从六维关节空间寻找到了一条无碰撞的路径，即得到机械臂关节角度的序列。

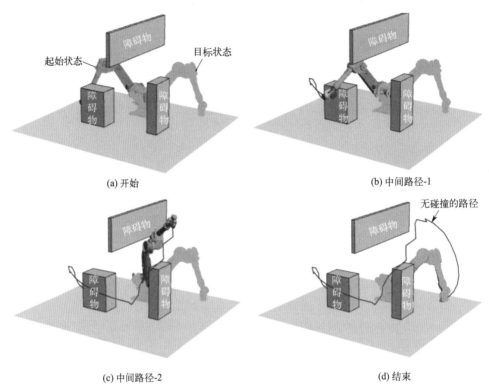

(a) 开始　　　　　　　　　　　　　　　　　　(b) 中间路径-1

(c) 中间路径-2　　　　　　　　　　　　　　　(d) 结束

图 5.3-5　RRT 算法用于机械臂的路径规划

3. 蚁群算法

生物学家们发现自然界中的蚂蚁群在觅食过程中具有一些显著自组织行为的特征，例如：蚂蚁在移动过程中会释放一种称为信息素的物质；释放的信息素会随着时间的推移而逐步减少；蚂蚁能在一个特定的范围内觉察出是否有同类的信息素轨迹存在；蚂蚁会沿着信息素轨迹多的路径移动。正是基于这些基本特征，蚂蚁能找到一条从蚁巢到食物源的最短路径。此外，蚁群还有极强的适应环境的能力。如图 5.3-6 所示，当蚁群经过的路线上突然出现障碍物时，蚁群能够很快重新找到新的最优路径。

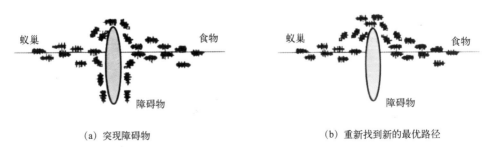

（a）突现障碍物　　　　　　　　　　　　　　（b）重新找到新的最优路径

图 5.3-6　蚂蚁的自适应行为

蚁群算法用于路径规划的具体流程为：（1）初始时刻，将 m 只蚂蚁放在起始点，且设置所有位置的初始信息素 $\tau_{ij}(0)$ 为一较小的常数；（2）接下来，每只蚂蚁根据路径上残留的信息素独立地选择下一个栅格单元，对于 t 代蚂蚁而言，蚂蚁 k 从栅格单元 i 转移到栅格单元 j 的概率：

$$p_{ij}^{k}(t)=\begin{cases}\dfrac{\left[\tau_{ij}(t)\right]^{\alpha}\cdot\left[\eta_{ij}(t)\right]^{\beta}}{\displaystyle\sum_{s\in J_{k}(i)-\mathrm{tabu}_{k}}\left[\tau_{is}(t)\right]^{\alpha}\cdot\left[\eta_{is}(t)\right]^{\beta}} & j\in J_{k}(i)-\mathrm{tabu}_{k}\\[2ex] 0 & j\notin J_{k}(i)-\mathrm{tabu}_{k}\end{cases} \tag{5.3-2}$$

式中，α 和 β 分别表示信息素 τ 和启发式因子 η 的相对重要程度；$J_{k}(i)$ 表示与栅格单元 i 相邻栅格单元的集合；tabu_{k} 记录蚂蚁 k 刚刚走过的栅格单元；通常，η_{ij} 取栅格单元 i 和栅格单元 j 之间距离的倒数，栅格单元之间的距离相等，故 η_{ij} 取值为 1；（3）当 t 代所有蚂蚁到达目标点时，路径上的信息素根据下式进行更新：

$$\tau_{ij}(t+1)=(1-\rho)\tau_{ij}(t)+\Delta\tau_{ij}(t) \tag{5.3-3}$$

$$\Delta\tau_{ij}(t)=\sum_{k=1}^{m}\Delta\tau_{ij}^{k}(t) \tag{5.3-4}$$

式中，ρ 表示信息素的蒸发系数；$\Delta\tau_{ij}^{k}(t)$ 表示第 t 代蚂蚁 k 留在路径 ij 上的信息量，按下式进行计算：

$$\Delta\tau_{ij}^{k}(t)=\begin{cases}\dfrac{Q}{L_{k}(t)} & \text{第 }t\text{ 代蚂蚁 }k\text{ 经过路径 }ij\\[2ex] 0 & \text{第 }t\text{ 代蚂蚁 }k\text{ 不经过路径 }ij\end{cases} \tag{5.3-5}$$

式中，Q 为常数；$L_{k}(t)$ 表示第 t 代蚂蚁 k 的路径长度；（4）重复步骤（2）和（3），直至算法收敛。图 5.3-7 给出了蚁群算法用于路径规划的示例。

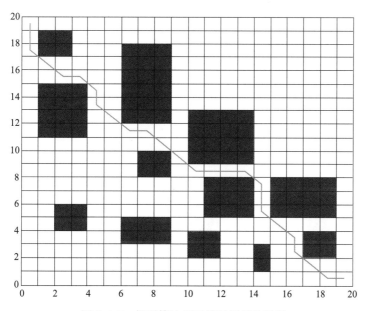

图 5.3-7　蚁群算法用于路径规划的示例

5.3.2 避障规划

避障规划是指机器人根据所得到的实时传感器测量信息，按照一定的方法调整路径，以避免发生碰撞。常规的避障方法包括 BUG 算法、人工势场法、向量势直方图法、动态窗口法等。

1. BUG 算法

BUG 算法是一种最简单的避障算法，它的基本思想是：在未遇到障碍物时，机器人沿着直线向目标运动；在遇到障碍物时，机器人沿着障碍物轮廓绕行，并利用一定的判断准则离开障碍物继续直行。BUG 算法又分为 BUG1 和 BUG2 两种。

如图 5.3-8(a) 所示，机器人的起始点和目标点分为 q_{start} 和 q_{goal}，连接起始点和目标点的直线为 $m\text{-line}$。在没有遇到障碍物时，移动机器人沿着直线 $m\text{-line}$ 朝目标点移动；如果遇到障碍物，则记第一次遇到障碍时的撞击点为 q_1^H。对于 BUG1 算法而言，机器人先从撞击点开始沿障碍物轮廓绕行一圈；然后，机器人判断出障碍物轮廓上离目标点最近的点 q_1^L；最后，机器人沿着障碍物轮廓移动到 q_1^L，继而从 q_1^L 开始沿新的直线 $n\text{-line}$ 驶向目标点。如图 5.3-8(b) 所示，对于 BUG2 算法而言，机器人从撞击点开始沿障碍物轮廓绕行，当在距离目标点更近的点 q_1^L 再次遇到 $m\text{-line}$ 就停止绕行，随后继续沿着直线 $m\text{-line}$ 驶向目标点。在大多数情况下，BUG2 算法比 BUG1 算法更有效。

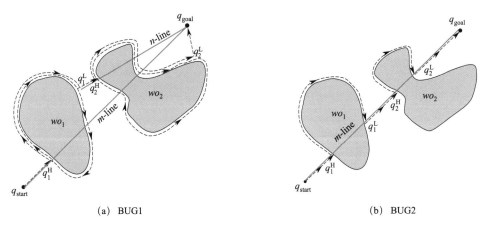

|(a) BUG1|(b) BUG2|

图 5.3-8 BUG 算法

2. 向量势直方图法

人工势场法容易陷入局部最优，这将导致机器人发生振荡且难以通过窄通道。为此，学者提出一种向量势直方图法，它的基本思想是根据周围环境的栅格地图构建极坐标系下障碍物概率直方图，然后根据概率直方图选择最优运动方向。

如图 5.3-9(a) 所示，机器人需要从起始点 q_{start} 移动到目标点 q_{goal}，但周围环境包含承重墙、隔墙和柱等未知障碍物。向量势直方图法的流程为：（1）当机器人行驶到点 q_m 时，选定以 q_m 为中心的矩形区域，该矩形区域称为当前激活窗口，如图 5.3-9(b) 所示；（2）依据传感器测量结果，确定当前激活窗口中每个栅格单元的可信度，从而得到栅格地图，如图 5.3-9(c) 所示；（3）依据栅格地图，计算当前激活窗口中每个栅格单元的障碍物向量，如图 5.3-9(d) 所示，第 i 行第 j 列栅格单元的向量方向角 β_{ij} 和向量大小 m_{ij} 的计算公式为：

$$\beta_{ij} = \tan^{-1}\frac{y_j - y_0}{x_i - x_0} \tag{5.3-6}$$

$$m_{ij} = (\mathrm{CV}_{ij})^2(C_1 - C_2 d_{ij}) \tag{5.3-7}$$

式中，(x_0, y_0) 表示 q_m 的坐标，(x_i, y_j) 表示当前计算栅格单元的坐标，CV_{ij} 表示当前计算栅格单元的可信度，d_{ij} 表示当前计算栅格单元与 q_m 之间距离，C_1 和 C_2 均为正的常数；（4）按角分辨率 α 对向量方向角 β_{ij} 进行扇区划分，栅格单元所属扇区 $k = \mathrm{INT}(\beta_{ij}/\alpha)$，$k$ 扇区所对应的障碍密度 h_k 为扇区内所有栅格单元向量大小的总和，k 和 h_k 构成极坐标下的障碍物概率直方图，如图 5.3-9(e) 所示；（5）设定通道阈值 h_{thres}，$h_k < h_{\mathrm{thres}}$ 所对应扇区为候选扇区；（6）最后，评估每个候选扇区的成本 G，成本最低所对应的扇区即为机器人导航方向，成本 G 的计算示例：

$$G = w_a \times \theta_{\mathrm{NT}} + w_b \times \theta_{\mathrm{NW}} + w_c \times \theta_{\mathrm{NP}} \tag{5.3-8}$$

式中，w_a、w_b 和 w_c 均为权重系数，根据用户实际需求进行调整；θ_{NT} 表示当前导航方向与目标方向之间的夹角，它的作用是使机器人尽量朝向目标移动；θ_{NW} 表示当前导航方向与机器人朝向之间的夹角，它的作用是避免机器人的大转弯；θ_{NP} 表示当前导航方向与上一次导航方向之间的夹角，它的作用是避免机器人的扭动。图 5.3-9(f) 给出了 θ_{NT}、θ_{NW} 和 θ_{NP} 的示意。可以看出，向量势直方图法计算量小，但阈值选择对避障影响很大。此外，向量势直方图法未考虑运动限制，例如小车转弯能力、转弯半径等。

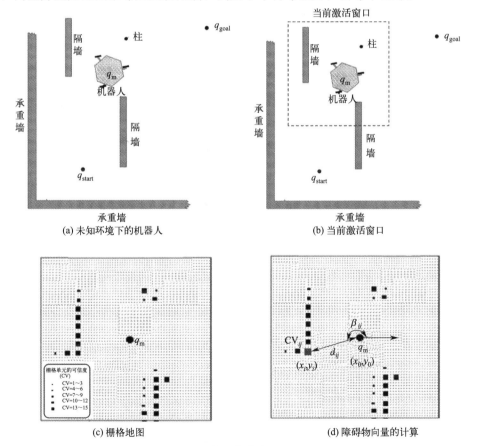

(a) 未知环境下的机器人   (b) 当前激活窗口

(c) 栅格地图   (d) 障碍物向量的计算

图 5.3-9 向量势直方图法（一）

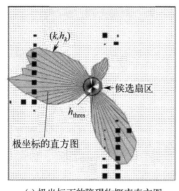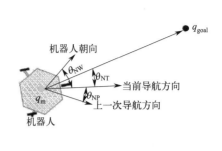

(e) 极坐标下的障碍物概率直方图　　　　　　　(f) 夹角示意

图 5.3-9　向量势直方图法（二）

3. 动态窗口法

动态窗口法的基本思想是在速度空间中搜索适当的平移速度和旋转速度指令 $[v, w]$。动态窗口法包括构建可行速度空间和评价速度空间两部分。

如图 5.3-10(a) 所示，机器人需要从当前位置绕过障碍物抵达目标点，由于机器人硬件、周围环境等限制条件，机器人的速度空间有一定的范围限制。通常，可行速度空间 V_r 的表达式为：

$$V_r = V_s \bigcap V_d \bigcap V_a \tag{5.3-9}$$

式中，V_s 表示满足机器人速度边界限制的可行速度集合；V_d 表示满足机器人加速度限制的可行速度集合；V_a 表示机器人停止不与障碍物相碰的可行速度集合。如图 5.3-10(b) 所示，灰色区域表示满足机器人速度边界限制的可行速度集合，V_s 的表达式为：

$$V_s = \{(v, w) \mid v \in [v_{\max}, v_{\min}] \bigcap w \in [w_{\max}, w_{\min}]\} \tag{5.3-10}$$

式中，$v_{\min}$ 和 $v_{\max}$ 分别为机器人最小平移速度和最大平移速度；$w_{\min}$ 和 $w_{\max}$ 分别为机器人最小旋转速度和最大旋转速度。如图 5.3-10(c) 所示，蓝色矩形区域表示满足机器人加速度限制的可行速度集合，V_d 的表达式为：

$$V_d = \{(v, w) \mid v \in [v_L, v_H] \bigcap w \in [w_L, w_H]\} \tag{5.3-11}$$

$$v_L = v(t_0) - a_{v\max} \Delta t \tag{5.3-12}$$

$$v_H = v(t_0) + a_{v\max} \Delta t \tag{5.3-13}$$

$$w_L = w(t_0) - a_{w\max} \Delta t \tag{5.3-14}$$

$$w_H = w(t_0) + a_{w\max} \Delta t \tag{5.3-15}$$

式中，$v(t_0)$ 和 $w(t_0)$ 分别为机器人当前时刻的平移速度和旋转速度；v_H 和 v_L 分别为蓝色矩形框的上下边界；w_L 和 w_H 分别为蓝色矩形框的左右边界；$a_{v\max}$ 和 $a_{w\max}$ 分别为机器人最大平移加速度和最大旋转加速度；Δt 为固定时间间隔。可以看出，蓝色矩形框随着机器人当前速度的改变而移动，这就是动态窗口的内涵。如图 5.3-10(d) 所示，不同速度指令 $[v, w]$ 会得到不同的运动半径 $r = v/w$，图中的轨迹①会与障碍物发生碰撞，而图中的轨迹②不会与障碍物发生碰撞。对于可能发生碰撞的轨迹，则需要机器人能在碰撞前停止运动，因此 V_a 的表达式为：

$$V_a = \{(v, w) \mid v \leqslant \sqrt{2\mathrm{dis}(v, w) a_s}\} \tag{5.3-16}$$

式中，$\mathrm{dis}(v,w)$ 表示对应于速度指令 $[v,w]$ 的轨迹与障碍物之间的最近距离，是一段圆弧的长度，对于无碰撞的轨迹，$\mathrm{dis}(v,w)$ 会被赋予一个很大的常数值；a_s 为机器人刹车加速度。如图 5.3-10(e) 所示，除了阴影区之外的区域即为 V_a。最终，机器人的可行速度空间 V_r 是 V_s、V_d 和 V_a 的交集，见图 5.3-10(f) 的红色区域。

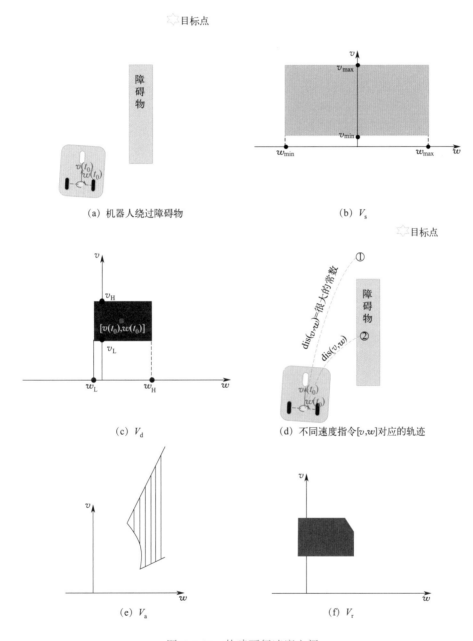

图 5.3-10　构建可行速度空间

得到 V_r 之后，需要进一步评估，以便选出最优的速度指令 $[v,w]$。评价函数 $G(v,w)$ 定义为：

$$G(v,w)=w_\alpha \cdot \sigma[\text{heading}(v,w)]+w_\beta \cdot \sigma[\text{dis}(v,w)]+w_\gamma \cdot \sigma[\text{velocity}(v,w)]$$

$$(5.3\text{-}17)$$

式中，$\text{heading}(v,w)$ 是方位角评价函数，取值为 $\pi-\theta$，其中 θ 表示轨迹终点处机器人朝向与目标方向之间的夹角；$\text{dis}(v,w)$ 是距离评价函数，取值见前文；$\text{velocity}(v,w)$ 是速度评价函数，取值为当前的平移速度 v；w_α、w_β 和 w_γ 均为权重系数，根据用户实际需求进行调整；σ 表示归一化。直观地理解，$\text{heading}(v,w)$ 用于保证机器人朝向目标点；$\text{dis}(v,w)$ 用于保证机器人远离障碍物；$\text{velocity}(v,w)$ 用于保证机器人以最大速度运动，以缩减抵达目标的时间。最大 $G(v,w)$ 所对应速度指令 $[v,w]$ 即为最优控制指令。进一步地，根据 2.4.1 节的底盘逆向运动学，可得到每个车轮的控制指令。

动态窗口法在实际项目中得到广泛应用，但仍存在以下不足：（1）评估函数未考虑速度和路径平滑，容易导致机器人产生震动或扭动；（2）参数较多，依赖工程经验。

5.3.3 轨迹规划

路径提供了对机器人运动的一种几何描述，不涉及时间的概念；而轨迹是以时间函数的形式指定机器人的位姿。轨迹规划的任务是用一定的函数形式表示位置、速度、加速度等控制量的控制律，根据约束和目标求取控制律参数。按维度的不同，轨迹规划可分为一维轨迹规划和多维轨迹规划。

1. 一维轨迹规划

对于一维轨迹，常用多项式对轨迹 $q(t)$ 进行表示：

$$q(t)=a_0+a_1t+a_2t^2+\cdots+a_nt^n \tag{5.3-18}$$

式中，$a_0 \sim a_n$ 是需要确定的参数；n 为多项式的阶次，需要根据约束数目进行确定。采用多项式的优点是可保证轨迹的平滑，即生成的轨迹是连续且可微的。

为了方便理解，以点到点轨迹规划问题为例进行说明：现希望机器人在 1 秒钟的时间内从起点位置 q_0 沿直线运动到终点位置 q_f，同时确保起点和终点处的速度均为零。分析可知，约束条件包括起点位置、起点速度、终点位置和终点速度，因此多项式的阶次 n 取值为 3，即：

$$q(t)=a_0+a_1t+a_2t^2+a_3t^3 \tag{5.3-19}$$

根据约束条件，建立以下方程：

$$q(0)=a_0=q_0 \tag{5.3-20}$$

$$q(1)=a_0+a_1+a_2+a_3=q_f \tag{5.3-21}$$

$$\dot{q}(0)=a_1=0 \tag{5.3-22}$$

$$\dot{q}(1)=a_1+2a_2+3a_3=0 \tag{5.3-23}$$

联合公式 5.3-19～公式 5.3-23，可得：

$$q(t)=q_0+3(q_f-q_0)t^2-2(q_f-q_0)t^3 \tag{5.3-24}$$

掌握了点到点的轨迹规划，我们可简单地将这种方法推广到由多个中间点指定的轨迹。

2. 平面轨迹规划

最常见的多维轨迹规划是平面轨迹规划，平面轨迹规划通常是在速度空间 $[v,w]$ 进行，常用的方法是参数优化法。

　　下面以移动机器人为例，对参数优化法进行介绍。现需要规划一条轨迹，用于指导移动机器人从起点位姿 $q_{\text{start}}=[x_s,y_s,\theta_s]$ 运动到终点位姿 $q_{\text{goal}}=[x_g,y_g,\theta_g]$。参数优化法的第一步是对速度控制律 $[v(t),w(t)]$ 进行参数化。例如，平移速度的控制律采用梯形 [图5.3-11(a)]，旋转速度的控制律采用直线 [图5.3-11(b)]，则速度控制律的数学表达：

$$v(t)=\begin{cases} v_0+a_a t & t\in[t_0,(v_c-v_0)/a_a] \\ v_c & t\in[(v_c-v_0)/a_a,t_1-(v_1-v_c)/a_d] \\ v_1-a_d(t_1-t) & t\in[t_1-(v_1-v_c)/a_d,t_1] \end{cases} \tag{5.3-25}$$

$$w(t)=w_0+\frac{w_1-w_0}{t_1}t \tag{5.3-26}$$

式中，v_0 和 w_0 分别表示起点的速度和角速度；v_1 和 w_1 分别表示终点的速度和角速度；t_0 和 t_1 分别起点时刻和终点时刻；a_a 为加速度；a_d 为减速阶段的加速度。通常，移动机器人的边界条件给定，即 v_0、v_1、w_0 和 w_1 为已知值；为了充分发挥移动机器人的运动能力，a_a 和 a_d 均取机器人最大加速度，v_c 取机器人最大速度，即 a_a、a_d 和 v_c 也为已知值。此外，起点时刻 t_0 可记为 0。因此，速度控制律的参数仅为终点时刻 t_1。

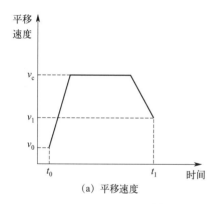 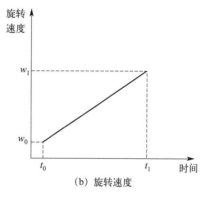

(a) 平移速度　　　　　　　　　　(b) 旋转速度

图5.3-11　速度控制律参数化的示例

　　参数优化法的第二步是依据运动模型、起点位姿 q_{start} 和参数初值，对移动机器人进行前向积分，得到估计的终点位姿 q_e。对于每个时间段 Δt 而言，移动机器人的运动轨迹均可认为是一段圆弧，圆弧的半径 r 等于 $v(t)/w(t)$，如图5.3-12所示。因此，移动机器人的运动模型为：

$$\begin{bmatrix} x(t+\Delta t) \\ y(t+\Delta t) \\ \theta(t+\Delta t) \end{bmatrix}=\begin{bmatrix} x(t)-\dfrac{v(t)}{w(t)}\sin(\theta(t))+\dfrac{v(t)}{w(t)}\sin(\theta(t)+w(t)\Delta t) \\ y(t)+\dfrac{v(t)}{w(t)}\cos(\theta(t))-\dfrac{v(t)}{w(t)}\cos(\theta(t)+w(t)\Delta t) \\ \theta(t)+w(t)\Delta t \end{bmatrix} \tag{5.3-27}$$

式中，$[x(t),y(t),\theta(t)]$ 表示 t 时刻机器人位姿；$[x(t+\Delta t),y(t+\Delta t),\theta(t+\Delta t)]$ 表示 $t+\Delta t$ 时刻机器人位姿。

　　参数优化法的第三步是根据 q_e 与 q_{goal} 之间的误差 Δq 对参数初值进行调整。参数优化法需要不断地重复第二步和第三步，直至 Δq 小于阈值。图5.3-13给出了参数优化法的流程图。

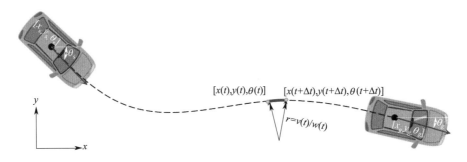

图 5.3-12　移动机器人的运动轨迹

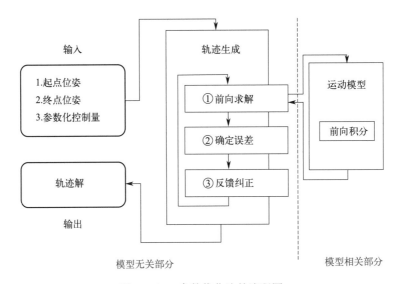

图 5.3-13　参数优化法的流程图

5.3.4　轨迹跟踪

一旦轨迹被规划出来，轨迹跟踪就是控制机器人精确地沿着这个轨迹移动的过程。轨迹跟踪的目标是确保机器人在实际操作中尽可能接近或精确地匹配预定轨迹。通常，轨迹跟踪涉及反馈控制、传感器读数、误差校正等内容。下面以平面自主移动机器人为例，对轨迹跟踪的基本原理进行简要介绍。

一般情况下，移动机器人具有较高精度的运动模型，因此可采用 MPC 控制器。对于微小的时间间隔 Δt 而言，$\sin[w(t)\Delta t]\approx w(t)\Delta t$，$\cos[w(t)\Delta t]\approx 1$。因此，移动机器人的运动模型可由公式 5.3-27 转变为：

$$\begin{bmatrix} x(t+\Delta t) \\ y(t+\Delta t) \\ \theta(t+\Delta t) \end{bmatrix} = \begin{bmatrix} x(t)+v(t)\Delta t\cos\theta(t) \\ y(t)+v(t)\Delta t\sin\theta(t) \\ \theta(t)+w(t)\Delta t \end{bmatrix} \tag{5.3-28}$$

进一步地，将公式 5.3-28 写成状态空间方程：

$$\frac{\mathrm{d}\boldsymbol{z}(t)}{\mathrm{d}t}=\begin{bmatrix}\dfrac{\mathrm{d}x(t)}{\mathrm{d}t}\\[2mm]\dfrac{\mathrm{d}y(t)}{\mathrm{d}t}\\[2mm]\dfrac{\mathrm{d}\theta(t)}{\mathrm{d}t}\end{bmatrix}=\begin{bmatrix}\cos\theta(t)&0\\\sin\theta(t)&0\\0&1\end{bmatrix}\begin{bmatrix}v(t)\\w(t)\end{bmatrix}=\boldsymbol{B}\boldsymbol{u}(t)\qquad(5.3\text{-}29)$$

式中，$\boldsymbol{z}(t)=[x(t),y(t),\theta(t)]^{\mathrm{T}}$，表示系统的状态变量；$\boldsymbol{u}(t)=[v(t),w(t)]^{\mathrm{T}}$，表示系统输入；$\boldsymbol{B}$ 为输入矩阵。如果基于公式 5.3-29 所示的状态空间方程进行 MPC 控制，那么 $\boldsymbol{z}(t)$ 会趋近于 0。但对于轨迹跟踪而言，我们需要机器人的真实轨迹 $\boldsymbol{z}(t)$ 不断地趋近参考轨迹 $\boldsymbol{z}_{\mathrm{r}}(t)$，这就需要对公式 5.3-29 进行处理。记公式 5.3-29 为 $\mathrm{d}\boldsymbol{z}/\mathrm{d}t=f(\boldsymbol{z},\boldsymbol{u})$，对函数 f 在轨迹参考点 $[\boldsymbol{z}_{\mathrm{r}}(t),\boldsymbol{u}_{\mathrm{r}}(t)]$ 进行泰勒展开，忽略高阶部分，可得：

$$\frac{\mathrm{d}\boldsymbol{z}(t)}{\mathrm{d}t}=f[\boldsymbol{z}_{\mathrm{r}}(t),\boldsymbol{u}_{\mathrm{r}}(t)]+\frac{\partial f(\boldsymbol{z},\boldsymbol{u})}{\partial \boldsymbol{z}}\bigg|_{\substack{\boldsymbol{z}=\boldsymbol{z}_{\mathrm{r}}(t)\\\boldsymbol{u}=\boldsymbol{u}_{\mathrm{r}}(t)}}[\boldsymbol{z}(t)-\boldsymbol{z}_{\mathrm{r}}(t)]$$
$$+\frac{\partial f(\boldsymbol{z},\boldsymbol{u})}{\partial \boldsymbol{u}}\bigg|_{\substack{\boldsymbol{z}=\boldsymbol{z}_{\mathrm{r}(t)}\\\boldsymbol{u}=\boldsymbol{u}_{\mathrm{r}}(t)}}[\boldsymbol{u}(t)-\boldsymbol{u}_{\mathrm{r}}(t)]\qquad(5.3\text{-}30)$$

$$\frac{\mathrm{d}\boldsymbol{z}_{\mathrm{r}}(t)}{\mathrm{d}t}=f[\boldsymbol{z}_{\mathrm{r}}(t),\boldsymbol{u}_{r}(t)]\qquad(5.3\text{-}31)$$

$$\frac{\partial f(\boldsymbol{z},\boldsymbol{u})}{\partial \boldsymbol{z}}\bigg|_{\substack{\boldsymbol{z}=\boldsymbol{z}_{\mathrm{r}}(r)\\\boldsymbol{u}=\boldsymbol{u}_{\mathrm{r}}(t)}}=\begin{bmatrix}0&0&-v_{\mathrm{r}}(t)\sin\theta_{\mathrm{r}}(t)\\0&0&v_{\mathrm{r}}(t)\cos\theta_{\mathrm{r}}(t)\\0&0&0\end{bmatrix}\qquad(5.3\text{-}32)$$

$$\frac{\partial f(\boldsymbol{z},\boldsymbol{u})}{\partial \boldsymbol{u}}\bigg|_{\substack{\boldsymbol{z}=\boldsymbol{z}_{\mathrm{r}}(t)\\\boldsymbol{u}=\boldsymbol{u}_{\mathrm{r}}(t)}}=\begin{bmatrix}\cos\theta_{\mathrm{r}}(t)&0\\\sin\theta_{\mathrm{r}}(t)&0\\0&1\end{bmatrix}\qquad(5.3\text{-}33)$$

合并公式 5.3-30～公式 5.3-33，可得：

$$\frac{\mathrm{d}[\boldsymbol{z}(t)-\boldsymbol{z}_{\mathrm{r}}(t)]}{\mathrm{d}t}=\begin{bmatrix}0&0&-v_{\mathrm{r}}(t)\sin\theta_{\mathrm{r}}(t)\\0&0&v_{\mathrm{r}}(t)\cos\theta_{\mathrm{r}}(t)\\0&0&0\end{bmatrix}[\boldsymbol{z}(t)-\boldsymbol{z}_{\mathrm{r}}(t)]$$
$$+\begin{bmatrix}\cos\theta_{\mathrm{r}}(t)&0\\\sin\theta_{\mathrm{r}}(t)&0\\0&1\end{bmatrix}[\boldsymbol{u}(t)-\boldsymbol{u}_{\mathrm{r}}(t)]\qquad(5.3\text{-}34)$$

现在，我们基于公式 5.3-34 所示的状态空间方程进行 MPC 控制，那么 $\boldsymbol{z}(t)$ 不断地趋近参考轨迹 $\boldsymbol{z}_{\mathrm{r}}(t)$，从而完成轨迹跟踪的任务。MPC 控制的实施细节见章节 5.1.3，这里就不再赘述。当我们得到机器人本体的控制律 $\boldsymbol{u}(t)$ 后，可根据章节 2.4.1 的内容，得到每个车轮的目标速度，从而将机器人本体的控制转换为多车轮的控制（多电机的控制）。图 5.3-14 给出了基于 MPC 控制器的轨迹跟踪示例，可以看出，轨迹跟踪的精度较高。

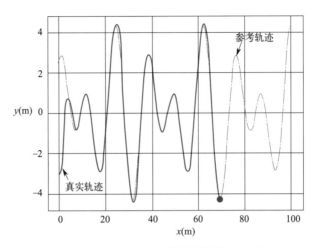

图 5.3-14　基于 MPC 控制器的轨迹跟踪

5.4　集群机器人控制

5.4.1　技术简介

集群机器人系统是由多个互相协作的机器人组成的系统，多个机器人的协同作用可以完成更复杂、更大规模的任务。相较于单个机器人，集群机器人能够并行作业，轻松应对大规模、复杂的任务，同时减少单点故障的风险，在工作效率、可扩展性、鲁棒性和灵活性等方面具有显著的优越性。目前，集群建筑机器人陆续应用于超重物体的协同搬运、大型建筑场景的协同感知、数字化工厂的协同作业、大型基础设施的协同巡检等领域，如图 5.4-1 所示。

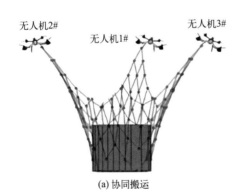

(a) 协同搬运

(b) 协同作业

图 5.4-1　集群建筑机器人

编队控制是集群机器人控制的重要组成部分，是解决集群机器人协同和合作的切实有效方法之一。在执行复杂任务时，良好的编队及协作方式可以促使集群机器人快速、高效地完成任务。编队控制主要涉及编队如何形成、如何保持以及如何变换三个问题。集群机器人编队控制可分为编队调节控制和编队跟踪控制：集群机器人在运动过程中既可以保持固定编队，又能在障碍物环境下实现编队变换，这属于编队调节控制；集群机器人在形成编队的同时跟踪一个期待目标（期待速度或期待轨迹），这属于编队跟踪控制。

集群机器人编队控制可分为集中式控制和分布式控制两类。对于集中式控制，集群机器人系统中的每个机器人都要与编队中其他机器人进行信息交互，如自身位置、速度、姿态和运动目标等信息。而对于分布式控制，每个机器人只需将自己的位置、速度、姿态和运动目标等信息与编队中相邻的机器人进行信息交互，同时每个机器人利用局部信息协调自身的运动，避免与其他机器人发生碰撞。在集中式控制中，每个机器人都能获取整个编队的信息，有利于全局队形的分析，控制效果好，但也存在通信量和运算量大、算法复杂等问题；而在分布式控制中，各机器人只需获取相邻机器人的信息，通信量和运算量较小，有利于实时控制，但稳定性较差。虽然分布式控制效果不如集中式控制好，但其控制结构简单、可靠，交互信息量小，有利于避免信息冲突。此外，分布式控制策略具有更强的适应性，在面临由于任务变更或机器人故障而需要旧机器人退出或新机器人加入编队等突发情况时，具有较好的扩充性及容错性。正是分布式控制具有可将突发事件的影响限制在有限范围内的优势，促使了关于集群机器人编队信息交互的研究热点逐渐由集中式控制转向分布式控制。

从控制方法的角度出发，集群机器人编队控制又可分虚拟结构法、图论法、领航-跟随法、基于行为法和人工势场法。如图 5.4-2 所示，虚拟结构法和图论法适用于集中式控制，领航-跟随法、基于行为法和人工势场法适用于分布式控制。不同的编队控制方法各有特点，各有适用的场合，也可以组合使用。

1. 虚拟结构法

虚拟结构法将集群机器人系统看作刚体结构，每个机器人看作刚体结构上位置相对固定的一点，当队形移动时，机器人跟踪刚体上的虚拟点运动。虚拟结构法的优点是机器人群体的虚拟结构行为（协作行为）容易定义，且在运动过程中队形保持较好；机器人之间不需要明确的功能划分，通信协议简单。虚拟结构法的缺点是要求集群机器人编队在运动过程中时刻保持相同的虚拟结构，从而限制了该方法的实际应用范围，特别是在集群机器人编队需要频繁变换编队的场合。目前，虚拟结构法只存在于针对无障碍二维环境的相关研究中。

2. 图论法

图论法是用有向图定义机器人编队的形状，每个节点代表一个机器人，节点间的有向边代表两个机器人之间的相对关系。虽然基于图论法描述编队队形及机器人节点之间的关系便于实现队形变换，但是图论法实践难度较大。

3. 领航-跟随法

领航-跟随法是指在集群机器人系统中跟随机器人跟随领航者运动的集群机器人编队控制方法。在领航-跟随法中，有一个或多个机器人作为领航者，给其他跟随者提供指导信息，如位置、速度、方向等。跟随者根据领航者的信息和自身的状态调整自己的运动，以保持预定的队形和距离。领航-跟随法的优点是仅需要给定领航者的行为或轨迹就可控制整个机器人群体的行为，但缺点是鲁棒性较差，如果领航者出现故障或失联，整个编队可能会解散。

4. 基于行为法

基于行为的控制方法通过设计机器人的简单行为以及局部控制规则，使机器人群体产生如编队保持、轨迹跟踪和避碰等所需的整体行为。基于行为的控制方法首先定义了一个包含机器人简单行为的行为集，而最终的行为输出则由对每个基本行为的重要性和优先级加权计算确定。基于行为的控制方法的优点是当机器人具有多个竞争性目标时，较易确定控制策略。然而，因为不能明确地定义群体行为，基于行为的控制方法不能进行数学分析，也不能保证编队的收敛性。

5. 人工势场法

人工势场法通过构造的人工势场和势场函数来表示环境以及队形中各机器人之间的相互约束关系，并以此为基础进行分析和实现集群机器人控制。在人工势场法中，每个机器人都受到一个由目标点、障碍物和其他机器人产生的虚拟力场的作用。目标点对机器人产生吸引力，使其向目标移动；障碍物和其他机器人对机器人产生排斥力，使其避免碰撞。通过调节吸引力和排斥力的大小和方向，可以实现不同的编队行为。人工势场法的优点是能够实现分布式控制，不需要全局信息，但缺点是可能出现局部极小值和振荡现象。

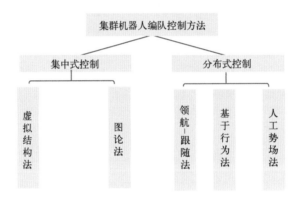

图 5.4-2　集群机器人编队控制方法

5.4.2　基于领航-跟随法的无人机编队控制

领航者-跟随者编队的主要思想在于控制好领航者和跟随者之间的相对位置和速度等状态量。领航者-跟随者编队的控制模式包括距离-距离和距离-角度两种：（1）距离-距离模式是每个跟随机器人以固定的距离跟随两个领航机器人，从而保持期望的队形；（2）距离-角度模式是每个跟随机器人以一定距离和角度跟随机器人，实现期望队形。

下面以无人机集群协同搬运 [图 5.4-1(a)] 为例，对基于领航-跟随法的编队控制进行简要介绍。我们选用距离-角度控制模式，队形选用三角形，2♯无人机为领航者，1♯和3♯无人机为跟随者。基于领航-跟随法的无人机编队控制的具体流程为：（1）领航者根据全局地图使用章节5.3.1的算法得到最优路径；（2）领航者沿着最优路径向目标点运行，并利用章节5.3.2的算法进行避障；（3）领航者实时监测自身的位姿信息，根据设定的队形使用距离-角度控制法生成虚拟机器人的轨迹，并发送给跟随者；（4）跟随机器人实时接收领航机器人发送的轨迹，根据章节5.3.4的算法进行轨迹跟踪，使沿着虚拟机器人的轨迹运行。图 5.4-3 给出了三台无人机协同搬运墙板的编队控制结果。

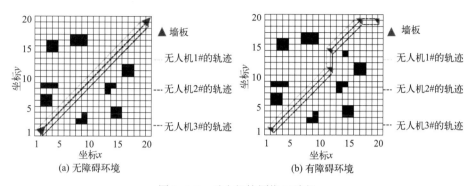

图 5.4-3 无人机协同搬运墙板

5.5 技术前沿动态

早期，深度强化学习在机器人控制领域引起了广泛关注，机器人借助深度强化学习技术能够从复杂、高维的状态空间中自主学习高水平的控制策略。进一步地，研究人员将深度强化学习技术与元学习、模仿学习、多智能协同等技术相结合，以提高机器人控制的效率、鲁棒性能和泛化性能。随着语言大模型和视觉大模型的发展，机器人正朝着具身智能方向发展。例如，谷歌 DeepMind 团队推出了第一个控制机器人的视觉-语言-动作模型（RT-2），用简单的自然语言代替复杂指令完成机器人的控制。

随着物联网、云计算、边缘计算、区块链等技术的发展，机器人协同控制技术取得新进展，例如利用云计算平台实现大规模的机器人协同控制，利用边缘计算平台实现低延迟、高效率的机器人协同控制以及利用区块链技术实现安全、可信的机器人协同控制等。

第六章　建筑机器人实践篇

近几年，重庆大学钢结构工程研究中心开展了一系列建筑机器人的研发与工程实践，下面将重点介绍团队研制的自移动式打地板钉机器人、自主焊接机器人和无人机巡检机器人。

6.1 自移动式打地板钉机器人

6.1.1 研制背景

如图 6.1-1 所示，模块化建筑是建筑主体、围护结构、设备管线、室内装修均在工厂完成制作、安装，形成标准化的预制装配式空间模块，现场通过装配连接形成的建筑。模块化建筑具有低碳节能、快速高效、经济适用等特点，在抗震救灾、重大突发疫情救治、办公产业园等领域可实现高效、快速整体安装，发挥其他建筑形式不可替代的重要作用。

(a) 工厂预制　　　　　　　　　　　　　　　(b) 现场装配

图 6.1-1　模块化建筑

现有工厂已基本实现模块化箱体生产的自动化，即以人辅助机械的方式完成箱体骨架的生产，这极大地提高了箱体生产效率。然而，箱体后期的装修工艺大部分仍是依靠人工来实现，导致装修效率远低于生产效率。针对打地板钉工序而言，水泥纤维板与横梁需要通过钻尾自攻钉进行连接，目前的打钉方式是人工手持打钉器打钉。人工打钉存在以下几点不足：(1) 重复的动作和长期的蹲姿容易影响工人的职业健康和安全（图 6.1-2）；(2) 打钉质量不仅取决于工人的技能水平，还取决于工人的工作状态，容易参差不齐；(3) 当面临紧急装修任务时，工人调配难度大。为此，团队研制出一款自移动式打地板钉机器人。

6.1.2 机器人简介

图 6.1-3 给出了自移动式打地板钉机器人的实物图，该款建筑机器人具有打钉路径自主规划、自主导航、打钉点精准定位、自动取钉和执行打钉动作等功能。

(a) 打地板钉

(b) 打墙板钉

图 6.1-2　人工打钉

图 6.1-3　自移动式打地板钉机器人

从机械角度来看，自移动式打地板钉机器人由自移动底盘、3 轴笛卡尔型机械臂和打钉模块组成（图 6.1-4）。自移动底盘采用煜禾森公司旗下的 FW-01 型产品，尺寸为长 0.68m×宽 0.55m×高 0.44m，重量为 68kg，最大负载为 50kg，最大运行速度为 1.5m/s。底盘配备四个独立驱动的舵轮，可实现自旋模式、双阿克曼模式、斜移模式、横移模式和驻车模式。3 轴笛卡尔型机械臂由线性模组构成，X 和 Y 轴的线性模组为同步带模组，Z 轴的线性模组为丝杆模组，线性模组均为步进电机驱动，机械臂在 X、Y 和 Z 方向的有效行程分别为 0.1m、0.2m 和 0.2m。3 轴笛卡尔型机械臂的作用为：（1）Z 轴的线性模组带动打钉器做垂直移动，以便打钉器执行打钉动作；（2）X 和 Y 轴的线性模组带动打钉器做水平运动，以便打钉器精确对准目标打钉点。打钉模块包括打钉器和钉盘两部分。打钉器的主体是喜利得公司旗下的 SID4-A22 型充电冲击起子机，冲击起子机参数包括：（1）额定电压为 21.6V；（2）最大转速 2700r/min；（3）最大扭矩 165N·m；（4）冲击频率为 3500bpm。打钉器的批头配置强力磁铁，以便完成取钉动作。钉盘包含若干个锥形孔，锥形孔可适应不同直径钻尾自攻钉的存放。

从电气角度来看，选用 36V/30Ah 的锂电池通过直流稳压恒流电源模块给不同额定电压的电机和传感器进行供电。此外，打钉器配有独立锂电池，电池容量为 4Ah，打钉器可不间断地执行 200 个打钉任务。

(a) 自移动底盘

(b) 3轴笛卡尔型机械臂

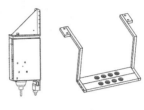
(c) 打钉模块

图 6.1-4　自移动式打地板钉机器人的机械结构

从感知角度来看，自移动式打地板钉机器人配有单线激光雷达、双目相机、限位开关、编码器等传感器（图 6.1-5）。单线激光雷达采用思岚旗下的 RPLIDAR-A2M12 型产品，为 SLAM 技术提供输入数据。双目相机采用英特尔公司旗下的 RealSense D435i 型产品，固定在打钉器上的双目相机对地板的十字线进行检测，确定打钉器和目标打钉点的相对位姿，从而为打钉器的精准调节提供依据。自移动式打地板钉机器人包括非接触式限位开关和接触式限位开关，非接触式限位开关固定在 3 轴笛卡尔型机械臂的线性模组上，用于限制模组的行程；接触式限位开关固定在打钉器的前端，触碰到地板后会触发系统中断，从而结束当前打钉任务。编码器用于检测底盘舵轮的速度和转向，并反馈给控制器，以实现底盘运动的闭环控制。后期，团队将为打钉器配置力传感器，为即将开展的打钉工艺自主学习收集训练数据。

图 6.1-5　自移动式打地板钉机器人的传感器

从控制角度来看，自移动式打地板钉机器人包括上位机和下位机。上位机的功能是运行机器人操作系统（ROS），处理感知、控制等相关计算，发出操作命令。自移动式打地板钉机器人的上位机采用英特尔公司旗下的 BXNUC11TNKi7 型产品，该款产品的参数主要包括：（1）处理器为 i7；（2）内存容量为 16G；（3）固态硬盘的容量为 500G。下位机的功能是接收上位机的命令，生成脉冲宽度调制（PWM）信号，实现对电机的直接控制。自移动式打地板钉机器人的下位机采用正点原子的 STM32F4 型产品。图 6.1-6 给出了机器人控制系统的示意图，上位机通过通用串行总线（USB）接收激光雷达和双目相机产生的数据，通过 USB 发送底盘相关的操作命令。由于上位机和下位机的通信接口具有不同的电平逻辑，因此上位机通过 USB-TTL 数据线发送 3 轴笛卡尔型机械臂和打钉器相关的操作命令给下位机。下位机通过总线扩展器（GPIO）发送指令给 3 轴笛卡尔型机械臂和打钉器。

图 6.1-6　自移动式打地板钉机器人的控制系统

6.1.3　工作流程

如图 6.1-7 所示，自移动打地板钉机器人的工作流程主要包括建图、打钉路径自主规划、打钉点精准定位、取钉、打钉等，具体表现为：（1）打开机器人的电源开关，启动 ROS，初始化系统参数，确保各元件处于正常状态；（2）运行 Cartographer 算法对模块箱体进行建图，得到模块箱体的栅格地图；（3）基于特征点信息，对栅格地图和包含打钉点信息的 CAD 图纸进行匹配，实现栅格地图与打钉点数据的坐标对齐；（4）基于栅格地图和打钉点数据，机器人进行打钉路径的自主规划，从而确定打钉顺序；（5）机器人自主导航到初始打钉点，完成打钉点的粗定位；（6）双目相机对十字线进行识别，实时调整 3 轴笛卡尔机械臂，实现打钉点的精准定位；（7）打钉器按照预设程序执行取钉和打钉；（8）机器人自主导航到下一个打钉点；（9）重复步骤（6）～（8），直至完成所有的打钉任务。

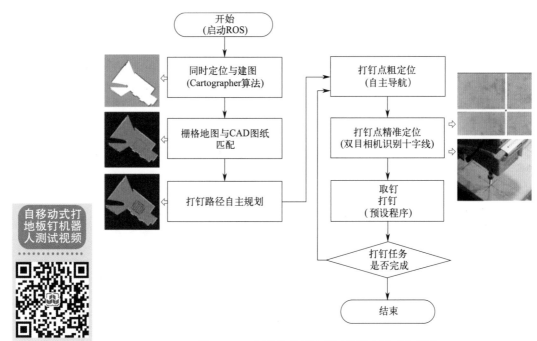

图 6.1-7　自移动式打地板钉机器人的工作流程

6.2　自主焊接机器人

6.2.1　研制背景

钢材焊接是建筑施工中不可或缺的一项工序，主要用于连接各种钢构件。传统的手工焊接方式存在工作效率低、焊接质量不稳定、工人职业健康受到影响等问题（图 6.2-1）。随着建筑行业对工程质量和工作效率的持续追求，焊接作为钢构件生产中的核心工艺之一，其自动化和智能化水平的提高显得尤为重要。

（a）工厂焊接　　　　　　　　　　　　　（b）现场焊接

图 6.2-1　手工焊接

目前，焊接机器人凭借着自身效率高、质量高的特点，已成功用于生产具有高标准化、大批量化特点的产品。但我国建筑钢结构产业表现出构件品种多、单件小批量生产、工艺复杂等特点，焊接机器人在建筑领域要实现广泛应用需要克服以下难点：（1）焊接机器人仍处于在线或者离线编程阶段，需要专业人员投入较多的时间，焊接机器人的智能化水平亟待提高；（2）焊接机器人尚未与焊接工艺进行深度融合，难以完成复杂工艺的焊接任务。为此，团队开展了基于视觉技术的自主焊接机器人初探研究。

6.2.2 机器人简介

图 6.2-2 给出了自主焊接机器人的实物图，该款建筑机器人的核心是利用视觉技术对钢构件建模和焊缝识别，并生成焊接轨迹，无需人工示教编程。

图 6.2-2 自主焊接机器人

从机械角度来看，自主焊接机器人由机械臂、焊枪、送丝机等组成。工业 6 轴机械臂采用埃夫特的 ER6-C60 型产品，有效负载是 6kg，重复定位精度±0.06mm。机械臂的臂展为 2m，保证了自主焊接机器人有足够的焊接空间。

从电气角度来看，自主焊接机器人由 220V、50Hz 交流电源供电。相机和线激光传感器通过 220V 交流转直流 12V 的电源适配器进行供电。

从感知角度来看，自由焊接机器人配有线激光传感器、工业相机和碰撞保护开关（图 6.2-3）。线激光传感器固定在焊枪末端，与焊枪采用绝缘材料相连，可识别多种类型

（a）线激光传感器　　　　（b）工业相机　　　　（c）碰撞保护开关

图 6.2-3 传感器

的坡口。通过线激光传感器的连续扫描，自主焊接机器人可获得高精度的焊缝。工业相机与线激光传感器安装在同一固定支架，用于提供粗略的焊缝信息，从而引导线激光传感器实现精准扫描。碰撞保护开关安装在机械臂法兰盘处，当焊枪遇到外界阻力而发生位移时，碰撞保护开关切断系统的供电，从而起到保护焊枪和避免机械臂碰撞受损的作用。

从控制角度来看，自主焊接机器人的控制部分主要包括计算机服务器和机械臂控制器。图 6.2-4 给出了机器人控制系统的示意图，各器件之间均采用控制器局域网总线（CAN）实现数据传输和信号响应。计算机服务器采用台式主机，其主要的功能包括：（1）完成线激光传感器和工业相机传感器的数据处理；（2）生成机械臂控制指令；（3）发送机械臂控制指令给机械臂控制器，驱动机械臂完成扫描任务和焊接任务。机械臂控制器采用固高科技旗下的 GTSD61 型驱控一体机，参数主要包括：（1）操作系统为 WinCE6.0；（2）内存容量为 2G；（3）固态硬盘的容量为 4G。机械臂控制器将控制指令转换成 PWM 信号，用于控制机械臂的六个

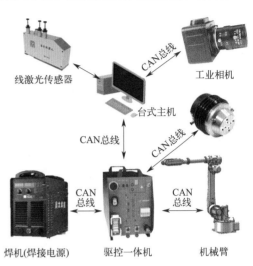

图 6.2-4　自主焊接机器人的控制系统

轴联动旋转。此外，机械臂控制器还可以实现焊接电源的启停、焊接参数控制等功能。

6.2.3　工作流程

如图 6.2-5 所示，自主焊接机器人工作流程主要包括：（1）搭载在机械臂末端的焊枪与线激光传感器、工业相机进行位置标定，完成传感器坐标系到机械臂坐标系的转换；（2）工业相机对钢构件进行图片采集；（3）计算机服务器对图片数据进行处理，包括提取焊缝和生成焊缝扫描程序；（4）搭载在机械臂上的线激光传感器执行扫描任务，得到精准

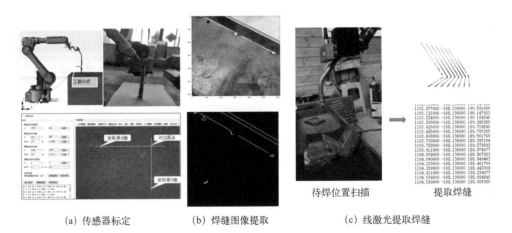

(a) 传感器标定　　　　(b) 焊缝图像提取　　　　(c) 线激光提取焊缝

图 6.2-5　自主焊接机器人

的扫描数据；（5）计算机服务器对扫描数据进行处理，从而获得高精度的焊缝；（6）根据高精度的焊缝，计算机服务器对机械臂进行运动规划，生成一系列的机械臂位姿；（7）机械臂执行焊接任务；（8）在机械臂执行扫描任务和焊接任务过程中，碰撞保护开关在线监测机械臂是否与障碍物发生碰撞。

6.3　无人机巡检机器人

6.3.1　研制背景

对于建筑、桥梁、大坝等基础设施的巡检，目前主要采用人工巡检的方式（图 6.3-1）。人工巡检存在效率低、巡检安全条件差、自动化分析能力差等问题。此外，人工巡检存在不少巡视死角，无法做到巡检全覆盖。无人机具有远距离、高速快捷、不受地形约束以及无死角等优势，正成为基础设施巡检的主流方式。

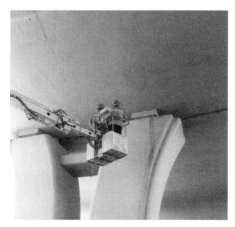 

(a) 桥梁裂缝巡检　　　　　　　　　　(b) 建筑外立面巡检

图 6.3-1　基础设施巡检

6.3.2　机器人简介

图 6.3-2 给出了团队对开源无人机进行二次开发得到的巡检机器人，该款建筑机器人具有航线规划、缺陷精准识别和定位等功能。

从机械角度来看，无人机巡检机器人由桨叶、机架和脚架组成（图 6.3-3）。桨叶采用乾丰的 5126 型产品，属于 5 寸桨。机架采用图腾的 Q250 型产品，机架内空高约 3mm，机架四个角分别安装四个电机，对角电机的轴距为 0.25m，机架和脚架的总重约 180g。

从电气角度来看，无人机巡检机器人选用 14.8V/23Ah 的锂电池，通过 DC-DC 降压模块分别给飞控和电机供电。无人机巡检机器人的续航时间比较短，约为 5 分钟，但其制作成本较低，约为 7000 元。实际工程应用中，通常采用无人机集群协作技术，以应对大型场景的巡检任务。

从感知角度来看，飞控的惯性测量单元（IMU）由多组加速度计、陀螺仪、磁力计与气压传感器组成。加速度计可测量重力加速度的分量，从而检测无人机的静置姿态；三轴

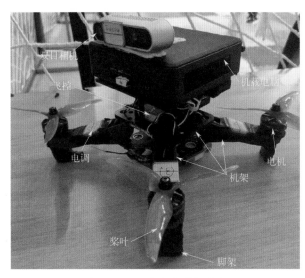

图 6.3-2　无人机巡检机器人

(a) 桨叶　　　　　　　　　　　(b) 机架

图 6.3-3　无人机巡检机器人的机械结构

陀螺仪可以同时测量俯仰、横滚和航向角；磁力计可测量地球磁场的分量，从而确定无人机的朝向。飞控通过内置多组传感器的冗余设计，并借助多传感器信息融合机制和故障切换机制，显著地提高自身的控制稳定性。双目相机采用英特尔公司旗下的 RealSense D435i 型产品，用于无人机巡检机器人的视觉定位与检测。

从控制角度来看，无人机巡检机器人的控制器为飞控（图 6.3-4）。飞控采用级联的 PID 控制算法（图 6.3-5），内环为对姿态的控制，外环为对位置的控制，控制量为四个电机的转速，反馈量为传感器测量到的无人机位姿。

6.3.3　工作流程

如图 6.3-6 所示，无人机巡检机器人的工作流程主要包括环境重建、航线规划、无人机巡检和缺陷检测等，具体表现为：（1）利用三维激光或无人机搭载倾斜摄影等技术对巡检环境进行三维重建；（2）基于重建的巡检环境模型，进行无人机航线规划；（3）对齐无人机坐标系和巡检环境模型坐标系；（4）无人机沿着规划的航线飞行，对巡检对象进行拍摄；（5）利用深度学习算法处理无人机获取的图像，给出巡检对象的缺陷信息。

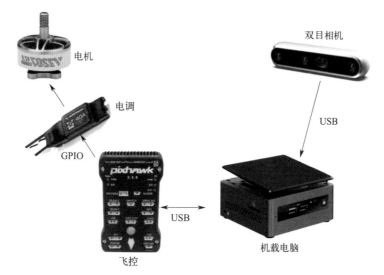

图 6.3-4　无人机巡检机器人的控制系统

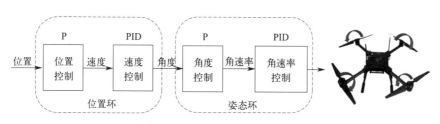

图 6.3-5　级联的 PID 控制算法

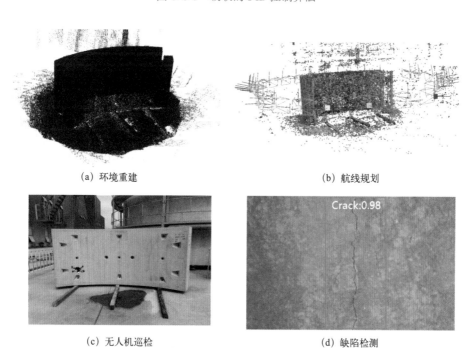

(a) 环境重建　　　　　　　　　　　　(b) 航线规划

(c) 无人机巡检　　　　　　　　　　　(d) 缺陷检测

图 6.3-6　无人机巡检机器人的工作流程

参考文献

［1］ 袁烽，门格斯. 建筑机器人——技术、工艺与方法［M］. 北京：中国建筑工业出版社，2019.

［2］ 刘冲. 电子元器件详解实用手册［M］. 北京：中国铁道出版社，2022.

［3］ 杨建国. 你好，放大器［M］. 北京：科学出版社，2022.

［4］ 戚金清，王兢. 数字电路与系统［M］. 北京：电子工业出版社，2016.

［5］ 张洪丽，刘爱华，王建胜. 现代机械设计基础［M］. 北京：科学出版社，2018.

［6］ 赵自强，张春林. 机械原理［M］. 北京：机械工业出版社，2023.

［7］ 李发致，钟仲钢，昂海松，施维，朱亮. 无人技术原理［M］. 北京：高等教育出版社，2020.

［8］ 斯庞，哈钦森，维德雅萨加. 机器人建模和控制［M］. 北京：机械工业出版社，2016.

［9］ 郭彤颖，张辉. 机器人传感器及其信息融合技术［M］. 北京：化学工业出版社，2016.

［10］ 张虎. 机器人SLAM导航核心技术与实战［M］. 北京：机械工业出版社，2022.

［11］ 王晓化，李珣，卢健，李佳斌. 移动机器人原理与技术［M］. 西安：西安电子科技大学出版社，2022.

［12］ 熊蓉，王越，张宇，周春琳. 自主移动机器人［M］. 北京：机械工业出版社，2022.

［13］ 王天威. 控制之美——控制理论从传递函数到状态空间［M］. 北京：清华大学出版社，2023.

［14］ 王天威，黄军魁. 控制之美——最优化控制MPC与卡尔曼滤波器［M］. 北京：清华大学出版社，2023.

［15］ 韩青. 机器人编队控制方法研究［M］. 上海：上海交通大学出版社，2023.